高职化工类
模块化系列教材

工程材料与机械基础

刘德志 主　编
李　浩　李雪梅 副主编

化学工业出版社
·北京·

内容简介

《工程材料与机械基础》借鉴了德国职业教育"双元制"教学的特点,以模块化教学的形式进行编写。全书包含工程材料认知、工程构件力学分析、腐蚀与防护以及公差与配合四个模块,内容涵盖化工类技能人才须知的材料与机械基础知识,满足化工生产一线员工对设备用材、受力分析、防腐技术、机泵检修等知识的需求。通过学习,学生可以掌握化工检修作业中能用到的工程材料选择和使用、设备受力变形与预防、设备腐蚀与防腐、机泵零部件检测与配合方面的知识,为学习其他相关课程及以后从事化工生产操作、设备维护、设备管理、采购、销售等工作打下坚实的基础。

本书可作为高等职业教育化工技术类专业师生教学用书。

图书在版编目(CIP)数据

工程材料与机械基础/刘德志主编;李浩,李雪梅副主编. —北京:化学工业出版社,2022.12
高职化工类模块化系列教材
ISBN 978-7-122-42295-8

Ⅰ.①工… Ⅱ.①刘… ②李… ③李… Ⅲ.①工程材料-高等职业教育-教材②机械学-高等职业教育-教材 Ⅳ.①TB3②TH11

中国版本图书馆 CIP 数据核字(2022)第 181251 号

责任编辑:王海燕 提 岩　　　　　文字编辑:邢苗苗 陈小滔
责任校对:赵懿桐　　　　　　　　　　装帧设计:王晓宇

出版发行:化学工业出版社(北京市东城区青年湖南街 13 号　邮政编码 100011)
印　　刷:北京云浩印刷有限责任公司
装　　订:三河市振勇印装有限公司
787mm×1092mm　1/16　印张 17¼　字数 414 千字　2023 年 1 月北京第 1 版第 1 次印刷

购书咨询:010-64518888　　　　　　　售后服务:010-64518899
网　　址:http://www.cip.com.cn
凡购买本书,如有缺损质量问题,本社销售中心负责调换。

定　价:49.00 元　　　　　　　　　　　　　　　　　　　　版权所有　违者必究

高职化工类模块化系列教材
编审委员会名单

顾　　　问：于红军

主 任 委 员：孙士铸

副主任委员：刘德志　辛　晓　陈雪松

委　　　员：李萍萍　李雪梅　王　强　王　红
　　　　　　　韩　宗　刘志刚　李　浩　李玉娟
　　　　　　　张新锋

序

目前，我国高等职业教育已进入高质量发展时期，《国家职业教育改革实施方案》明确提出了"三教"（教师、教材、教法）改革的任务。三者之间，教师是根本，教材是基础，教法是途径。东营职业学院石油化工技术专业群在实施"双高计划"建设过程中，结合"三教"改革进行了一系列思考与实践，具体包括以下几方面：

1. 进行模块化课程体系改造

坚持立德树人，基于国家专业教学标准和职业标准，围绕提升教学质量和师资综合能力，以学生综合职业能力提升、职业岗位胜任力培养为前提，持续提高学生可持续发展和全面发展能力。将德国化工工艺员职业标准进行本土化落地，根据职业岗位工作过程的特征和要求整合课程要素，专业群公共课程与专业课程相融合，系统设计课程内容和编排知识点与技能点的组合方式，形成职业通识教育课程、职业岗位基础课程、职业岗位课程、职业技能等级证书（1＋X证书）课程、职业素质与拓展课程、职业岗位实习课程等融理论教学与实践教学于一体的模块化课程体系。

2. 开发模块化系列教材

结合企业岗位工作过程，在教材内容上突出应用性与实践性，围绕职业能力要求重构知识点与技能点，关注技术发展带来的学习内容和学习方式的变化；结合国家职业教育专业教学资源库建设，不断完善教材形态，对经典的纸质教材进行数字化教学资源配套，形成"纸质教材＋数字化资源"的新形态一体化教材体系；开展以在线开放课程为代表的数字课程建设，不断满足"互联网＋职业教育"的新需求。

3. 实施理实一体化教学

组建结构化课程教学师资团队，把"学以致用"作为课堂教学的起点，以理实一体化实训场所为主，广泛采用案例教学、现场教学、项目教学、讨论式教学等行动导向教学法。教师通过知识传授和技能培养，在真实或仿真的环境中进行教学，引导学生将有用的知识和技能通过反复学习、模仿、练习、实践，实现"做中学、学中做、边做边学、边学边做"，使学生将最新、最能满足企业需要的知识、能力和素养吸收、固化成为自己的学习所得，内化于心、外化于行。

本次高职化工类模块化系列教材的开发，由职教专家、企业一线技术人员、专业教师联合组建系列教材编委会，进而确定每本教材的编写工作组，实施主编负责制，结合化工行业企业工作岗位的职责与操作规范要求，重新梳理知识点与技能点，把职业岗位工作过程与教学内容相结合，进行模块化设计，将课程内容按知识、能力和素质，编排为合理的课程模块。

本套系列教材的编写特点在于以学生职业能力发展为主线，系统规划了不同阶段化工类专业培养对学生的知识与技能、过程与方法、情感态度与价值观等方面的要求，体现了专业教学内容与岗位资格相适应、教学要求与学习兴趣培养相结合，基于实训教学条件建设将理论教学与实践操作真正融合。教材体现了学思结合、知行合一、因材施教，授课教师在完成基本教学要求的情况下，也可结合实际情况增加授课内容的深度和广度。

本套系列教材的内容，适合高职学生的认知特点和个性发展，可满足高职化工类专业学生不同学段的教学需要。

高职化工类模块化系列教材编委会
2021 年 1 月

前言

在化工企业生产中,化工设备占据着举足轻重的地位,是保障生产经营活动井然有序开展的关键,必须重点加强对设备的监督管理,保障设备的稳定运行,降低安全事故的发生率。这就要求生产操作人员必须熟悉和掌握化工设备的材料组成和相关力学特性,能够分析设备腐蚀机理并采取相应防腐措施,掌握设备运行部件的公差配合要求,从而提升运行和维护设备的能力。

《工程材料与机械基础》是适用于高职化工技术类专业的职业基础模块课程教学的教材。通过本教材的学习,使学生获得常用工程材料、力学基础、腐蚀与防护及公差配合的基础知识与技能,为学习其他相关课程及以后从事化工生产操作奠定必要的基础。

本教材内容涵盖工程材料认知、工程构件力学分析、腐蚀与防护、公差与配合等模块。本教材围绕教学方法、教学内容、实践环节、教学考核等方面进行了系统探索,全面推进模块化教学方法改革,精简了教学内容,系统设计了教学流程,将教学内容同课程思政内容紧密结合,彰显了立德树人的理念,实施了全方位的过程性课程考核,可以有效提升课堂教学成效。

本书由刘德志任主编,李浩、李雪梅任副主编。刘德志编写模块一的任务一、任务二、任务三,李烁编写模块一的任务四,李雪梅编写模块二的任务一,张晋华编写模块二的任务二,高业萍编写模块三的任务一,向玉辉编写模块三的任务二,李浩编写模块四的任务一、任务二,董栋栋编写模块四的任务三。全书由刘德志、李浩、李雪梅统稿,东营职业学院的孙士铸教授主审。本书在编写过程中得到秦皇岛博赫科技开发有限公司的大力支持,也得到东营华泰化工集团有限公司、富海集团有限公司等有关领导及同志的大力帮助,在此表示衷心的感谢!

由于编者水平有限,书中难免有不当之处,望读者给予指正。

编 者
2022 年 8 月

目录

模块一
工程材料认知 /001

任务一 熟知工程材料的性能 /002
任务二 熟知热处理工艺 /014
任务三 熟知常见金属材料 /036
任务四 熟知常见非金属材料 /064

模块二
工程构件力学分析 /079

任务一 工程构件静力学分析 /080
 子任务一 绘制受力图 /080
 子任务二 平面汇交力系受力分析 /088
 子任务三 力偶与力矩受力分析 /094
任务二 工程构件变形分析 /101
 子任务一 轴向拉伸与压缩计算 /101
 子任务二 剪切与挤压计算 /111
 子任务三 圆轴的扭转计算 /119

模块三
腐蚀与防护 /134

任务一 常见腐蚀形式认知 /135
 子任务一 电偶腐蚀认知 /135
 子任务二 点蚀认知 /147
 子任务三 缝隙腐蚀认知 /153
 子任务四 应力腐蚀开裂认知 /157
 子任务五 晶间腐蚀认知 /163
任务二 熟知常见防腐技术 /168
 子任务一 学习表面清理 /168
 子任务二 学习电化学保护 /173
 子任务三 学习表面防护 /182
 子任务四 学习缓蚀剂保护 /188

子任务五　熟知选材与结构设计　/194

模块四
公差与配合　/199

任务一　识读与标注公差与配合　/200
　子任务一　极限偏差数值计算　/200
　子任务二　配合性质判断　/215
任务二　识读与标注几何公差　/225
任务三　识读与标注表面粗糙度　/253

参考文献　/266

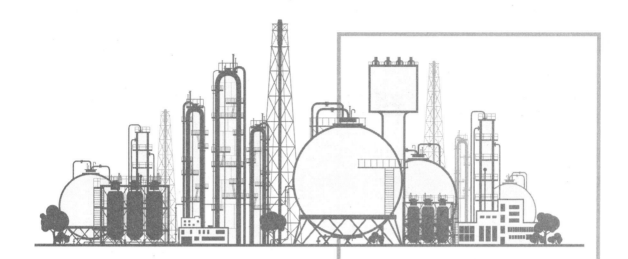

模块一

工程材料认知

任务一
熟知工程材料的性能

学习目标

1. 知识目标
（1）掌握工程材料的力学性能含义。
（2）掌握金属材料拉伸试验中的应力-应变变化情况。

2. 能力目标
（1）能说出工程材料的主要力学性能指标。
（2）能绘制低碳钢拉伸试验曲线，并说出试验中应力-应变变化过程。

3. 素质目标
（1）通过信息收集、小组讨论、练习、考核等教学活动，培养学生追求卓越的工匠精神、主动探索的科学精神和团结协作的职业精神。
（2）通过对教学场地的整理、整顿、清扫、清洁，培养学生的劳动精神。

任务描述

工程材料是指具有一定性能，在特定条件下能够承担某种功能、被用来制造零件和工具的材料。工程材料的性能包括使用性能和工艺性能，使用性能是指材料在使用过程中表现出来的性能，它包括力学性能、物理性能和化学性能等；工艺性能是指材料对各种加工工艺适应的能力，它包括铸造性能、压力加工性能、焊接性能、切削加工性能和热处理性能等。性能决定着工程材料的应用范围、使用寿命和制造成本，也决定着工程材料的各种成形方法。

某化工厂中不同用途的化工设备，制作材料也是不相同的，金属材料最多，为便于设备的使用与维护，正确地选择和使用材料，要求小王熟知金属材料的力学性能，能绘制出低碳钢拉伸试验曲线。

一、工程材料类别

材料的发展离不开科学技术的进步，各领域的技术发展又依赖于材料科学的发展，例如耐腐蚀、耐高压材料广泛应用于石油化工领域；强度高、重量轻的材料广泛应用于航空航天、交通运输领域；高温合金、陶瓷材料广泛应用于高温装置；半导体材料、磁性材料、储氢材料、形状记忆合金、纳米材料广泛应用于通信、计算机、航空航天、电子器件、医学等领域。

工程材料种类繁多，据粗略统计，目前世界上的材料总和已经达到 40 余万种，并且每年还以 5% 的速度增加。工程材料有许多不同的分类方法，工程材料按材料的化学组成的分类如图 1-1-1 所示。

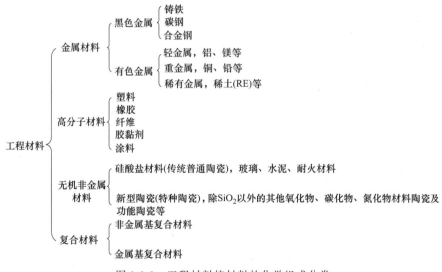

图 1-1-1　工程材料按材料的化学组成分类

1. 按材料的化学组成分类

（1）金属材料　金属材料是指金属元素或以金属元素为主构成的具有金属特性的材料的统称，可分为黑色金属材料（钢和铸铁）及有色金属材料（除钢铁之外的金属材料）。有色金属材料种类很多，按照它们的特性不同，又可分为轻金属、重金属、稀有金属等。目前，金属材料仍然是应用最广泛的工程材料。

(2) 高分子材料　高分子材料（也称高聚物）是以分子量大于 5000 的高分子化合物为主要组分的材料，其中每个分子可含几千、几万，甚至几十万个原子。按材料来源可分为天然高分子材料（蛋白质、淀粉、纤维素等）和人工合成高分子材料（合成塑料、合成橡胶、合成纤维）。按性能及用途可分为塑料、橡胶、纤维、胶黏剂、涂料等。

(3) 无机非金属材料　无机非金属材料是以某些元素的氧化物、碳化物、氮化物、卤素化合物、硼化物以及硅酸盐、铝酸盐、磷酸盐等物质组成的材料。无机非金属材料是除有机高分子材料和金属材料以外的几乎所有材料的统称，包括陶瓷、水泥、玻璃、耐火材料等。它们的主要原料是硅酸盐矿物，又称硅酸盐材料，不具备金属性质。

(4) 复合材料　由于多数金属材料不耐腐蚀、无机非金属材料脆性大、高分子材料不耐高温，人们把上述两种或两种以上不同性质的材料，通过物理或化学的方法组合起来，使之取长补短、相得益彰就构成了复合材料。复合材料由基体材料和增强材料复合而成。基体材料有金属、塑料、陶瓷等，增强材料有各种纤维和无机化合物颗粒等。复合材料是一种新型的、具有很大发展前途的工程材料。

2. 按材料的使用性能分类

(1) 结构材料　结构材料是以强度、刚度、塑性、韧性、硬度、疲劳强度、耐磨性等力学性能为性能指标，用来制造承受载荷、传递动力的零件和构件的材料。其可以是金属材料、高分子材料、陶瓷材料或复合材料。

(2) 功能材料　功能材料是以声、光、电、磁、热等物理性能为性能指标，用来制造具有特殊性能元件的材料，如大规模集成电路材料、信息记录材料、光学材料、充电材料、激光材料、超导材料、传感器材料、储氢材料等都属于功能材料。目前功能材料在通信、计算机、电子、激光和空间科学等领域中扮演着极重要的角色。

二、工程材料的力学性能

材料的力学性能是指材料在外力或能量以及环境因素（温度、介质等）作用下表现出的变形和断裂的特性。通常把外力或能量称为载荷或负荷。材料的力学性能是评定材料好坏的主要指标，是设计和选用材料的重要依据。材料主要的力学性能有弹性、强度、塑性、硬度、冲击韧性、疲劳特性、蠕变强度以及耐磨性等，它们都是通过各种不同的标准试验进行测定的。

1. 拉伸试验（强度、刚性、塑性）

拉伸试验是测定材料力学性能最常见的试验。金属材料的强度、塑性指标一般是通过拉伸试验来测得的，该试验是将标准试样装在拉伸试验机上，按国家标准《金属材料　拉伸试验　第 1 部分：室温测试方法》（GB/T 228.1—2021）制作标准拉伸试样，如图 1-1-2 所示，然后再沿试样两端轴向缓慢施加轴向拉力 F，试样的工作部分受轴向拉力作用产生轴向伸长，即 $\Delta L = L - L_0$，随拉力的不断增大，变形也相应增加，直至拉伸断裂。将拉力除以试样原始截面积 A_0，即得拉应力 R，即 $R = F/A_0$，单位为 MPa（N/mm²），将伸长量 ΔL 除以原始长度 L_0，即得应变 e，在拉伸伸长率试验的标准方法里称为伸长率。一般拉伸试验机上都带有自动记录装置，可绘制出拉力 F 与试样伸长量 ΔL 之间的关系曲线，并可据此测定 $R\text{-}e$ 关系。

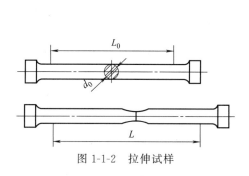

图 1-1-2 拉伸试样

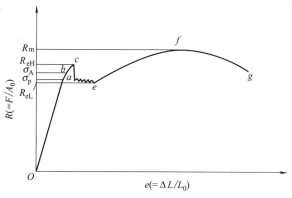

图 1-1-3 低碳钢拉伸应力-应变曲线

从图 1-1-3 中可以看出，低碳钢在外载荷拉伸作用下的变形过程可分为 3 个阶段，即弹性变形阶段、屈服变形阶段和塑性变形阶段。

(1) 弹性变形阶段 Ob 与刚度　从低碳钢拉伸应力-应变 (R-e) 曲线上可看出，当应力 R 不超过 σ_p 时，Oa 为直线，应力与应变成正比，a 点是保持这种关系的最高点，σ_p 称为比例极限。只要加载后的应力不超过 σ_A，若卸载，变形立即恢复，这种不产生永久变形的能力称为弹性，σ_A 为不产生永久变形的最大应力，称为弹性极限。σ_A、σ_p 位置很接近，在工程实际应用时，两者常取同一数值。

Oa 的斜率（应力与应变的比值，即 $E=R/e$）为试样材料的弹性模量，单位为 MPa。弹性模量 E 是衡量材料产生弹性变形难易程度的指标，因此工程上把弹性模量 E 叫作材料的刚度。E 值越大，即刚度越大，材料越不容易产生弹性变形。弹性模量 E 主要决定于材料本身，是金属材料最稳定的性能之一，合金化、热处理、冷热加工对它的影响很小。弹性模量随着温度的升高而逐渐降低。

此外，相同材料的两个不同零件，弹性模量虽然相同，但截面尺寸大的不易发生弹性变形，而截面小的则容易发生弹性变形。因此，考虑一个零件的刚度问题，不仅要注意材料的弹性模量，还要注意零件的形状和尺寸大小。

(2) 屈服变形阶段与强度　在外力作用下，材料抵抗变形和断裂的能力称为强度。在拉伸曲线上可以测定材料的屈服强度和抗拉强度。当承受拉力时，强度特性指标主要是屈服强度和抗拉强度 R_m。

① 屈服变形阶段 be 和屈服强度。屈服阶段，当应力超过 b 点增加到某一值时，应变有非常明显的增大，而应力先是下降，然后做微小的波动，在 R-e 曲线上出现接近水平线的小锯齿形折线。这种应力基本保持不变而应变显著增加的现象，称为屈服或流动。此时若取消外加载荷，试样的变形不能完全消失，将保留一部分残余的变形（出现与拉伸试样轴成 45°角的滑移线，如图 1-1-4），

图 1-1-4 滑移线

这种不能恢复的残余变形称为塑性变形。在试验过程中，载荷不增加（保持恒定）仍能继续伸长的应力 R_{eL}，称为屈服强度。

对大多数零件而言，塑性变形就意味着零件丧失了对尺寸和公差的控制。工程中常根据屈服强度确定材料的许用应力。

工业上使用的多数金属材料，在拉伸试验过程中，没有明显的屈服现象发生。按国家标

准 GB/T 228.1—2021 的规定，可用规定残余延伸强度 R_r 表示，它表示材料在卸除载荷后，标距部分残余伸长率达到规定数值时的应力，如规定残余伸长率为 0.2%，则用 $R_{r0.2}$ 表示。

② 强化变形阶段 ef 和抗拉强度。过屈服阶段后，材料又恢复了抵抗变形的能力，要使它继续变形必须增加拉力，这种现象称为材料的强化。强化阶段中的最高点 f 所对应的应力 R_m 是材料所能承受的最大应力，称为抗拉强度或强度极限。ef 段材料的塑性变形是均匀的，单位为 MPa。同时，抗拉强度也广泛用作产品规格说明和质量控制指标。

屈服强度与抗拉强度的比值叫作屈强比，屈强比越小，工程构件的可靠性越高，即使万一超载也不致马上断裂。屈强比太小，则材料强度的有效利用率太低。因此，在保证安全的前提下，一般希望屈强比高一些。不同的材料具有不同的屈强比，例如碳素结构钢约为 0.6，普通低合金钢约为 0.7，合金结构钢约为 0.85。合金化、热处理、冷热加工对材料的 R_{eL}、R_m 数值会产生很大的影响。

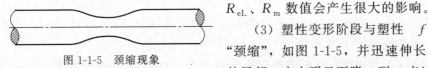

图 1-1-5 颈缩现象

（3）塑性变形阶段与塑性 f 点以后，试件产生"颈缩"，如图 1-1-5，并迅速伸长，变形集中于试样的局部，应力明显下降，到 g 点试件断裂。

塑性是材料在断裂前发生永久变形的能力。塑性的大小采用拉伸断裂时的伸长率 A 与断面收缩率 Z 两个指标来表示。

① 伸长率 A。伸长率 A 表示拉伸试样被拉断时的相对塑性变形量，其表达式如下

$$A = \frac{L_1 - L_0}{L_0} \times 100\%$$

式中 L_0——试样原始长度；
　　L_1——试样拉断后的长度。

② 断面收缩率 Z。断面收缩率 Z 表示拉伸试样被拉断时截面积的相对减缩量，其表达式如下

$$Z = \frac{A_0 - A_1}{A_0} \times 100\%$$

式中 A_0——试样原始横截面积；
　　A_1——试样拉断处的横截面积。

金属材料的伸长率 A 和断面收缩率 Z 数值越大，表示材料的塑性越好。塑性好的金属可以发生大量塑性变形而不被破坏，便于通过各种压力加工获得复杂形状的零件。铜、铝、铁的塑性很好，如工业纯铁的 A 可达 50%，Z 可达 80%，可以拉成细丝，轧成薄板，进行深冲成形。铸铁的塑性很差，A 和 Z 几乎为零，不能进行塑性变形加工。塑性好的材料，在受力过大时，由于首先产生塑性变形而不致发生突然断裂，因此比较安全。

图 1-1-6 所示为几种典型材料在室温下的应力-应变曲线。可见黄铜也是塑性材料，但曲线上不出现明显的屈服段。高碳钢和陶瓷不发生明显塑性变形，属脆性材料。

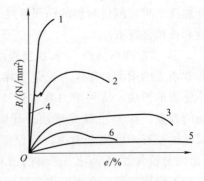

图 1-1-6 几种典型材料在温室下的应力-应变曲线

1—高碳钢；2—低合金结构钢；3—黄铜；4—陶瓷、玻璃类材料；5—橡胶；6—工程塑料

图 1-1-7 所示为天然橡胶、塑料、石英玻璃的应力-应变曲线。可见，对于不同类型的材料，R-e 曲线有很大差异，反映它们具有不同的性能特点。

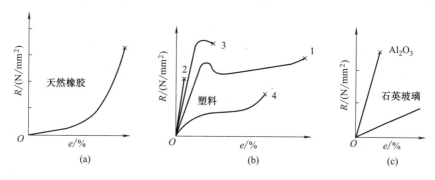

图 1-1-7　天然橡胶、塑料、石英玻璃的应力-应变曲线
1—强而韧的塑料；2—硬而脆的塑料；3—硬而强的塑料；4—软而韧的塑料

① 天然橡胶的弹性模量小，强度低，断裂前的形变一直是弹性，弹性应变可达百分之几百，是典型的应力与应变呈非线性关系的高弹体，如图 1-1-7（a）所示。

② 塑料的 R-e 曲线基本上可分四类，如图 1-1-7（b）所示。第一类，强而韧的塑料，如尼龙、ABS、聚氯乙烯等，其 R-e 曲线如图 1-1-7（b）中曲线 1，其强度和伸长率均较好；第二类如曲线 2，这类塑料硬而脆，伸长率很小，如聚苯乙烯、有机玻璃等；第三类如曲线 3，这类塑料硬而强，拉伸强度高，如纤维增强的热固性塑料、某些硬聚氯乙烯等；第四类如曲线 4，这类塑料软而韧，伸长率大，如有增塑剂的聚氯乙烯、聚四氟乙烯等。

③ Al_2O_3（属陶瓷）、石英玻璃的变形是纯弹性的，几乎不发生永久变形，并在微量变形后就断裂，为脆性材料，但其弹性模量和强度很高。

2. 硬度

硬度是指金属材料表面抵抗其他更硬物体压入的能力，它是衡量金属材料软硬程度的指标。测定硬度最常用的方法是压入法，工程上常用的是布氏硬度、洛氏硬度和维氏硬度。

（1）布氏硬度　布氏硬度测试过程示意，如图 1-1-8 所示，通常用 3000kgf（1kgf＝9.80665N）的压力 F，将直径为 D 的淬火钢球压入金属表面，载荷保持 10～60s 后卸载，得到一直径为 d 的压痕。载荷除以压痕表面积的值为布氏硬度，以 HB 表示。布氏硬度的单位为 kgf/mm^2（或 MPa），但习惯上只写硬度的数值而不标出单位。

布氏硬度分为两种：当压头为淬火钢球时，硬度符号为 HBS，适用于硬度值小于 450

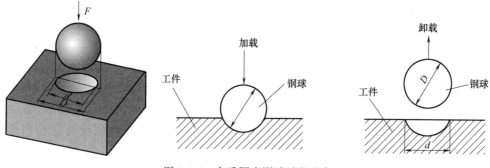

图 1-1-8　布氏硬度测试过程示意

的材料；当压头为硬质合金球时，硬度符号为 HBW，适用于硬度值为 450～650 的材料。

材料硬，压坑深度浅，则硬度值高；材料软，压坑深度深，则硬度值低。

布氏硬度试验使材料表面压痕较大，故不宜测试成品或薄片金属的硬度，通常用于测定铸铁、有色金属、低合金结构钢等毛坯材料的硬度。

(2) 洛氏硬度　洛氏硬度测试过程示意，见图 1-1-9，采用顶角为 120°的金刚石圆锥体或硬质合金球（直径为 1.5875mm 或 3.175mm）作为压头，先在初试验力的作用下压入材料表面，再加主试验力，保持一定时间，卸除主试验力，测量压痕深度来确定其硬度。压痕愈深，材料愈软，硬度值愈低；反之，硬度值愈高。被测材料的硬度可直接在硬度计刻盘读出。

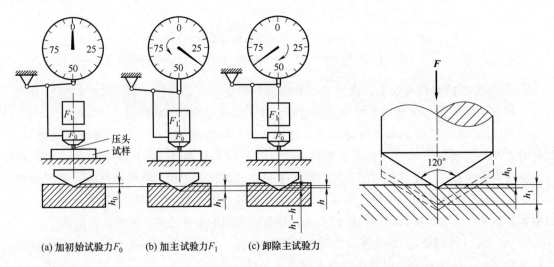

图 1-1-9　洛氏硬度测试过程示意

洛氏硬度常用的有三种，分别以 HRA、HRB、HRC 来表示，见表 1-1-1，以 HRC 应用最多，一般经淬火处理的钢或工具都用它表示硬度。

表 1-1-1　洛氏硬度的测试要求及应用范围

洛氏硬度	压头类型	总试验载荷/N(kgf)	测量有效范围	应用范围
HRC	120°金刚石圆锥体	1471(150)	20～67HRC	一般淬火钢等硬零件
HRA	120°金刚石圆锥体	588.4(60)	60～85HRA	零件表面硬化层硬质合金等
HRB	φ1.588mm 淬火钢球	980.7(100)	25～100HRB	软钢、退火钢和铜合金等

洛氏硬度测试方法的优点是：操作方便、迅速，硬度值可在硬度盘上直接读出；压痕小，可测量成品件；采用不同标尺可测定各种软硬不同和厚薄不同的材料。其缺点是：因压痕小，受材料组织粗大且不均匀等缺陷影响大，测得的硬度不够准确，所测硬度值重复性差，对同一个测试件一般需测 3 次后取平均值，作为该测试件的硬度值。

(3) 维氏硬度　维氏硬度测试过程示意，见图 1-1-10，采用锥面夹角为 136°的金刚石四棱锥体压头，在一定载荷下经规定的保持时间后卸载，得到一对角线长度为 d 的四方锥形压痕，载荷除以压痕表面积的值为维氏硬度，以 HV 表示。

维氏法所用载荷小，压痕浅，适用于测量零件薄的表面硬化层、金属镀层及薄片金属的硬度，这是布氏法和洛氏法所不及的。此外，因压头是金刚石角锥，载荷可调范围大，故对软、硬材料均适用，测定范围为0～1000HV。

由于各种硬度试验的条件不同，因此，相互间没有换算公式。但根据试验结果，可获得大致的换算关系如下：

1HBS≈10HRC　　1HBS≈1HV

由于硬度值综合反映了材料在局部范围内对塑性变形等的抵抗能力，故它与强度值也有一定关系。工程上，通过实践，对不同材料的HBW与R_m关系得出了一系列经验公式：

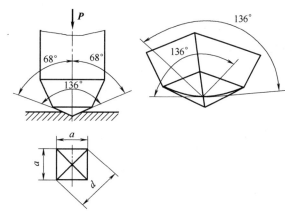

图 1-1-10　维氏硬度测试过程示意

低碳钢 $R_m \approx 3.53$HBW　　　高碳钢 $R_m \approx 3.33$HBW

合金调质钢 $R_m \approx 3.19$HBW　　灰铸铁 $R_m \approx 0.98$HBW

退火铝合金 $R_m \approx 4.70$HBW

3. 冲击韧性

许多零件在工作中受冲击载荷作用，由于外力瞬时冲击作用能引起的变形和应力要比静载荷所引起的应力大得多，因而选用制造这类零件的材料时，必须考虑材料抵抗冲击载荷的能力，即冲击韧性，用 α_k 表示。

冲击韧性值的大小习惯上常用材料在冲击力打击下遭到破坏时单位面积所吸收的功来表示。这可用一次性摆锤弯曲冲击试验来测定，见图1-1-11。

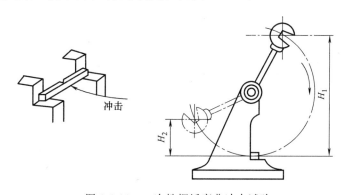

图 1-1-11　一次性摆锤弯曲冲击试验

其测定方法是按GB/T 229—2020制成带U形缺口的标准试样，将质量为 G（kg）的摆锤举至高度为 H_1（m），使之自由落下将试样冲断后，摆锤升至高度 H_2（m）。如试样断口处的截面积为 A（cm²）。则冲击韧性的 α_k 值为

$$\alpha_k = \frac{GH_1 - GH_2}{A} \times 9.8 (\text{J/cm}^2)$$

4. 疲劳特性

许多机器零件如弹簧、轴、齿轮等，在工作时承受交变载荷，当交变载荷的值远远低于

其屈服强度时，零件就发生了断裂，这种现象称为疲劳断裂。疲劳断裂与在静载作用下的断裂不同，不管是脆性材料还是韧性材料，疲劳断裂都是突然发生的，事先无明显的塑性变形，属于低应力脆断。各种机器中因疲劳失效的零件占总失效零件数的60%～70%，甚至更多。

疲劳强度指的是被测材料抵抗交变载荷的性能。材料在无数次重复的交变载荷作用下而不致破裂的最大应力，称为疲劳强度极限，记为 R_{-1}。

实际上并不可能做无数次交变载荷试验，所以一般试验时规定，钢在经受 $10^6 \sim 10^7$ 次、有色金属经受 $10^7 \sim 10^8$ 次交变载荷作用而不破裂的最大应力称为疲劳强度。图1-1-12列举了几种材料的实测疲劳曲线。

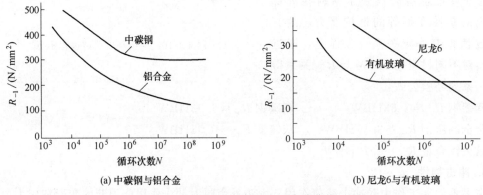

(a) 中碳钢与铝合金　　(b) 尼龙6与有机玻璃

图1-1-12　几种材料的实测疲劳曲线

产生疲劳断裂的原因，是材料内部的杂质、加工过程中形成的刀痕、尺寸突变导致的应力集中等缺陷而产生微裂纹。这种微裂纹随应力循环次数的增加而逐渐扩展，致使零件不能承受所加载荷而突然断裂。

金属的疲劳强度与抗拉强度之间存在近似的比例关系：碳素钢 $R_{-1} \approx (0.4 \sim 0.55)R_m$；灰铸铁 $R_{-1} \approx 0.4R_m$；有色金属 $R_{-1} \approx (0.3 \sim 0.4)R_m$。

5. 断裂韧性

工程上使用的材料常存在一定的缺陷，如夹杂物、缩松、气孔、微裂纹等，这些缺陷都可看作裂纹。它们的存在容易导致材料局部应力集中，在远低于屈服强度的外加应力作用下，裂纹尖端的应力可能已远超过屈服强度，引起裂纹快速扩展而使材料断裂，称为低应力脆断。断裂韧性就是反映材料抵抗裂纹失稳扩展的性能指标。

研究表明，这种低应力脆断的根本原因是材料宏观裂纹的扩展。裂纹本身并不可怕，缓慢扩展也不可怕，可怕的是后期的高速扩展。外力作用下，裂纹端部必然存在应力集中。裂纹的危险就在于应力集中。

只要裂纹很尖锐，顶端前沿各点的应力就按一定形状分布（图1-1-13）。当外加应力增大时，各点的应力按相应比例增大，这个比例系数称为应力强度因子 K_1。裂纹失稳起始扩展时的临界值记为 K_{1c}，表示裂纹起始扩展抗力，称为断裂韧性。

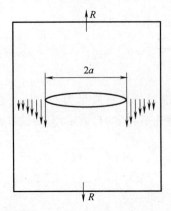

图1-1-13　具有张开裂纹的试样

6. 高温蠕变

金属材料的力学性能在高温下会发生改变。随着温度的升高,弹性模量 E、屈服强度 R_{eL}、硬度 HB 下降,塑性提高,并会产生蠕变。

蠕变是指金属材料在高温长时间应力作用下,即使所加应力小于该温度下的屈服强度,也会逐渐产生明显的塑性变形,直至断裂。因此在高温下使用的金属材料,应具有足够的抗蠕变能力。

蠕变在多数情况下是有害的。长年受力运转的部件必须有很强的抗蠕变性,例如汽轮发电机的桨叶,就是在高温下长年运转的。材料如果因蠕变而发生较大变形,后果将不堪设想。

蠕变的另一种表现形式是应力松弛,即承受弹性变形的材料,其总应变不随时间变化,但却因弹性变形逐步转变为塑性变形,从而使应力自行逐渐衰减的现象。对机械紧固件,若出现应力松弛,将会使紧固失效。

在高温下,材料的强度是用蠕变强度和持久强度来表示的。蠕变强度是指材料在一定温度下、一定时间内产生一定永久变形量所能承受的最大应力,例如 $R_{0.1/1000}^{600}=88\text{MPa}$,表示在 600℃下,1000h 内,引起 0.1%变形量所能承受的最大应力值为 88MPa;而持久强度是指材料在一定温度下、一定时间内所能承受的最大应力,如 $R_{100}^{800}=186\text{MPa}$,表示工作温度为 800℃时,约 100h 所能承受的最大应力为 186MPa。

7. 低温性能

随着温度的下降,多数材料会出现脆性增加的现象,严重时甚至发生脆断。通过在不同温度下对材料进行一系列冲击试验,可得材料的冲击功与温度的关系曲线。图 1-1-14 所示为两种钢的温度-冲击功关系曲线。由图可知,材料的冲击功 A_k 值随温度下降而减小,当温度降到一定值时,A_k 会突然变得很小,这种现象称为冷脆。材料由韧性状态变为脆性状态的温度 T_k 称为冷脆转化温度。材料的 T_k 低,表明其低温韧性好,图 1-1-14 中虚线表示的 T_k 低于实线的,故前者低温韧性好。低温韧性对于在低温条件下使用的材料是很重要的。

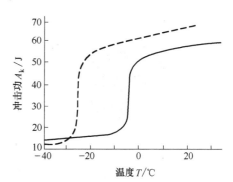

图 1-1-14 两种钢的温度-冲击功关系曲线

8. 耐磨性

一个零件相对另一个零件摩擦的结果,是摩擦表面有微小颗粒分离出来,接触面尺寸变化、质量损失,这种现象称为磨损。材料对磨损的抵抗能力为材料的耐磨性,可用磨损量表示。在一定条件下磨损量越小,则耐磨性越高。一般用在一定条件下试样表面的磨损厚度或试样体积(或质量)的减少来表示磨损量的大小。

磨损的种类包括氧化磨损、黏着磨损、热磨损、磨粒磨损、接触疲劳磨损等。一般来说,降低材料的摩擦系数或提高材料的硬度都有助于增加材料的耐磨性。

三、工程材料的理化性能和工艺性能

1. 材料的物理性能

金属材料的物理性能主要有密度、熔点、热膨胀性、导热性、导电性和磁性等。机器零件的用途不同，对材料物理性能的要求也不同。例如，飞机零件常选用密度小的铝、镁、钛合金来制造；设计电机、电气零件时，常要考虑金属材料的导电性；设计日用品时，常要考虑材料的热成形性等。

2. 材料的化学性能

化学性能是指材料在室温或高温时抵抗各种介质化学侵蚀的能力，如耐酸性、耐碱性、抗氧化性等。因为在腐蚀性介质或高温下使用的零件，比在大气和常温下腐蚀更强烈，所以在设计这一类零件时应特别考虑材料的化学性能，一般应采用化学稳定性良好的合金材料，如火电、核电设备可采用耐热钢；医疗仪器、化工设备可应用不锈钢。

通常将材料因化学侵蚀而损坏的现象称为腐蚀，非金属材料的耐蚀性远高于金属材料。金属的腐蚀既容易造成一些隐蔽性和突发性的严重事故，也损失了大量的金属材料。据有关资料介绍，全世界每年由于腐蚀而报废的材料约相当于全年金属产量的 1/4～1/3，所以对材料耐蚀性的研究也越来越得到重视。

3. 材料的工艺性能

工艺性能是指材料在加工过程中反映出的性能。各种机器零件的制造通常是先用铸造、塑性加工或焊接等方法制成毛坯，然后再进行切削加工，其间为了改善某些工艺性能和获得使用性能，需要进行热处理，最后才制成合格的零件。工艺性能包括铸造性能、塑性加工性能、焊接性能、切削加工性能和热处理性能。

活动1 查找工程材料的性能及性能指标

1. 明确工作任务

（1）查找金属材料的力学性能，填写清单。

序号	力学性能名称	性能指标	含义/用途
1			
2			
3			
…	…	…	…

（2）绘制出低碳钢拉伸试验曲线，并说出应力-应变变化过程。

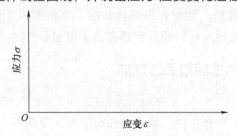

2. 组织分工

学生 2~3 人为一组，分工协作，解决任务。

序号	人员	职责
1		
2		
3		

活动 2　清洁教学现场

1. 清扫教学区域，保持工作场所干净、整洁。
2. 产生的废弃物品，统一回收到垃圾桶，不可随意丢弃。
3. 关闭水电气和门窗，最后离开教室的学生锁好门锁。

活动 3　撰写总结报告

回顾工程材料性能认知过程，每人写一份总结报告，内容包括学习心得、团队完成情况、个人参与情况、做得好的地方、尚需改进的地方等。

1. 学生以小组为单位，按照任务要求，进行自查、互评与总结。
2. 教师参照评分标准进行考核评价。
3. 师生总结评价，改进不足，将来在学习或工作中做得更好。

序号	考核项目	考核内容	配分	得分
1	技能训练	力学性能及指标查找结果齐全、无遗漏	30	
		应力曲线绘制正确、规范	20	
		实训报告诚恳、体会深刻	15	
2	求知态度	求真求是、主动探索	5	
		执着专注、追求卓越	5	
3	安全意识	着装和个人防护用品穿戴正确	5	
		爱护工器具、机械设备，文明操作	5	
		如发生人为的操作安全事故、设备人为损坏、伤人等情况，安全意识不得分		
4	团结协作	分工明确、团队合作能力	3	
		沟通交流恰当，文明礼貌、尊重他人	2	
		自主参与程度、主动性	2	
5	现场整理	劳动主动性、积极性	3	
		保持现场环境整齐、清洁、有序	5	

任务二
熟知热处理工艺

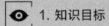

1. 知识目标

（1）熟悉钢材在加热和冷却时的组织转变情况。
（2）掌握钢的正火、退火、淬火、回火热处理工艺。

2. 能力目标

（1）能说出钢在加热和冷却过程中的组织转变情况。
（2）能说出正火、退火、淬火、回火处理的目的及热处理工艺。

3. 素质目标

（1）通过信息收集、小组讨论、练习、考核等教学活动，培养学生追求卓越的工匠精神、主动探索的科学精神和团结协作的职业精神。
（2）通过对教学场地的整理、整顿、清扫、清洁，培养学生的劳动精神。

任务描述

在机械制造业中，热处理占有非常重要的地位。热处理能充分发挥材料的潜能，延长零件的使用寿命。例如，在各种机床设备中，60%~70%的零部件需要进行热处理，重要机械中需要进行热处理的零件所占比例更高，还有一些零件在整个工艺过程中要进行两次以上热处理。

钢的热处理是指在固态下通过不同的加热、保温、冷却来改变钢的内部组织，从而得到所需性能的一种工艺方法。一般而言，热处理工艺包括加热、保温和冷却三个阶段，其工艺过程如图 1-2-1 所示。由于热处理时温度和时间是主要因素,所以该温度-时间曲线称为热处理工艺曲线。

热处理不同于其他加工工序,它不改变零件的形状和尺寸,只改变其组织和性能,是保证零件内在质量的重要工序。

根据热处理的目的要求和工艺方法的不同,热处理可分为三大类,如图1-2-2所示。

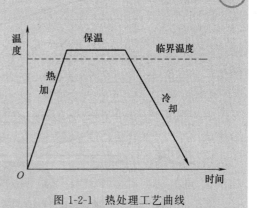

图1-2-1 热处理工艺曲线

图1-2-2 热处理的分类

作为某化工厂机修人员,为充分地掌握机器零件运行情况,要求小王熟知工程材料的典型热处理工艺及热处理时的组织转变情况,以便更好地选择和使用材料。

必备知识

一、铁碳合金组织

1. 铁碳合金的基本组织

碳钢和铸铁是现代工农业生产中使用最广泛的金属材料,都是主要由铁和碳两种元素组成的合金,简称铁碳合金。

构成铁碳合金的基本相有δ铁素体、铁素体(F)、奥氏体(A)和渗碳体(Fe_3C),它们都是由铁与碳发生相互作用而形成的,如图1-2-3所示。

(1)δ铁素体 δ相又称为高温铁素体,是C在δ-Fe中的固溶体,呈体心立方晶格。δ相只存在于1394~1538℃的高温区间。

(2)铁素体 铁素体用符号F或α表示,铁素体中碳的固溶度极小,室温时约为0.0008%,600℃时为0.0057%,在727℃时溶碳量最大,为0.0218%。因此,铁素体的力学性能与纯铁相近,是一种软而韧的相,它的显微组织由等轴状的多边形晶粒组成。铁素体

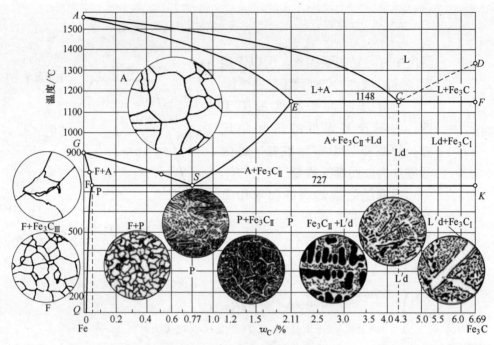

图 1-2-3　Fe-Fe₃C 相图中的基本相

是钢铁材料在室温时的重要相，常作为基体相而存在。铁素体的性能特点是强度低、硬度低、塑性好。

(3) 奥氏体　碳在 γ-Fe 中的间隙固溶体，称为奥氏体，常用符号 A 或 γ 表示。它的溶碳能力比铁素体大，可达 0.77%～2.11%，也随温度而变化。奥氏体无磁性，塑性和韧性良好，硬度相当于 170～220HBW，是热变形加工所需要的相，一般只在高温存在。

(4) 渗碳体　Fe 与 C 所形成的稳定化合物 Fe_3C 称为渗碳体。其中碳的质量分数为 6.69%，其熔点为 1227℃。渗碳体的性能特点是硬而脆，硬度高达 800HBW，塑性及韧性几乎为零，强度也极低。在室温平衡状态下，钢中的碳主要以渗碳体形式存在。由于形成条件不同，渗碳体可分为一次渗碳体 Fe_3C_I、二次渗碳体 Fe_3C_{II}、三次渗碳体 Fe_3C_{III}、共晶渗碳体和共析渗碳体等形式。渗碳体在碳素钢和铸铁中可呈片状、网状、球状、粒状、板条状等不同形态，但它们无本质区别，属于同一个相。

渗碳体是铁碳合金的重要强化相，当含量适当、分布合理时，可提高合金的强度。另外，渗碳体在高温、长时间保温条件下可分解成铁和石墨，这在铸铁中有重要的意义。

(5) 珠光体　珠光体是由共析反应所形成的铁素体和渗碳体两相组成的机械混合物，平均碳质量分数 $w_C=0.77\%$，常用符号 P 表示。

常见的珠光体形态呈片层状，铁素体片（宽条）与渗碳体片（窄条）相互交替排列。珠光体的强度、硬度、塑性和韧性介于铁素体和渗碳体之间。一般珠光体具有较高的硬度、强度和良好的塑性、韧性。

(6) 莱氏体　莱氏体是由共晶反应所形成的奥氏体和渗碳体两相组成的机械混合物，平均碳质量分数 $w_C=4.3\%$。在碳质量分数大于 2.11% 的铁碳合金从液态缓慢冷却至 1148℃ 时，从液相中同时结晶出奥氏体和渗碳体并呈均匀分布的混合物组织，称为高温莱氏体，记为 Ld。随后再缓慢冷却至 727℃ 以下时，高温莱氏体中的奥氏体将转变为珠光体，且莱氏体的组织特征也转变为珠光体和渗碳体呈均匀分布的复相物，称为低温莱氏体，记为 L'd。

莱氏体的组织可以看成是在渗碳体的基体上分布着颗粒状的奥氏体（或珠光体），低温莱氏体的性能与渗碳体相似，硬度很高，塑性和韧性极差。莱氏体由于含有较多的渗碳体，导致硬度高、脆性大、塑性很差，通常用于提高合金的耐磨性。

2. 铁碳合金类别

根据成分的不同，铁碳合金可分为工业纯铁、钢及白口铸铁三类，见图 1-2-4 所示。

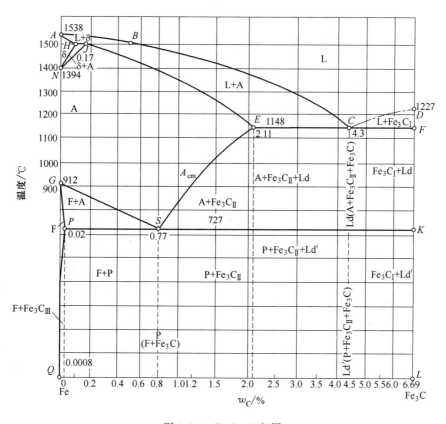

图 1-2-4　Fe-Fe$_3$C 相图

（1）工业纯铁　工业纯铁是指室温下组织为铁素体和少量渗碳体的铁碳合金，碳质量分数 w_C＜0.0218%，室温平衡组织为铁素体。

（2）钢　钢是指高温固态组织为单相奥氏体的一类铁碳合金，碳质量分数 w_C＝0.0218%～2.11%。钢具有良好的塑性，适合进行锻造、轧制等压力加工。根据室温平衡组织的不同，又分为下列三种：

① 亚共析钢，碳质量分数 w_C＝0.0218%～0.77%，室温平衡组织为铁素体和珠光体。
② 共析钢，碳质量分数 w_C＝0.77%，室温平衡组织全部是珠光体。
③ 过共析钢，碳的质量分数 w_C＝0.77%～2.11%。室温平衡组织为珠光体和渗碳体。

（3）白口铸铁　白口铸铁是指碳质量分数 w_C＝2.11%～6.69%的铁碳合金。白口铸铁熔点较低，流动性好，便于铸造，但脆性大。根据室温平衡组织的不同，又分为以下三种：

① 亚共晶白口铸铁，碳质量分数 w_C＝2.11%～4.3%，室温平衡组织为珠光体、渗碳

体及低温莱氏体。

② 共晶白口铸铁，碳质量分数 $w_C=4.3\%$，室温平衡组织全部是低温莱氏体。

③ 过共晶白口铸铁，碳质量分数 $w_C=4.3\%\sim6.69\%$，室温平衡组织为渗碳体及低温莱氏体。

二、钢在加热时的转变

加热是热处理的第一道工序，大多数热处理工艺都要把钢加热到临界温度之上，使钢在室温下的组织全部或部分转变为奥氏体，即奥氏体化。实际加热时，需要一定程度的过热，相变才能充分进行。实际加热时的温度与理论临界温度曲线 A_1、A_3、A_{cm} 相对应的各临界温度曲线分别记为 Ac_1、Ac_3 和 Ac_{cm}。类似地，把实际冷却时各临界温度曲线记为 Ar_1、Ar_3 和 Ar_{cm}，如图 1-2-5 所示。

对于钢铁材料的热处理，通常要将钢铁材料加热到奥氏体区，然后控制其冷却速度，以获得珠光体、贝氏体或马氏体。钢在加热时的相变，称为奥氏体转变或奥氏体化，获得的组织称为奥氏体。

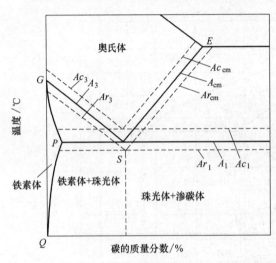

图 1-2-5 加热和冷却时 Fe-Fe₃C 相图上各临界点的位置

G—α-Fe、γ-Fe 转变温度；P—碳在 α-Fe 中的最大溶解度；Q—600℃时碳在 α-Fe 中的溶解度；S—共析点，奥氏体转变成珠光体（铁素体＋渗碳体）；E—碳在 γ-Fe 中的最大溶解度

1. 奥氏体化

奥氏体化的过程也是通过形核与长大的机制来完成的。其形核和长大的过程是依靠铁原子和碳原子的扩散来实现的，属于扩散型相变。图 1-2-6 所示为共析钢奥氏体化的过程。

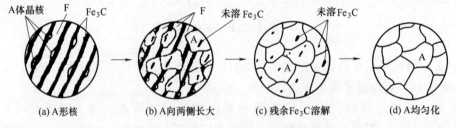

图 1-2-6 共析钢奥氏体化的过程

（1）奥氏体形核阶段　当钢加热到临界温度以上时，便发生珠光体向奥氏体的转变。由于奥氏体的自由能低于铁素体和渗碳体，所以奥氏体总是在铁素体与渗碳体交界面上形核。

（2）奥氏体的晶核长大　奥氏体晶核形成后，一方面不断合并其相邻的铁素体，另一方面渗碳体又不断溶解于奥氏体中，使奥氏体的相界面不断向渗碳体和铁素体中推移，使奥氏体晶粒逐渐长大。与此同时，又有新的奥氏体晶核形成并长大，直到铁素体完全消失，此时珠光体已不复存在。

（3）残余渗碳体溶解　当铁素体消失后，因组织中仍有部分残余渗碳体存在，随着保温时间的延长，残余渗碳体不断地溶入奥氏体中，奥氏体晶粒逐渐增加，直到渗碳体全部溶解完毕。

（4）奥氏体成分均匀化　残余渗碳体完全溶解后，奥氏体中碳的浓度仍不均匀，原渗碳体处的碳浓度高，原铁素体处的碳浓度低，为此必须继续保温一段时间，通过碳原子的充分扩散，才能形成成分均匀的奥氏体。

由此可见，钢在加热过程中均需要一定的保温时间，以便使工件充分热透，并获得成分均匀的奥氏体晶粒，同时，还获得均匀组织与性能。

2. 奥氏体形成及长大的影响因素

钢加热到临界温度以上转变为奥氏体后，随着加热温度的继续升高或保温时间的延长，奥氏体晶粒将自发地相互吞并长大。而晶粒的粗细对热处理后的组织与性能影响很大。

一般晶粒越细，钢的塑性和韧性也越好。钢在加热时对其性能影响最大的组织因素就是奥氏体晶粒的粗细。所以，加热的基本要求是在保证奥氏体化的前提下使奥氏体晶粒细小。

奥氏体晶粒长大是界面迁移的过程，实质上是原子扩散的过程。它受到加热温度、保温时间、加热速度、钢的成分和原始组织以及沉淀颗粒的性质、数量、大小、分布等因素的影响。

（1）影响奥氏体晶粒长大的因素

① 加热工艺参数的影响。加热温度越高，保温时间越长，奥氏体晶粒越粗大。加热温度越高，晶粒长大越快。因此，为了获得较为细小的奥氏体晶粒，必须同时控制加热温度和保温时间。

② 钢的化学成分。随着奥氏体中含碳量的增加，奥氏体晶粒长大倾向增大。当奥氏体晶界上存在未溶的渗碳体时，会对晶粒长大起阻碍作用，使奥氏体晶粒长大倾向减小。

大多数合金元素（Mn 和 P 除外）均能不同程度地阻止奥氏体晶粒的长大，特别是强碳化物形成元素 Nb、Ti、V 等及氮化物形成元素 Al 等，会形成难熔的碳化物和氮化物颗粒，弥散分布于奥氏体晶界上，阻碍奥氏体晶粒的长大。因此，大多数合金钢、本质细晶粒钢加热时奥氏体的晶粒一般较细小。

③ 原始组织。一般来说，钢的原始组织越细，碳化物弥散度越大，则奥氏体的起始晶粒越细小。

（2）防止奥氏体晶粒长大的措施

① 控制奥氏体化温度不要过高，保温时间不要过长。

② 加入碳化物、氮化物形成元素，形成 VC、TiC、NbC、AlN 等微粒，钉扎奥氏体晶界阻碍奥氏体晶粒长大，细化晶粒。

③ 加入某些元素降低奥氏体的晶界能，可以降低晶界移动驱动力，如稀土（RE）可以细化晶粒，使奥氏体转变产物的组织细小。

三、钢在冷却时的转变

钢的加热过程只是热处理的组织准备阶段，而随后的冷却过程才是人们预期获得热处理使用组织的决定阶段。钢加热到临界温度以上温度时，奥氏体是稳定的相，当重新冷却到临界温度以下温度时，就成为不稳定的过冷奥氏体，将发生组织转变。而冷却方式和冷却速度与奥氏体的组织转变有直接关系。

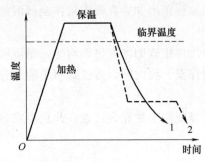

图 1-2-7　两种冷却方式示意
1—连续冷却方式；2—等温冷却方式

热处理中的冷却方式通常有连续冷却和等温冷却两种方式，如图 1-2-7 所示。

连续冷却是将已奥氏体化的钢置于某种介质中，使其在温度连续下降的过程中发生组织转变。例如，热处理生产中经常使用的在水、油或空气中冷却等都属于连续冷却方式。

等温冷却是将已奥氏体化的钢迅速冷却到临界温度以下某一温度，这时奥氏体尚未转变，但成为过冷奥氏体。然后保持该温度直到过冷奥氏体分解完毕，最后再冷却到室温。例如等温退火、等温淬火等热处理操作均属于等温冷却方式。

等温冷却方式对研究冷却过程中的组织转变较为方便。过冷奥氏体等温转变图比较全面地反映了过冷奥氏体在不同过冷度下的等温转变过程，转变开始和终了时间、转变产物及其转变量与温度和时间的关系，这在选材及确定热处理工艺中有重要作用。由于该图通常呈"C"字形，故又称为 C 曲线，共析碳钢奥氏体等温转变如图 1-2-8 所示。

等温转变图可以用金相法、膨胀法、磁性法、电阻法和热分析法等多种方法建立，其中金相法是最准确、最可靠的。所有这些方法都是利用过冷奥氏体转变产物的组织形态或物理性质发生变化进行测定的。

如图 1-2-8 所示，左边一条曲线为转变开始线，该线左边的区域为过冷奥氏体。右边一条形状相似的曲线为转变终了线。此外，在 C 曲线的下部还有两条线：一条是奥氏体开始向马氏体转变的温度线，又称为上马氏体线，以 M_s 表示；另一条是奥氏体停止向马氏体转变的温度线，又称为下马氏体线，以 M_f 表示。A_1 表示奥氏体共析转变为珠光体的临界温度曲线。

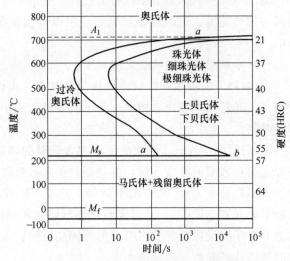

图 1-2-8　共析碳钢奥氏体等温转变
A_1—奥氏体共析转变为珠光体的临界温度曲线；M_s—上马氏体线；
M_f—下马氏体线；aa—转变开始线　ab—转变终了线

根据过冷奥氏体转变温度的不同，转变产物可分为珠光体、贝氏体和马氏体三种。

1. 珠光体类型组织

(1) 珠光体转变过程　珠光体转变是单相奥氏体在临界温度～550℃分解为铁素体和渗碳体两个新相的整合组织的相变过程。奥氏体向珠光体转变，是通过形核和长大的过程来完成的。形核一般在晶界处形成，形成稳定的晶核后，就会依靠附近的奥氏体不断供应碳原子逐渐向纵深和横向长大，形成一小片渗碳体。这样，就在其周围出现贫碳区，于是就为铁素体的形核创造了有利条件,铁素体形成后随渗碳体一起向前长大,同时也向两侧长大。铁素体长大的同时又使其外侧出现奥氏体的富碳区,促使新的渗碳体晶核形成。如此不断进行,铁素体和渗碳体相互促进交替形核,并同时平行地向奥氏体晶粒纵深方向长大,形成一组铁素体和渗碳体片层相间、大致平行的珠光体团。在一个珠光体团形成的过程中有可能在奥氏体晶界的其他部位形成其他不同取向的珠光体团。当各个珠光体团相遇时,奥氏体全部分解完,珠光体转变即告结束,得到片状珠光体组织。

(2)珠光体转变组织形态与性能　珠光体的片间距和珠光体团的尺寸与过冷奥氏体的转变温度有关,转变温度越低,原子的扩散能力越低,转变后珠光体的片间距越小,珠光体团的尺寸也越小。根据片间距的大小,习惯上将珠光体类型组织分为珠光体、索氏体和托氏体。

① 珠光体。其形成温度为600℃～临界温度,片层较厚,一般是指在光学显微镜下能明显辨出片层的珠光体,片间距为150～450nm,用符号"P"表示,如图1-2-9所示。

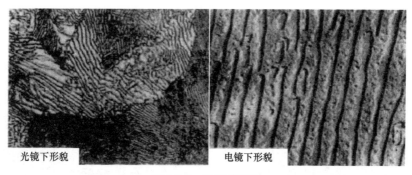

图1-2-9　珠光体组织

② 索氏体。其形成温度为600～650℃,片层较薄,若片间距小到光学显微镜难以分辨时,则称这种细片状珠光体为索氏体,其片间距为80～150nm,用符号"S"表示,如图1-2-10所示。

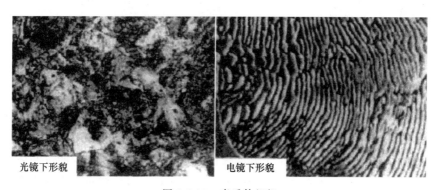

图1-2-10　索氏体组织

③ 托氏体。其形成温度为550～600℃,片层极薄,只有在电子显微镜下才能分辨,用符号"T"表示,如图1-2-11所示。

实际上,这三种组织都是珠光体,其差别只是珠光体组织的片间距大小,片间距越小,钢的强度和硬度越高,塑性也略有改善。

必须指出,珠光体组织不是在任何条件下都呈片层状。如共析钢和过共析钢可通过球化

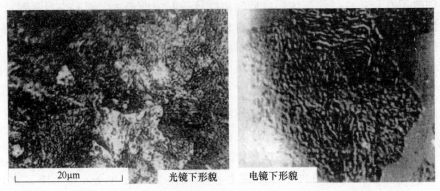

图 1-2-11 托氏体组织

退火使奥氏体转变的珠光体不呈片层状,而是渗碳体呈细小的球状或粒状分布在铁素体基体中,称为球状珠光体或粒状珠光体。

粒状珠光体与片状珠光体相比,在成分相同的情况下,粒状珠光体的强度与硬度稍低,而塑性与韧性较好,如图 1-2-12 所示。

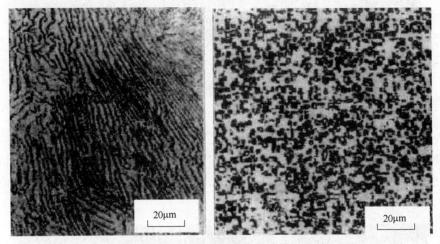

图 1-2-12 片状珠光体与粒状珠光体

2. 贝氏体转变

(1) 贝氏体转变过程 过冷奥氏体在 M_s 对应温度~550℃的转变称为中温转变,其转变产物为贝氏体型,又称为贝氏体转变。贝氏体也是由铁素体与渗碳体组成的机械混合物,用符号 B 表示。但其形貌和渗碳体的分布与珠光体型不同,硬度也比珠光体型的高。

在中温区发生奥氏体转变时,由于温度较低,铁原子扩散困难,只能以共格切变的方式来完成原子的迁移,而碳原子则有一定的扩散能力,可以通过短程扩散来完成原子迁移,所以贝氏体转变属于半扩散型相变。在贝氏体转变中,存在着两个过程:一是铁原子的共格切变,二是碳原子的短程扩散。根据贝氏体的组织形态和形成温度区间的不同,又可将其划分为上贝氏体与下贝氏体,在光学显微镜下观察呈羽毛状,如图 1-2-13 所示。

(2) 贝氏体转变组织形态与性能 当温度较高(350~550℃)时,条状或片状铁素体从奥氏体晶界开始向晶内以同样方向平行生长。随着铁素体的伸长和变宽,其中的碳原子向铁素体条之间的奥氏体中富集,最后在铁素体条之间析出渗碳体短棒,奥氏体消失,形成上贝

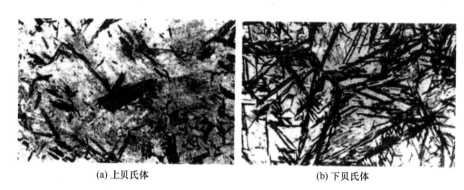

(a) 上贝氏体 (b) 下贝氏体

图 1-2-13 贝氏体显微组织

氏体。

当温度较低（M_s 对应温度~350℃）时，碳原子扩散能力低，铁素体在奥氏体的晶界或晶内的某些晶面上长成针状。尽管最初形成的铁素体固溶碳原子较多，但碳原子不能长程迁移，因而不能逾越铁素体片的范围，只能在铁素体内一定的晶面上以断续碳化物小片的形式析出，从而形成下贝氏体。

贝氏体的力学性能取决于贝氏体的组织形态。上贝氏体的形成温度较高，其中的铁素体条粗大，它的强度低，塑性和韧性差。上贝氏体中的渗碳体分布在铁素体条之间，易于引起脆断，因此上贝氏体的强度和韧性均较低。下贝氏体中铁素体细小、分布均匀，在铁素体内又析出细小弥散的碳化物，加之铁素体内含有过饱和的碳以及高密度的位错，因此下贝氏体不但强度高，而且韧性也好，具有较优良的综合力学性能，是生产上常用的组织。获得下贝氏体组织是强化钢材的途径之一。

3. 马氏体组织

（1）马氏体转变过程　当奥氏体获得极大过冷度冷至 M_s 对应温度以下（对于共析钢为230℃以下）时，将转变成马氏体类型组织。马氏体转变属于低温转变，这个转变持续至马氏体形成终了温度，在 M_f 对应温度以下，过冷奥氏体停止转变。获得马氏体是钢件强韧化的重要基础。

（2）马氏体转变组织形态与性能

① 马氏体的形态。碳质量分数在 0.25% 以下时，基本上是板条马氏体（亦称低碳马氏体），板条马氏体在显微镜下为一束束平行排列的细板条，如图 1-2-14（a）、(c) 所示。在高倍透射电镜下可看到板条马氏体内有大量位错缠结的亚结构，所以也称位错马氏体。

当碳质量分数大于 1.0% 时，则大多数是针状马氏体（亦称高碳马氏体），针状马氏体在光学显微镜中呈竹叶状或凸透镜状，空间形态呈片状，也称片状马氏体，如图 1-2-14 (b)、(d) 所示。针状马氏体内有大量孪晶，因此亦称孪晶马氏体。

碳质量分数为 0.25%~1.0% 时，为板条马氏体和针状马氏体的混合组织。

② 马氏体的性能。马氏体的硬度主要取决于其中的含碳量，含碳量越高，马氏体硬度也就越高。马氏体的塑性和韧性也与其含碳量有关。

片状马氏体中的微细孪晶破坏了滑移系，也使脆性增大，所以脆性和韧性都很差，但因含碳量高，故硬度大。

板条马氏体中的高密度位错是不均匀分布的，存在低密度区，为位错提供了活动余地，

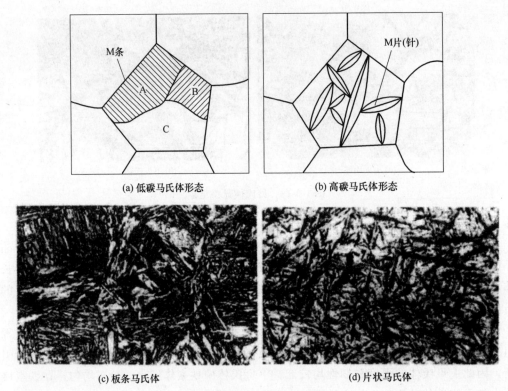

图 1-2-14 马氏体显微组织

由于位错运动能缓和局部应力集中,因而对韧性有利,此外,淬火应力小,不存在显微裂纹,裂纹通过马氏体条也不易扩展,所以板条马氏体具有很高的塑性和韧性。

通过热处理可以改变马氏体的形态,增加板条马氏体的相对数量,从而可显著提高钢的强韧性,这是一条可显著发挥钢材潜力的有效途径。

四、钢的典型热处理

1. 退火

退火是将钢件加热到适当温度,经过一定时间的保温,然后随炉或埋入导热性较差的介质中缓慢冷却,以获得接近平衡状态组织或消除内应力的热处理工艺。

退火主要是为了降低硬度,提高塑性,以利于切削加工或继续冷变形加工;细化晶粒,消除组织缺陷,改善钢的性能;消除内应力,稳定工件尺寸,防止变形与开裂,并为最终热处理做好组织准备。

退火方法很多,通常按退火目的的不同,可分为完全退火、等温退火、球化退火、再结晶退火和去应力退火等。

(1) 完全退火 完全退火是将钢加热到 Ac_3 线以上 30~50℃,保温一定时间而获得完全的奥氏体组织,然后随炉冷却到 500℃ 以下,再出炉在空气中冷却,最终获得平衡组织铁素体+珠光体,如图 1-2-15(a)所示。

完全退火主要适用于亚共析碳钢和合金钢铸件、锻件、热轧型材及焊接件等。

完全退火可使亚共析钢件获得接近平衡状态组织,并使铸件、锻件或焊件中粗大组织均

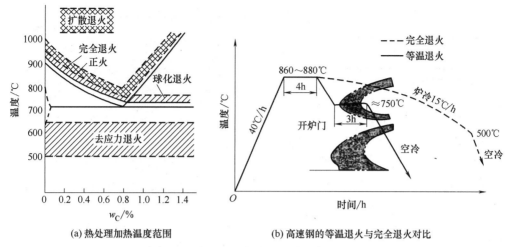

(a) 热处理加热温度范围　　(b) 高速钢的等温退火与完全退火对比

图 1-2-15　钢的退火加热温度及冷却方式比较

匀细化，消除内应力并降低硬度，提高塑性，改善切削加工性。但所需时间较长，特别是某些奥氏体较稳定的合金钢，退火时间长达几十小时以上，所以合金钢大件通常采用等温退火工艺，如图 1-2-15（b）所示。由于过共析钢缓慢冷却时沿晶界析出二次网状渗碳体，会显著降低钢的塑性和韧性，给后续切削加工和淬火带来不利影响，所以过共析钢不宜采用完全退火。

（2）等温退火　等温退火是将钢件加热到 Ac_3 线（对亚共析钢）或 Ac_1 线（对共析钢和过共析钢）温度以上，保温后较快冷却到稍低于 Ac_1 线温度，即珠光体型转变温度范围内，一直等温保持到奥氏体全部转变为珠光体型组织为止，然后出炉置空气中冷却。

等温退火与完全退火的目的、加热方法及保温时间基本相同，但其可通过控制等温温度，更快获得所需的均匀组织和性能，退火效果较好，并可大大缩短退火的时间，主要用于奥氏体较稳定的合金工具钢和高合金钢等。

生产中常采用等温退火或完全退火细化晶粒，消除内应力，以改善切削加工性能。对于一些不重要件可作为最终热处理，对某些重要件可作为预先热处理。

（3）球化退火　球化退火是将钢件加热到 Ac_1 线以上 20～40℃，保温较长时间，然后以极其缓慢的速度冷却到 600℃ 以下再出炉空冷的热处理工艺。

球化退火主要用于消除过共析碳钢及合金工具钢中的网状二次渗碳体及珠光体中的片状渗碳体。片层状珠光体较硬，再加上网状渗碳体的存在，不仅使切削加工性变差，刀具磨损增加，而且还易引起淬火变形和开裂。

为了克服上述缺点，可在热加工之后安排一道球化退火工序，使珠光体中的网状二次渗碳体和片状渗碳体在加热保温过程中不完全溶解而断开，并成为许多细小点状渗碳体弥散分布在奥氏体基体上，如图 1-2-16（a）所示。

在随后缓慢冷却过程中，以细小渗碳体质点为核心，形成颗粒状渗碳体，均匀分布在铁素体基体上，成为球状珠光体，如图 1-2-16（b）所示，从而降低硬度，提高塑性，改善切削加工性和冷拔、冷冲压等材料的冷变形加工性，并为淬火做好组织准备。

对于含碳量高，网状渗碳体严重的过共析钢，应在退火前先进行一次正火处理，使网状渗碳体溶解，然后再进行球化退火，进而破碎网状渗碳体，使材料获得较低硬度的球状珠光

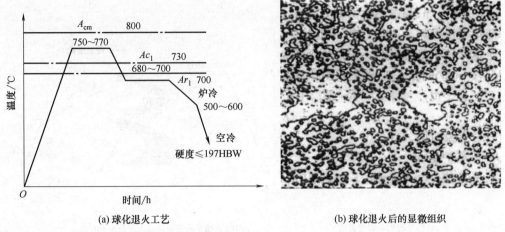

(a) 球化退火工艺　　　　　　　　(b) 球化退火后的显微组织

图 1-2-16　T10 钢球化退火工艺及球化组织

体，以提高切削加工性并可为后续淬火提供良好预备组织。

（4）再结晶退火　再结晶退火是将钢件加热到再结晶温度以上 150～250℃，即 650～750℃范围内，保温一定时间后随炉冷却，通过再结晶使钢材的塑性恢复到冷变形以前的状况。低温再结晶退火可用于冷轧、冷拉、冷压等产生加工硬化的各种金属材料的处理。

（5）去应力退火　去应力退火是将钢件随炉缓慢加热（100～150℃/h）至 500～650℃，保温一定时间，然后随炉缓慢冷却（50～100℃/h）至 300～200℃以下再出炉空冷，如图 1-2-15（a）所示。

去应力退火又称低温退火，主要用于消除铸件、锻件、焊接件、冷冲压件及机加工件中的残余内应力，以消除残余内应力的不良影响，稳定尺寸，减少变形，并使钢件在低温退火过程中无组织变化而不降低材料强度。

2. 正火

正火是将钢件加热至 Ac_3（亚共析钢）或 Ac_{cm}（过共析钢）以上 30～50℃，经保温后从炉中取出，在空气中冷却的热处理工艺。正火冷却速度较快，过冷度较大，可获得较细的珠光体型索氏体组织，如图 1-2-17 所示。

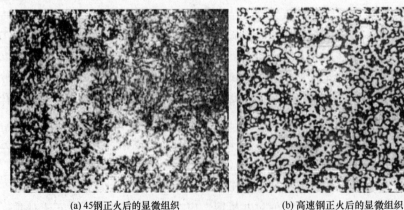

(a) 45 钢正火后的显微组织　　　　　　(b) 高速钢正火后的显微组织

图 1-2-17　45 钢和高速钢正火后的显微组织

(1) 正火的主要应用范围　对于普通碳素钢、低合金钢和力学性能要求不高的机械结构件，可选用正火处理细化晶粒，使金属件具有适当的组织，从而提高其力学性能和形变加工性能，以便替代调质处理作为最终热处理。

对于低碳钢和低碳合金钢机械零件，可采用正火消除内应力和细化组织，以提高其硬度（140~190HBW），避免切削加工中的"黏刀"现象，从而改善其切削加工性能，并作为淬火前的预备处理。

对于共析钢和过共析钢零件，采用正火消除片状渗碳体和二次网状渗碳体，可为球化退火或淬火做好组织准备。对于铸件、锻件、焊件及火焰切割件，可选用去应力退火和正火消除残余内应力，改善组织，以提高加工性及使用性。

(2) 正火与退火工艺比较　确定正火工艺时，常采用热炉装料，一般正火件采用快速升温，而大型正火件则应控制装料时的炉温，保温时间与退火时相同。但正火冷却速度比退火快（表1-2-1），所以正火可获得较细小均匀的珠光体类组织。

表1-2-1　常用结构钢完全退火、正火工艺规范及工艺曲线

牌号	完全退火				正火		
	加热温度/℃	保温时间/h	冷却速度/(℃/h)	冷却方式	加热温度/℃	保温时间/h	冷却方式
20	—	2~4	≤100	炉冷至500℃以下出炉空冷	890~920	透烧	空冷
35	850~880		≤100		860~890		
45	800~840		≤100		840~870		
20Cr	860~890		≤80		870~900		
40Cr	830~850		≤80		850~870		
35CrMo	830~850		≤80		850~870		
工艺曲线图	完全退火工艺曲线（加热温度，Ac₃，炉冷）				正火工艺曲线（加热温度，空冷）		

(3) 正火与退火作用比较　正火与完全退火作用相似，均可获得珠光体型组织，但二者的最高加热温度、冷却速度不同，如图1-2-8（a）所示。同一钢件在正火后的强度和硬度较退火后高，并且钢的含碳量越高，二者的强度和硬度差别越大，如图1-2-8（b）所示，对切削加工性、变形和开裂等影响也越大。

钢材最适宜的切削加工硬度为140~250HBW。一般碳的质量分数小于0.5%的结构钢选用正火为宜，碳的质量分数为0.5%~0.74%的结构钢选用完全退火为宜，而碳的质量分数大于0.8%的高碳工具钢，则必须选用球化退火作为预备热处理。

低碳钢经正火处理后，强度和硬度与退火差不多，但为提高效率和效益，应尽量选用正火。然而，当碳的质量分数小于0.15%时，即使选用正火硬度也不高，材料发"黏"而不易断屑，给切削加工造成困难，且零件加工表面粗糙，所以应选用淬火处理以提高其硬度，才能方便切削加工。

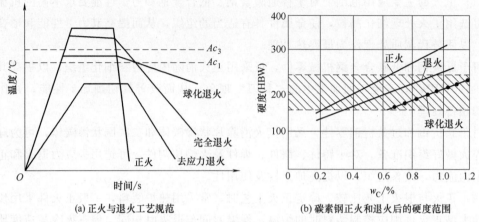

(a) 正火与退火工艺规范　　(b) 碳素钢正火和退火后的硬度范围

图 1-2-18　钢的正火与退火工艺及硬度比较

对于形状复杂的零件或尺寸较大的大型钢件，若选用正火处理，则冷却速度太快，可能产生较大的内应力，导致变形和裂纹，因此宜选用退火处理。然而，对于截面形状简单的小型结构零件，在可能条件下则应尽量采用生产周期短、效率高、简便经济的正火处理，可以降低生产成本。

3. 淬火

淬火是将钢加热到 Ac_3 线（亚共析钢）或 Ac_1 线（共析或过共析钢）以上 30～50℃，保温一定时间使其奥氏体化，然后在冷却介质中迅速冷却的热处理工艺。其主要目的是获得马氏体（个别情况下获得贝氏体）组织，以提高钢的硬度和耐磨性，如各种量具、滚动轴承等工模具均需通过淬火提高硬度和耐磨性。

（1）淬火加热温度和加热时间　碳素钢的淬火加热温度范围，可利用 $Fe-Fe_3C$ 相图上的淬火温度范围选择，如图 1-2-19（a）的阴影线处。

亚共析碳钢适宜的淬火温度为 Ac_3 线以上 30～50℃，淬火后获得均匀细小的马氏体组织，如图 1-2-19（b）所示。若加热温度过低（低于 Ac_1 线的温度），则在淬火组织中将会出现大块未熔铁素体，造成淬火硬度不足。

共析碳钢和过共析碳钢适宜的淬火温度为 Ac_1 线以上 30～50℃，淬火后获得马氏体和颗粒状二次渗碳体，以提高钢的硬度和耐磨性，如图 1-2-19（c）所示。若加热温度超过 Ac_{cm} 线，不仅会得到脆性极大的粗片状马氏体组织，还会因奥氏体含碳量过高，使淬火钢中残余奥氏体量增加，如图 1-2-19（d）所示，从而降低钢的硬度和耐磨性。

合金钢的淬火加热温度可根据其相变点选择，但由于大多数合金元素在钢中阻碍奥氏体晶粒长大（Mn、P 除外），具有细化晶粒的作用，因此合金钢的淬火加热温度可以适当提高。

高速钢、高铬钢及不锈钢的淬火加热温度，应根据合金碳化物溶入奥氏体的程度选定，亦可参照表 1-2-2 的临界温度选定。一般壁厚较大或淬硬性较差的零件，取较高的淬火加热温度，而易变形的薄壁小件或形状复杂零件，则应取较低的下限温度。

加热时间（包括零件的升温时间和保温时间）也是影响淬火质量的因素之一。若时间太短，会使奥氏体成分不均，甚至奥氏体转变不完全，淬火后零件出现软点或淬不硬的现象。若加热时间过长，将助长氧化、脱碳和晶粒粗大的倾向。

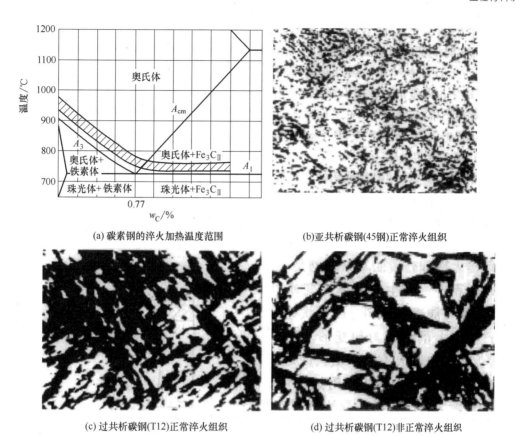

图 1-2-19 碳素钢的淬火加热温度及显微组织

表 1-2-2 各种热处理加热温度范围

工艺方法		完全退火	球化退火	去应力退火	正火	淬火	高频淬火
加热温度	亚共析钢	$Ac_3+(30\sim50℃)$	$Ac_1+(20\sim40℃)$	$Ac_1-(100\sim200℃)$	$Ac_3+(30\sim50℃)$	$Ac_3+(30\sim50℃)$	比普通淬火高 $80\sim100℃$
	过共析钢	$Ac_{cm}-(20\sim30℃)$	$Ac_{cm}+(30\sim50℃)$		$Ac_{cm}+(30\sim50℃)$	$Ac_1+(30\sim50℃)$	

（2）淬火冷却介质　钢件进行淬火冷却时所使用的介质称为淬火冷却介质。淬火冷却介质应具有足够的冷却能力、良好的冷却性能和较宽的适用范围，同时还应具有不易老化、不腐蚀、不易燃、易清洗、无公害和价廉等特点。常用的有油、水、盐水等，其冷却能力依次增强。淬火冷却介质对保证淬火工艺的实施起至关重要的作用。

选用淬火冷却介质的基本原则是：在保证奥氏体在冷却过程中只发生马氏体转变或贝氏体转变的前提下，尽可能缓慢冷却。因为快速冷却会不可避免地产生很大的内应力和变形，甚至引起开裂。

① 水。淬火冷却能力很强，但冷却特性并不理想，在需要快冷的500～650℃温度范围内，水在工件表面形成蒸汽膜，使冷却速度放慢；而在200～300℃需要慢冷时，它的冷却速度反而很大，易产生变形，甚至开裂。一般只能用于尺寸较小的碳钢零件的淬火。

② 盐水。水中加入少量的盐，制成5%～10%NaCl水溶液，在500～650℃时，炽热的工件表面形成的盐膜爆裂而迅速带走大量热量，使其冷却能力提高到约为水的10倍；但在

200～300℃温度范围内冷却速度过大，使淬火工件相变应力增大，且食盐水溶液对工件有一定的锈蚀作用，淬火后工件必须清洗干净。盐水主要用于淬透性较差的碳钢零件的淬火。

③ 矿物油。淬火用油几乎全部为矿物油（如机油、变压器油、柴油等）。它比水的平均冷却速度小得多，20#机油在200～300℃时平均冷却速度为65℃/s，使马氏体转变引起的体积膨胀以缓慢的速度进行，有利于减小工件的变形和开裂倾向，常用于淬透性较高的合金钢或尺寸小、形状复杂的碳钢件。

④ 盐浴和碱浴。盐浴和碱浴的冷却能力介于水和油之间，通常使用温度在150～300℃。其冷却能力既能保证奥氏体向马氏体的转变，不发生中途分解，又能大大减少工件的变形和开裂倾向。盐浴和碱浴有较高的腐蚀性，其蒸发气体对人的呼吸有刺激，劳动条件比较差。两者主要用于截面不大、形状复杂、变形要求严格的碳素工具钢和合金工具钢的分级淬火和等温淬火。

(3) 淬透性　淬透性是指钢在一定条件下淬火后，获得淬硬层深度的能力。一般规定，由钢的表面至内部马氏体组织量占50%处的距离称为淬硬层深度。同样形状和尺寸的工件，用不同的钢材制造，在相同条件下淬火，淬硬层深度越深，其淬透性越好。

在热处理生产中常用临界淬透直径来衡量淬透性的大小。临界淬透直径是指淬火钢在某种介质中冷却后，心部能淬透的最大直径，用 D_c 表示。在同一冷却介质中钢的临界淬透直径越大，则其淬透性越好。表1-2-3为部分常用钢材的临界淬透直径。

表1-2-3　部分常用钢材的临界淬透直径

牌号	临界淬透直径 D_c/mm		心部组织
	水淬	油淬	
45	13～16	5～9.5	50%M
60	11～17	6～12	50%M
40Cr	30～38	19～28	50%M
60Si2Mn	55～62	32～46	50%M

钢的淬透性与淬硬性不是同一概念。淬硬性是指钢淬火后形成的马氏体组织所能达到的最高硬度，它主要取决于马氏体中的含碳量，合金元素的含量对淬硬性影响不大。

4. 回火

钢的淬火和回火是密不可分的，经过淬火的工件，一般都要进行回火。回火是将淬火钢重新加热到 Ac_1 线以下某一温度，保温后冷却下来的一种热处理工艺。回火决定了钢在使用状态的组织和性能。回火的目的是消除淬火内应力，降低脆性，稳定工件的尺寸；调整硬度，提高塑性和韧性，获得工件最终所需要的力学性能。

根据回火温度不同，可将钢的回火分为三类。

① 低温回火（150～250℃）。其主要目的是降低淬火内应力和脆性。低温回火后的组织为回火马氏体，基本上保持了淬火马氏体的高硬度（58～62HRC）和高耐磨性。它主要用于各种高碳钢的刃具、量具、冷冲模具、滚动轴承和渗碳工件。

② 中温回火（350～500℃）。中温回火后的组织为回火托氏体，其硬度为35～45HRC，具有较高的弹性极限和屈强比，较好的冲击韧性。它主要用于处理各种弹性零件和热锻模具等。

③ 高温回火（500～650℃）。高温回火后的组织为回火索氏体，其硬度为25～35HRC，

具有良好的综合力学性能，在保持较高强度的同时，具有较好的塑性和韧性，它适用于处理重要结构零件，如在交变载荷下工件的传动轴、齿轮、传递连杆等。

工业上通常将淬火与高温回火相结合的热处理工艺称为调质处理。调质处理后的钢与正火后的相比，不仅强度较高，而且塑性和冲击韧性显著提高，尽管两者硬度值很接近。这是由于调质处理后的组织为回火索氏体，其渗碳体呈颗粒状，而正火得到的索氏体，其渗碳体呈片状。因此重要的结构零件一般都进行调质处理。表 1-2-4 所示为 45 钢（20～40mm）经调质处理与正火处理后力学性能的比较。

表 1-2-4　45 钢（20～40mm）经调质处理与正火处理后力学性能的比较

热处理状态	σ_b/MPa	δ/%	a_K/J	硬度（HBS）	组织
正火	700～800	15～20	40～64	163～220	索氏体+铁素体
调质	750～850	20～25	64～96	210～250	回火索氏体

5. 表面热处理

有许多机器零件如齿轮、活塞销、轧辊及曲轴颈等都是在高载荷及表面摩擦条件下工作的，因此要求零件表面具有高的强度、硬度和耐磨性，而心部又要具有良好的塑性和韧性，即要达到外硬内韧的效果。表面热处理就能赋予零件这样的性能，是强化零件表面的重要手段。目前生产中常用的表面热处理有表面淬火和化学热处理两种。

（1）表面淬火　表面淬火是对工件表层进行淬火的工艺。它是将工件表面进行快速加热，使其奥氏体化并快速冷却获得一定深度的马氏体组织，而心部组织保持不变（即为原来塑性、韧性较好的退火、正火或调质状态的组织）。常用的表面淬火有感应加热表面淬火、火焰加热表面淬火和激光加热表面淬火。

① 感应加热表面淬火。把工件放入由空心铜管绕成的感应线圈中，当感应线圈通以交流电时，便会在工件中产生频率相同、方向相反的感应电流（涡流）。感应电流在工件截面上的分布是不均匀的，表面电流密度最大，心部电流密度几乎为零，这种现象称为集肤效应，因而几秒可将工件表面温度升至 800～1000℃（完全奥氏体化），而心部温度仍接近室温，在随即喷水（合金钢浸油）快速冷却后，就达到了表面淬火的目的。感应加热时，工件截面上感应电流密度的分布与通入感应线圈中的电流频率有关。电流频率越高，感应电流集中的表面层越薄，淬硬层深度越小。因此可通过调节通入感应线圈中的电流频率来获得不同的淬硬层深度的工件。感应加热表面淬火示意见图 1-2-20。

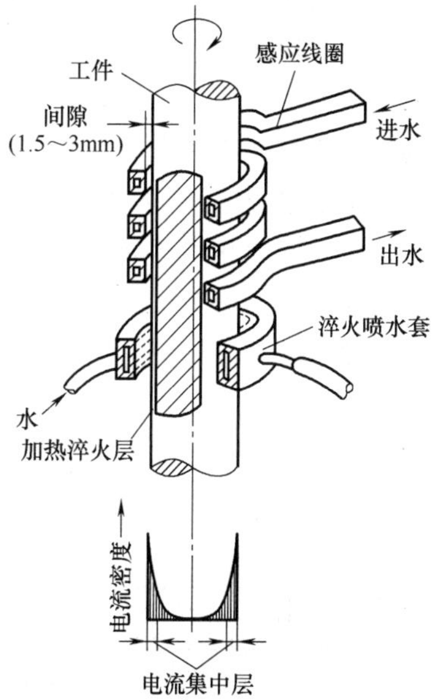

感应加热表面淬火主要适用于中碳钢和中碳低合金钢。若含碳量过高，会增加淬硬层脆性和淬火开裂倾向，且心部塑性和韧性不够；若含碳量过低，会降低零件表面淬硬层的硬度和耐磨性。

图 1-2-20　感应加热表面淬火示意

与普通淬火相比，感应加热表面淬火有以下特点：a. 感应加热速度极快，奥氏体晶粒细小而均匀，淬火后可在表层获得极细马氏体或隐针马氏体，较普通淬火高 2～3HRC；b. 工件表面不易氧化和脱碳，变形小，耐磨性好，疲劳强度较高；c. 生产率高，易于实现机械化和自动化操作。但感应加热设备较贵，维修、调整比较困难，形状复杂的零件感应线圈不易制造，且不适于单件生产。

为保证零件心部具有良好的力学性能，感应加热表面淬火前应进行正火或调质处理。表面淬火后需进行低温回火，以减少淬火内应力和降低脆性。

② 火焰加热表面淬火。火焰加热表面淬火是用氧-乙炔火焰（最高温度 3200℃）或煤气-氧火焰（最高温度 2000℃），对工件表面进行快速加热，并随即喷水冷却的方法。淬硬层深度一般为 2~6mm。适用于中碳钢、中碳合金钢及铸铁的单件小批量生产，以及大型零件（如大型轴类、模数齿轮等）的表面淬火。

火焰加热表面淬火的优点是设备简单、成本低、灵活性大。缺点是加热温度不易控制，工件表面易过热，淬火质量不够稳定。

③ 激光加热表面淬火。激光加热表面淬火是以高能量激光束扫描工件表面，使工件表面快速加热到钢的临界点以上，利用工件自身大量吸热使表层迅速冷却而淬火，实现表面相变硬化。

激光加热表面淬火加热速度极快（105~106℃/s），激光加热表面淬火后，工件表层获得极细小的板条马氏体和针状马氏体的混合组织，其硬化层深度一般为 0.3~1mm，表层硬度比普通淬火后低温回火提高 20%，硬化层硬度值一致，耐磨性提高了 50%，工件使用寿命可提高几倍甚至十几倍。

激光加热表面淬火最佳的原始组织是调质组织，淬火后零件变形极小，表面质量很高，特别适用于拐角、沟槽、盲孔底部及深孔内壁的表面热处理。

(2) 化学热处理　化学热处理是将工件置于一定温度的含有活性原子的特定介质中，使介质中的一种或几种元素（如 C、N、B、Cr 等）渗入工件表面，以改变表层的化学成分和组织，达到工件使用性能要求的热处理工艺。其特点是既改变工件表面层的组织，又改变化学成分，从而使零件表层强化或具有某种特殊的物理、化学性能。

① 钢的渗碳。钢的渗碳是向钢的表层渗入活性碳原子，增加零件表层含碳量并得到一定渗碳层深度的化学热处理工艺。通过随后的淬火和低温回火，可提高零件表面硬度和耐磨性，增加零件的疲劳抗力，而心部仍保持足够的强度和韧性。

为保证零件渗碳淬火后，心部仍具有较高的塑性和韧性，渗碳零件必须用低碳钢或低碳合金钢（含碳量在 0.15%~0.25% 之间）来制造。如 20、20Cr、20CrMnTi 钢等。

按渗碳介质的类型，分为固体渗碳、液体渗碳和气体渗碳。气体渗碳工艺操作简单，渗碳介质成分与渗层质量可以控制，渗碳后可直接淬火，见图 1-2-21 所示。气体渗碳便于实现机械化、自动化，生产效率高，劳动条件好，成本也较低，目前已得到广泛应用。

零件渗碳后，其表面含碳量可高达 0.85%~1.05%，由表面至内部逐渐减少到原来的含碳量。

渗碳件渗碳后，都要进行淬火加低温回火的热处理。经淬火和低温回火后，渗碳件表面为细小片状回火马氏体及少量渗碳体，硬度可达 58~64HRC，耐磨

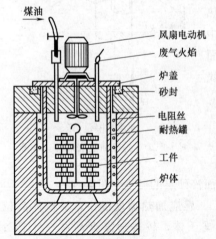

图 1-2-21　气体渗碳法示意

性能很好。心部组织决定于钢的淬透性，低碳钢如 15 钢、20 钢，心部组织为铁素体和珠光体，硬度为 10～15HRC；低碳合金钢如 20CrMnTi，心部组织为回火低碳马氏体、铁素体及屈氏体，硬度为 35～45HRC，具有较高的强度、韧性及一定的塑性。

在同一渗碳温度下，渗碳层深度主要取决于保温时间，保温时间越长，渗层越深。一般可按 0.2～0.25mm/h 的渗入速度估算渗碳层深度。

② 钢的渗氮。钢的渗氮又称为氮化，是指在一定温度下（一般在 Ac_1 线以下）使活性氮原子渗入工件表面的一种化学热处理工艺方法。与渗碳相比，渗氮温度低，工件变形小，表面硬度和耐磨性高，疲劳强度高，耐蚀性和抗咬合性较好。缺点是周期长，生产效率低，成本高，渗层薄而脆，不宜承受太大的接触应力和冲击载荷。

根据所用介质、工艺装备的不同，分为气体渗氮、液体渗氮、离子氮化等。目前应用最广泛的是气体渗氮和离子氮化。

a. 气体渗氮。气体渗氮是将工件置于密封的井式炉内加热到 500～600℃后保温，并通入氨气（NH_3），分解出活性氮原子渗入工件表层，在工件表面形成一薄层坚硬且稳定的氮化物。氮化层厚度一般为 0.2～0.6mm。

渗氮用钢通常是含有 Al、Cr、Mo、V 等元素的合金钢，因为这些合金元素极易与氮形成弥散分布、硬度很高且又非常稳定的氮化物，如 AlN、CrN、MoN 等。应用最广泛的氮化钢是 38CrMoAl 钢，氮化后工件表面硬度可达 1100～1200HV（相当于 72HRC），因此钢在渗氮后不需要进行淬火处理。

在生产中渗氮主要用于处理重要和复杂的精密零件，如精密丝杆、镗杆、排气阀等。

b. 离子氮化。离子氮化是将需渗氮的零件作阴极，以炉壁作阳极，在真空炉室内通入氨气，并在两电极之间通以高压直流电。氨气在高压电场下被电离出氮离子，氮离子以很高的速度轰击零件表面，使零件表面的温度迅速升高至 450～650℃。氮离子在阴极（零件）上夺取电子还原成氮原子而渗入零件表层，经扩散后形成氮化层。

离子氮化的最大优点是氮化速度快，氮化时间仅为气体渗氮的 1/3 左右，氮化层质量好，对金属材料适应性强。但所需设备复杂，成本高。它主要用于中小型精密零件的氮化处理。

③ 钢的碳氮共渗。钢的碳氮共渗是在一定温度下将碳原子和氮原子同时渗入工件表层的化学热处理工艺。根据处理温度的不同，可分为低温气体碳氮共渗和中温气体碳氮共渗。

a. 低温气体碳氮共渗。低温气体碳氮共渗也称为气体软氮化，以渗氮为主，处理温度在 500～570℃，处理时间一般在 1～6h 内，常用的渗剂有尿素、甲酰胺和三乙醇胺等。

软氮化的渗层深度约 0.2～0.5mm，工件表面硬度可达 500～900HV，其脆性和变形较小，抗疲劳、抗咬合和抗擦伤性能较高，普遍用于刀具、模具和耐磨零件的热处理。所用材料不受钢种的限制，碳钢、合金钢、铸铁及硬质合金均适用于软氮化处理。

b. 中温气体碳氮共渗。中温气体碳氮共渗以渗碳为主，处理温度在 750～860℃，常用渗剂为煤油及氨气，其渗层深度小于 1mm。碳氮共渗后工件要进行淬火和低温回火，其渗层组织为回火马氏体、粒状碳氮化合物及少量残余奥氏体，表面硬度可达 58～64HRC。

中温气体碳氮共渗兼有渗碳与渗氮的优点，可取代渗碳，与渗碳相比，其处理时间较短，生产率高，零件变形小，渗层具有更高的耐磨性和抗疲劳性。适用于较大载荷的齿轮、轴类,以及变形要求严格的薄件、小件。所用钢材可以是低碳钢和低碳合金钢,也可以是中碳钢和中碳合金钢。

活动 1　查出热处理时的组织转变及典型热处理工艺

1. 明确工作任务

(1) 说出钢在加热和冷却时的组织转变情况。

(2) 绘制退火、正火、回火、淬火热处理工艺曲线。

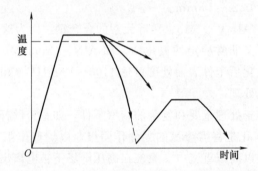

2. 组织分工

学生 2~3 人为一组,分工协作,完成工作任务。

序号	人员	职责
1		
2		
3		

活动 2　清洁教学现场

1. 清扫教学区域,保持工作场所干净、整洁。
2. 产生的废弃物品,统一回收到垃圾桶,不可随意丢弃。
3. 关闭水电气和门窗,最后离开教室的学生锁好门锁。

活动 3　撰写总结报告

回顾热处理认知过程,每人写一份总结报告,内容包括学习心得、团队完成情况、个人参与情况、做得好的地方、尚需改进的地方等。

考核评价

1. 学生以小组为单位,按照任务要求,进行自查、互评与总结。
2. 教师参照评分标准进行考核评价。
3. 师生总结评价,改进不足,将来在学习或工作中做得更好。

序号	考核项目	考核内容	配分	得分
1	技能训练	钢加热时的组织转变描述全面、准确	15	
		钢冷却时的组织转变描述全面、准确	15	
		热处理工艺曲线绘制正确、规范	20	
		实训报告诚恳、体会深刻	15	
2	求知态度	求真求是、主动探索	5	
		执着专注、追求卓越	5	
3	安全意识	着装和个人防护用品穿戴正确	5	
		爱护工器具、机械设备,文明操作	5	
		如发生人为的操作安全事故、设备人为损坏、伤人等情况,安全意识不得分		
4	团结协作	分工明确、团队合作能力	3	
		沟通交流恰当,文明礼貌、尊重他人	2	
		自主参与程度、主动性	2	
5	现场整理	劳动主动性、积极性	3	
		保持现场环境整齐、清洁、有序	5	

任务三
熟知常见金属材料

学习目标

1. 知识目标

（1）掌握金属材料的种类及牌号含义。
（2）掌握常用金属材料的性能及用途。

2. 能力目标

（1）能说出常用金属材料的性能及用途。
（2）能正确选择和使用金属材料。

3. 素质目标

（1）通过信息收集、小组讨论、练习、考核等教学活动，培养学生追求卓越的工匠精神、主动探索的科学精神和团结协作的职业精神。
（2）通过对教学场地的整理、整顿、清扫、清洁，培养学生的劳动精神。

任务描述

钢铁又称为黑色金属，包括钢、铸铁及其他一些铁碳合金，是工业中最常用的金属材料。有色金属是指除铁、铬、锰之外的其他所有金属，也称为非铁合金，它具有一系列在物理、化学及力学等方面不同于钢铁材料的特殊性能，包括重金属、轻金属和稀有金属等，也在工业生产中得到了广泛应用。

铸铁是指含碳质量分数大于 2.11%（一般为 2.5%~4%），并含有较多 Si、Mn 及杂质元素 S、P（明显高于钢）的多元铁碳合金。

与钢相比，铸铁的力学性能通常较低，特别是塑性、韧性较差。但铸铁生产工艺简单，具有优良的铸造性能、可切削加工性能、较好耐磨性能及吸振性等优点。

化工设备选材的好坏直接决定机械零件的优劣。作为化工厂机修车间的一名技术人员，为检修时更好地选用替换材料，要求小王熟悉金属材料的种类、性能与用途。

一、钢铁分类

工业用钢按用途可分为结构钢、工具钢及特殊性能钢。

按钢的化学成分可将钢分为碳素钢及合金钢。碳素钢又按含碳量不同分为低碳钢（$w_C<0.25\%$）、中碳钢（$w_C=0.25\%\sim0.60\%$）、高碳钢（$w_C>0.60\%$）。合金钢按合金元素总含量分为低合金钢（合金元素总量<5%）、中合金钢（合金元素总量=5%～10%）、高合金钢（合金元素总量>10%）。另外，根据钢中所含主要合金元素的种类不同，也可分为锰钢、铬钢、铬钼钢、铬锰钛钢等。

按钢中的有害杂质磷、硫含量不同，可将钢分为普通钢（$w_P\leqslant0.045\%$、$w_S\leqslant0.05\%$）、优质钢（w_P、$w_S\leqslant0.035\%$）、高级优质钢（w_P、$w_S\leqslant0.025\%$）。

工业用钢的钢号举例与牌号表示方法如表 1-3-1 所示（GB/T 221—2008）。

表 1-3-1　工业用钢的钢号举例与牌号表示方法

钢类		钢号举例	表示方法说明
结构钢	碳素结构钢	Q235AF	代表屈服强度的拼音字母"Q"+强度值（以 N/mm² 或 MPa 为单位）；必要时标出钢的质量等级（A、B、C、D、E 等）； 必要时标出脱氧方式，即沸腾钢、半镇静钢、镇静钢、特殊镇静钢分别以"F""b""Z""TZ"表示； 必要时标出产品用途、特性和工艺方法的标识符号
	低合金高强度结构钢	Q345D 16MnR 20MnK	低合金高强度结构钢的牌号表示方法同碳素结构钢； 也可以采用二位阿拉伯数字（表示平均含碳量，以万分之几计）加元素符号及必要时加代表产品用途、特性和工艺方法的表示符号，按顺序表示
	优质碳素结构钢	08F 50A 50MnE 45AH 65Mn	以两位阿拉伯数字表示平均碳含量（以万分之几计）； 必要时较高含锰量碳素工具钢标出"Mn"； 必要时标出高级优质钢、特级优质钢，分别以 A、E 表示，优质钢不用字母表示； 必要时标出脱氧方式表示符号，即沸腾钢、半镇静钢、镇静钢分别以"F""b""Z"表示，但镇静钢表示符号通常可以省略； 必要时标出产品用途、特性或工艺方法的标识符号。如保证淬透性钢表示符号"H"

钢类		钢号举例	表示方法说明
结构钢	合金结构钢	20Cr 40CrNiMoA 60Si2Mn 18MnMoNbER	以两位阿拉伯数字表示平均碳含量(以万分之几计); 合金元素含量,以化学元素符号及阿拉伯数字表示。平均含量小于1.50%,一般不标明含量;平均含量为1.50%～2.49%、2.50%～3.49%…,则相应数字为2,3…; 高级优质钢、特级优质钢分别以A、E表示。优质钢不用字母表示; 必要时加产品用途、特性或工艺方法的表示符号,如"R"代表锅炉和压力容器用钢
工具钢	碳素工具钢	T8 T8Mn T8A	T代表碳素工具钢; 阿拉伯数字表示平均碳含量(以千分之几计); 较高含锰量碳素工具钢标出"Mn"; 高级优质碳素工具钢标出"A",优质钢不用字母表示
	合金工具钢	9SiCr CrWMn	平均碳含量小于1.00%时,采用一位数字表示碳含量(以千分之几计)。平均碳含量不小于1.00%时,不标明含碳量数字; 合金元素含量,以化学元素符号及阿拉伯数字表示,表示方法同合金结构钢。低铬(平均铬含量小于1%)合金工具钢、在铬含量(以千分之几计)前加数字"0"
	高速工具钢	W18Cr4V CW6Mo5Cr4V2	高速工具钢牌号表示方法与合金结构钢相同,但在牌号头部一般不标明表示碳含量的阿拉伯数字; 为了区别牌号,在牌号头部加"C"表示高碳高速工具钢
不锈钢和耐热钢		06Cr19Ni10 022Cr18Ti 20Cr15Mn15Ni2N 20Cr25Ni20	用两位或三位阿拉伯数字表示碳含量最佳控制值(以万分之几或十万分之几计); 合金元素含量以化学元素符号及阿拉伯数字表示,表示方法同合金结构钢;钢中有意加入的铌、钛、锆、氮等合金元素,虽然含量很低,也应在牌号中标出
轴承钢		GCr15SiMn G20CrNiMoA G95Cr18 G80Cr4Mo4V	轴承钢分为高碳铬轴承钢、渗碳轴承钢、高碳铬不锈轴承钢和高温轴承钢等四大类; 高碳铬轴承钢在牌号头部加"G",但不标明碳含量。标出合金元素"Cr"符号及其含量(以千分之几计),其他合金元素含量,以化学元素符号及阿拉伯数字表示,表示方法同合金结构钢; 渗碳轴承钢在牌号头部加符号"G",采用合金结构钢的牌号表示方法。高级优质渗碳轴承钢,在牌号尾部加"A"; 高碳铬不锈轴承钢和高温轴承钢在牌号头部加符号"G",采用不锈钢和耐热钢的牌号表示方法

二、结构钢认知

结构钢包括工程构件用钢和机器零件用钢两大类。

工程构件用钢主要是指用来制造钢架、桥梁、钢轨、车辆及船舶等结构件的钢种,一般做成钢板和型钢。它们大都是用普通碳素钢和低合金高强度钢制造,冶炼简便,成本低,用量大,一般不进行热处理,在热轧空冷状态下使用。

机器零件用钢主要是指用来制造各种机器结构中的轴类、齿轮、连杆、弹簧、紧固件(螺钉、螺母)等的钢种,包括渗碳钢、调质钢、弹簧钢及滚动轴承钢等。它们大都是用优质碳素钢和合金结构钢制造,一般都经过热处理后使用。

1. 碳素结构钢

碳素结构钢属低碳钢,其强度和硬度较低,塑性和韧性较好。碳素结构钢随碳的质量分数增加,强度提高,塑性下降。

碳素结构钢易于冶炼,价格便宜,性能基本能满足一般工程结构件的要求,大量用于制造各种金属结构和要求不是很高的机器零件,是目前产量最大、使用最多的一类钢。碳素结构钢的质量等级分为 A、B、C、D 四级，A 级、B 级为普通质量钢，C 级、D 级为优质钢。碳素结构钢的牌号、成分、性能与应用见表 1-3-2（GB/T 700—2006）。

表 1-3-2 碳素结构钢的牌号、成分、性能与应用

牌号	等级	化学成分(质量分数)/% 不大于					力学性能				应用举例
		C	Si	Mn	S	P	R_{eL}/MPa	R_m/MPa	A_5/%	V型冲击功(纵向)/J	
Q195	—	0.12	0.30	0.50	0.040	0.035	≥195	315～430	≥33	—	承受负荷不大的金属结构、铆钉、垫圈、地脚螺栓、冲压件及焊接件
Q215	A	0.15		1.20	0.050	0.045	≥215	335～450	≥31	—	
	B				0.045					≥27	
Q235	A	0.22		1.40	0.050	0.045	≥235	370～500	≥26	—	金属结构件、钢板、钢筋、型钢、螺栓、螺母、短轴、心轴，Q235C、D 可用做重要焊接结构件
	B	0.20	0.35		0.045	0.045				≥27	
	C	0.17			0.040	0.040				≥27	
	D				0.035	0.035					
Q275	A	0.24		1.50	0.050	0.045	≥275	410～540	≥22	—	强度较高，用于制造承受中等负荷的零件如键、销、转轴、拉杆、链轮、链环片等
	B	0.21			0.045					≥27	
	C				0.040	0.040				≥27	
	D	0.20			0.035	0.035					

注：1. 钢材厚度或直径≤16mm。
2. A_5 表示的是试样的标距等于 5 倍直径的伸长率。

碳素结构钢大多以型材（钢棒、钢板和各种型钢）形式供应，供货状态为热轧（或控制轧制状态、空冷），供方应保证力学性能，用户使用时通常不再进行热处理。

2. 低合金结构钢

碳素结构钢强度等级较低，难以满足重要工程结构对性能的要求。在碳素结构钢基础上加入少量合金元素（一般总量低于 5%）形成了低合金结构钢。低合金结构钢具有较高强度和韧性，工艺性能较好（如良好的焊接性能），部分低合金结构钢还具有耐腐蚀、耐低温等特性。低合金结构钢的成分特点是低碳（w_C＜0.20%）、低合金（一般合金元素总量 w_{Me}＜3%）、以 Mn 为主加元素。

低合金结构钢常用于铁路、桥梁、船舶、汽车、压力容器、焊接结构件、输油输气管道等大型重要钢结构，能减轻结构自重、节约钢材、降低成本。低合金结构钢比普通碳素结构钢有更低的冷脆临界温度，可用于高寒地区使用的构件及运输工具。表 1-3-3 列出了我国生产的几种常用普通低合金结构钢的成分、性能及用途。

表 1-3-3 常用普通低合金结构钢的成分、性能及用途

牌号	钢材厚度或直径/mm	力学性能			使用状态	用途
		R_m/MPa	R_{eL}/MPa	A_5/%		
09MnV (Q295)	≤16	430～580	≥295	≥23	热轧或正火	车辆中的冲压件、建筑金属构件、冷弯型钢
	＞16～25		≥275			
09Mn2 (Q295)	≤16	440～590	≥295	≥22	热轧或正火	低压锅炉、中低压化工容器、输油管道、储油罐等
	＞16～30	420～570	≥275	≥22		
16Mn (Q345)	≤16	510～660	≥345	≥22	热轧或正火	各种大型钢结构、桥梁、船舶、锅炉、压力容器、电站设备等
	＞16～25	490～640	≥325	≥21		
15MnV (Q390)	＞4～16	530～680	≥390	≥18	热轧或正火	中高压锅炉、中高压石油化工容器、车辆等焊接构件
	＞16～25	510～660	≥375	≥18		

续表

牌号	钢材厚度或直径/mm	力学性能			使用状态	用途
		R_m/MPa	R_{eL}/MPa	A_5/%		
16MnNb (Q390)	≤16	530～680	≥390	≥20	热轧	大型焊接结构,如容器、管道及重型机械设备、桥梁等
	>16～20	510～660	≥375	≥19		
14MnVTiRE (Q440)	≤12	550～700	≥440	≥19	热轧或正火	大型船舶、桥梁、高压容器、重型机械设备等焊接结构件
	>12～20	530～680	≥410	≥19		

3. 优质碳素结构钢

优质碳素结构钢要求硫的含量要小于0.04%，磷的含量也要小于0.04%，以及非金属夹杂物含量要少。

优质碳素结构钢根据含碳量的不同，又分成了低碳（w_C<0.25%）优质结构钢、中碳（w_C为0.25%～0.6%）优质结构钢、高碳（w_C>0.6%）优质结构钢。从选材角度来看，碳的质量分数越低，其强度、硬度越低，塑性、韧性越高。锰的质量分数较高的优质碳素结构钢，强度、硬度也较高。表1-3-4为常用优质碳素结构钢的牌号、主要成分、力学性能及用途（GB/T 699—2015）。

表1-3-4 常用优质碳素结构钢的牌号、主要成分、力学性能及用途

牌号	w_C/%	w_{Mn}/%	正火态力学性能(试样,纵向)				钢材交货状态硬度/HBS 不大于	
			R_m/MPa	R_{eL}/MPa	A_5/%	Z/%	未热处理钢	退火钢
			不小于					
08F	0.05～0.11	0.25～0.50	295	175	35	60	131	—
08	0.05～0.12		325	195	33	60	131	—
10	0.07～0.13	0.35～0.65	335	205	31	55	137	—
20	0.17～0.23		410	245	25	55	156	—
25	0.22～0.29		450	275	23	50	170	—
40	0.37～0.44	0.50～0.80	570	335	19	45	217	187
45	0.42～0.50		600	355	16	40	229	197
50	0.47～0.55		630	375	14	40	241	207
60	0.57～0.65		675	400	12	35	255	229
70	0.67～0.75		715	420	9	30	269	229
15Mn	0.12～0.18	0.70～1.00	410	245	26	55	163	—
60Mn	0.57～0.65		690	410	11	35	269	229
65Mn	0.62～0.70	0.90～1.20	735	430	9	30	285	229
70Mn	0.67～0.75		785	450	8	30	285	229

08～25钢属低碳钢，具有良好的塑性和韧性，强度、硬度较低，其压力加工性能和焊接性能优良，主要用于制造冲压件、焊接件和对强度要求不高的机器零件；当对零件的表面硬度和耐磨性及韧性要求较高时，可经渗碳、淬火加低温回火处理（渗碳钢），用于要求表层硬度高、耐磨性好的零件（如轴、轴套、链轮等）。

30～55钢属中碳钢，具有较高的强度、硬度和较好的塑性、韧性，通常经过淬火、高温回火（调质处理）后具有良好的综合力学性能，又称为调质钢。除作为建筑材料外，还大量用于制造各种机械零件（如轴、齿轮、连杆等）。

60钢及碳的质量分数更高的钢属高碳钢，具有更高的强度、硬度及耐磨性，但塑性、韧性、焊接性能及切削加工性能均较差。经过淬火、中温回火后具有较好的弹性，主要用于制造要求较高强度、耐磨性及弹性的零件（如钢丝绳、弹簧、工具）。

4. 合金结构钢

合金结构钢是在优质碳素结构钢的基础上，特意加入一种或几种合金元素而形成的能满足更高性能要求的钢种。

按其碳含量、热处理特点和主要用途，合金结构钢可分为合金渗碳钢、合金调质钢和合金弹簧钢。合金结构钢的典型零件如图 1-3-1 所示。

(a) 齿轮　　(b) 活塞销　　(c) 曲轴　　(d) 弹簧

图 1-3-1　合金结构钢的典型零件

（1）合金渗碳钢　渗碳钢是指经渗碳、淬火和低温回火后使用的结构钢。渗碳钢基本上都是低碳（合金）钢。

渗碳钢主要用于制造高耐磨性、高疲劳强度以及要求具有较高心部韧性（即表硬心韧）的零件，如汽车、拖拉机上的变速箱齿轮，内燃机上的凸轮、活塞销等。

渗碳钢根据淬透性高低分为低淬透性渗碳钢、中淬透性渗碳钢和高淬透性渗碳钢。低淬透性渗碳钢在水中的临界淬透直径为 20～35mm，如 20、20Cr；中淬透性渗碳钢在油中的临界淬透直径为 25～60mm，如 20CrMnTi、20CrMnMo；高淬透性渗碳钢在油中的临界淬透直径在 100mm 以上，如 18Cr2Ni4WA、20Cr2Ni4。

常用渗碳钢的牌号、热处理、力学性能和用途见表 1-3-5（GB/T 3077—2015）。

表 1-3-5　常用渗碳钢的牌号、热处理、力学性能和用途

类别	牌号	热处理/℃ 第一次淬火	热处理/℃ 第二次淬火	R_m/MPa	R_{eL}/MPa	A_5/%	Z/%	A_k/J	用途
低淬透性	15	890,空	770～800,水	500	300	15	—	—	小轴、活塞销等
低淬透性	20Cr	880,水、油	780～820,水、油	835	540	10	40	47	齿轮、小轴、活塞销等
低淬透性	20MnV	880,水、油	—	785	590	10	40	55	齿轮、小轴、活塞销等，也可用于制造锅炉、高压容器、管道等
中淬透性	20CrMnMo	850,油	—	1180	885	10	45	55	汽车、拖拉机变速箱齿轮等
中淬透性	20CrMnTi	880,油	870,油	1080	850	10	45	55	汽车、拖拉机变速箱齿轮等
中淬透性	20MnTiB	—	860,油	1100	930	10	45	55	代替 20CrMnTi
高淬透性	18Cr2Ni4WA	950,空	850,空	1175	835	10	45	78	重型汽车、坦克、飞机的齿轮和轴等
高淬透性	12Cr2Ni4	860,油	780,油	1080	835	10	50	71	重型汽车、坦克、飞机的齿轮和轴等
高淬透性	20Cr2Ni4	880,油	780,油	1180	1080	10	45	63	重型汽车、坦克、飞机的齿轮和轴等

（2）合金调质钢　合金调质钢是指调质处理后使用的合金结构钢，是在中碳调质钢基础上发展起来的，适用于对强度要求高、截面尺寸大的重要零件。主要用于制造受力复杂的汽

车、拖拉机、机床及其他机器的各种重要零件，如齿轮、连杆、螺栓、轴类件等。

常用调质钢的牌号、热处理、力学性能和用途见表 1-3-6（GB/T 3077—2015）。

表 1-3-6 常用调质钢的牌号、热处理、力学性能和用途

类别	牌号	热处理/℃		力学性能（不小于）					用途
		淬火	回火	R_m/MPa	R_{eL}/MPa	A_5/%	Z/%	A_k/J	
低淬透性	45	840，水	600，空	600	355	16	40	39	尺寸小、中等韧性的零件，如主轴、曲轴、齿轮等
	40Cr	850，油	520，水、油	980	785	9	45	47	重要调质件，如轴、连杆、螺栓、重要齿轮等
	40MnB	850，油	500，水、油	980	785	10	45	47	性能接近或优于40Cr，作调质零件
中淬透性	40CrNi	820，油	500，水、油	980	785	10	45	55	大截面齿轮与轴等
	35CrMo	850，油	550，水、油	980	835	12	45	63	代替40CrNi制造大截面齿轮与轴等
	30CrMnSi	880，油	540，水、油	1080	835	10	45	39	高速砂轮轴、齿轮、轴套等
高淬透性	40CrNiMoA	850，油	600，水、油	980	835	12	55	78	高强度零件、如航空发动机轴及零件、起落架
	40CrMnMo	850，油	600，水、油	980	785	10	45	63	相当于40CrNiMoA的调质钢
	37CrNi3	820，油	500，水、油	1130	980	10	50	47	高强韧大型重要零件
	38CrMoAl	940，水、油	640，水、油	980	835	14	50	71	氮化零件，如高压阀门、钢套、镗杆等

合金调质钢根据淬透性的高低分为低淬透性调质钢，如45、40Cr；中淬透性调质钢，如35CrMo、30CrMnSi；高淬透性调质钢，如40CrNiMoA、40CrMnMo。它们在油中的临界淬透直径相应为20～40mm、40～60mm、60～100mm。

对于要求良好耐磨性的结构零件，通常选用含有Cr、Mo、Al的调质钢，在调质处理后，进行氮化处理，可使工件表面形成Cr、Mo、Al的氮化物，使硬度、耐磨性都显著提高，故这类钢又称氮化钢。38CrMoAl是典型的氮化钢，主要用于制造尺寸精确、表面耐磨性要求很高的中小型调质件，如精密磨床主轴、精密镗床丝杠等。

（3）合金弹簧钢 合金弹簧钢是一种专用结构钢，主要用于各种弹簧和弹性元件，有时也用于制造具有一定耐磨性要求的零件。

弹簧主要作用是储存能量和减轻振动。在工作时一般承受循环负荷，大多数情况下因疲劳而破坏。因此，要求弹簧钢应具有高的弹性极限、高的疲劳强度和足够的塑性与韧性，要求钢材具有高的屈服强度，尤其是高的屈强比。并要有良好的表面加工质量，以减轻材料（弹簧）对缺口的敏感性。弹簧钢一般为高碳钢和中、高碳合金钢（以保证弹性极限及一定韧性）。

常用的弹簧钢的牌号、热处理、力学性能和用途见表 1-3-7（GB/T 1222—2016）。

表 1-3-7 常用弹簧钢的牌号、热处理、力学性能和用途

牌号	热处理/℃		力学性能（不小于）				用途
	淬火	回火	R_m/MPa	R_{eL}^b/MPa	A_{10}/%	Z/%	
65	840，油	500	980	785	9	35	截面<12mm 的小弹簧
65Mn	830，油	540	980	785	8	30	截面≤15mm 的弹簧

续表

牌号	热处理/℃		力学性能（不小于）				用途
	淬火	回火	R_m/MPa	R_{eL}^b/MPa	A_{10}/%	Z/%	
60Si2Mn	870,油	440	1570	1375	5	20	截面≤25mm 的机车板簧、缓冲卷簧
60Si2CrVA	850,油	410	1862	1666	6(A_5)	20	截面≤30mm 的重要弹簧，如汽车板簧，≤350℃的耐热弹簧
50CrVA	850,油	500	1274	1127	10(A_5)	40	

注：1. R_{eL}^b 表示下屈服强度。

2. A_{10} 为试样的标距等于10倍直径时的伸长率。

60Si2Mn 钢是应用最广泛的合金弹簧钢，适于制造厚度小于 10mm 的板簧和截面尺寸小于 25mm 的螺旋弹簧，在重型机械、铁道车辆、汽车、拖拉机上都有广泛的应用。

50CrVA 的力学性能与 60Si2Mn 相近，但淬透性更高，Cr 和 V 可提高弹性极限、韧性和耐回火性。可用于大截面、大负荷、耐热的弹簧，如阀门弹簧、高速柴油机的气门弹簧等。

对更高耐热、耐蚀等要求的应用场合，应选不锈钢、耐热钢、高速钢等高合金弹簧钢或其他弹性材料（如铜合金等）。

三、工具钢认知

用于制造各种工具的钢称为工具钢。工具钢根据用途分为刃具钢、模具钢和量具钢（但应用中并无严格界限），如图 1-3-2 所示。

(a) 刃具钢　　　　　　　(b) 模具钢　　　　　　　(c) 量具钢

图 1-3-2　工具钢

1. 刃具钢

刃具钢是制造各种切削工具的钢，主要用于制造车刀、铣刀、钻头、锯条等金属切削刀具。

刃具钢要求具有高硬度，金属切削刃具的硬度一般都在 60HRC 以上；具有高耐磨性；具有高热硬性（又称红硬性，指钢在高温下保持高硬度的能力），刀具切削时必须保证刃部硬度不随温度的升高而明显降低；具有足够的塑性和韧性，防止刃具受冲击或振动时折断和崩刃。因此，刃具钢通常为高碳（合金）钢，常用的刃具钢有碳素工具钢、合金工具钢和高速钢。

（1）碳素工具钢　碳素工具钢碳的 w_C 为 0.65%～1.35%，以保证高硬度、高耐磨性。不同牌号的碳素工具钢经淬火（760～820℃）、低温回火（≤200℃）后硬度差别不大，但耐磨性和韧性有较大差别。w_C 越高、耐磨性越好，韧性越差。碳素工具钢价格低、易加工，但淬透性低、热硬性差，综合力学性能不高。常用碳素工具钢的牌号、成分、热处理、力学性能和主要用途见表 1-3-8（GB/T 1299—2014）。

表 1-3-8 常用碳素工具钢的牌号、成分、热处理、力学性能和主要用途

牌号	w_C/%	w_{Mn}/%	退火状态 HBW 不大于	试样淬火 淬火温度/℃	试样淬火 HRC 不小于	用途
T7	0.65~0.74	≤0.40	187	800~820	62	承受冲击、韧性较好且硬度适当的工具，如手钳、大锤、扁铲、改锥等
T8	0.75~0.84	≤0.40	187	780~800	62	承受冲击、要求较高硬度的工具，如冲头、压缩空气工具、木工工具
T8Mn	0.80~0.90	0.40~0.60	187	780~800	62	承受冲击、要求较高硬度的工具，如冲头、压缩空气工具、木工工具，但淬透性较大，可制造断面较大的工具
T10	0.95~1.04	≤0.40	197	760~780	62	不受剧烈冲击、高硬度且耐磨的工具，如手锯条
T12	1.15~1.24	≤0.40	207	760~780	62	不受冲击、要求高硬度高耐磨的工具，如锉刀、刮刀、丝锥、量具
T13	1.25~1.35	≤0.40	217	760~780	62	不受冲击、要求高硬度高耐磨的工具，如锉刀、刮刀、丝锥、量具，要求更耐磨的工具，如刮刀、剃刀

（2）合金工具钢 为克服碳素工具钢淬透性低等缺点，在其基础上加入 Cr、Mn、Si、W、Mo、V 等合金元素就形成了合金工具钢（合金刃具钢）。合金刃具钢具有高硬度、高耐磨性，但热硬性仍然较差，工作温度不能超过 300℃。合金刃具钢淬透性较高（如 9SiCr 在油中的临界淬透直径约为 40mm），可用于制造截面尺寸较大、形状较复杂的刀具。常用合金工具钢的牌号、热处理、力学性能和主要用途见表 1-3-9（GB/T 1299—2014）。

表 1-3-9 常用合金工具钢的牌号、热处理、力学性能和主要用途

钢组	钢号	交货状态硬度/HBW	试样淬火 淬火温度/℃，冷却剂	试样淬火 硬度值不小于	主要用途
量具刃具用钢	9SiCr	179~241	820~860，油	62HRC	板牙、丝锥、钻头、铰刀、齿轮铣刀、冷冲模、冷轧辊等
量具刃具用钢	Cr2	179~229	830~860，油	62HRC	板牙、丝锥、钻头、铰刀、齿轮铣刀、冷冲模、冷轧辊等
冷作模具钢	Cr12	217~269	950~1000，油	60HRC	冷冲模冲头、冷切剪刀、粉末冶金模、拉丝模、木工切削工具等圆锯、切边模、螺纹滚丝模等
冷作模具钢	Cr12MoV	207~255	950~1000，油	58HRC	冷冲模冲头、冷切剪刀、粉末冶金模、拉丝模、木工切削工具等圆锯、切边模、螺纹滚丝模等
冷作模具钢	9Mn2V	≤229	780~810，油	62HRC	冷冲模冲头、冷切剪刀、粉末冶金模、拉丝模、木工切削工具等圆锯、切边模、螺纹滚丝模等
冷作模具钢	CrWMn	207~255	800~830，油	62HRC	冷冲模冲头、冷切剪刀、粉末冶金模、拉丝模、木工切削工具等圆锯、切边模、螺纹滚丝模等
冷作模具钢	6W6Mo5Cr4V	≤269	1180~1200，油	60HRC	冷冲模冲头、冷切剪刀、粉末冶金模、拉丝模、木工切削工具等圆锯、切边模、螺纹滚丝模等
热作模具钢	5CrMnMo	197~241	820~850，油	324~364HBS	中、大型锻模、螺钉或铆钉热压模、压铸模等
热作模具钢	5CrNiMo	197~241	830~860，油	364~402HBS	中、大型锻模、螺钉或铆钉热压模、压铸模等
热作模具钢	3Cr2W8V	≤255	1075~1125，油	40~48HRC	中、大型锻模、螺钉或铆钉热压模、压铸模等
热作模具钢	4Cr5MoSiV	≤229	790℃±15℃预热，1010℃（盐浴）或1020℃（炉控气氛）±6℃加热，保温 5~15min 油冷，550℃±6℃回火两次，每次 2h	—	中、大型锻模、螺钉或铆钉热压模、压铸模等
热作模具钢	4Cr5MoSiV1	≤229	790℃±15℃预热，1000℃（盐浴）或1010℃（炉控气氛）±6℃加热，保温 5~15min 油冷，550℃±6℃回火两次，每次 2h	—	中、大型锻模、螺钉或铆钉热压模、压铸模等
热作模具钢	4Cr5W2VSi	≤229	1030~1050，油或空	—	中、大型锻模、螺钉或铆钉热压模、压铸模等

(3) 高速钢　高速钢是一类具有很高耐磨性和很高热硬性的工具钢，在高速切削条件（如 50～80m/min）下刃部温度达到 500～600℃时仍能保持很高的硬度，使刃口保持锋利，从而保证高速切削，高速钢由此得名。

高速钢主要用来制造中、高速切削刀具，如车刀、铣刀、铰刀、拉刀、麻花钻等。高速钢为高碳高合金钢，常用的高速钢牌号有 W18Cr4V、W6Mo5Cr4V2、W9Mo3Cr4V。

2. 模具钢

模具钢是用于制造各种模具（如冷冲模具、冷挤压模、热锻模等）的钢。按其用途分为冷作模具钢、热作模具钢和成形模具钢（如塑料模）等。模具钢的牌号、热处理、力学性能和主要用途见表 1-3-9。

(1) 冷作模具钢　冷作模具钢是指主要用于制造冷冲模具、冷挤压模、拉丝模等，使被加工材料在冷态下进行塑性变形的模具用钢。冷作模具钢应具有高强度、高硬度和高的耐磨性，足够的韧性和疲劳抗力，较高的淬透性。因此，冷作模具钢通常为高碳钢和高碳合金钢。

常用的冷作模具钢有碳素工具钢和合金工具钢。碳素工具钢（如 T8A）用于制造要求不太高、尺寸较小的模具。合金工具钢中的 9Mn2V、CrWMn 主要用于制造要求较高、尺寸较大的模具。而淬透性更好、淬火变形更小的 Cr12、Cr12MoV、Cr4W2MoV 用于制造要求更高的大型模具。高速钢及基体钢（如 65Nb）等也可用于冷作模具。

(2) 热作模具钢　热作模具钢是指用于制造热锻模、压铸模、热挤压模等，使被加工材料在热态下成形的模具用钢。热作模具钢应具有较高的强度、良好的塑性和韧性、较高的热硬性和高温耐磨性、高的热疲劳抗力，此外，还应具有高的热稳定性，在工作过程中抗氧化。热作模具钢为中碳合金钢。

3. 量具钢

量具钢是指用于制造各种测量工具（如卡尺、千分尺等）的钢。量具钢应具有高硬度、高耐磨性和高的尺寸稳定性。

量具钢多为高碳钢和高碳合金钢。很多碳素工具钢和合金刃具钢都可作为量具钢使用。低碳钢（如 20 钢）经渗碳、淬火及低温回火，中碳钢（如 50 钢）经表面淬火及低温回火后也可用于要求不太高的量具，如样板、卡规等；接触腐蚀介质的量具可用 4Cr13、9Cr18 等不锈钢制造。

四、不锈钢和耐热钢认知

1. 不锈钢

不锈钢是以不锈性、耐蚀性为主要特性的高铬含量（大于 12%）的钢种。铬不锈钢具有良好耐蚀性的原因有二：其一是当钢中铬含量达到 12%时，钢基体的电极电位明显突升，化学稳定性明显升高，耐蚀性提高；其二是不锈钢中高铬量能够形成覆盖表面的致密稳定的保护膜，在腐蚀介质中保持钝性。

按国际通用分类方法可以将不锈钢分成四类：铁素体不锈钢、马氏体不锈钢、奥氏体不锈钢、奥氏体-铁素体双相不锈钢。

(1) 马氏体不锈钢　典型牌号有 12Cr13、20Cr13、30Cr13、40Cr13 等，因铬质量分数大于等于 12%，它们都有足够的耐蚀性。碳含量低的 12Cr13、20Cr13 的耐蚀性较好，且有较好的力学性能，主要用作耐蚀结构零件，如汽轮机叶片、热裂设备配件等。30Cr13、40Cr13 因碳含量增加，强度和耐磨性提高，但耐蚀性降低，主要用作防锈的手术器械及刀具。

因马氏体不锈钢只用铬进行合金化，因此它们只在氧化性介质中耐蚀，在非氧化性介质中不能达到良好的钝化，耐蚀性较低。

(2) 铁素体不锈钢 典型牌号有 10Cr15、10Cr17 等，这类钢的铬质量分数为 17%～30%，碳质量分数低于 0.15%。有时还加入其他元素，如 Mo、Ti、Si、Nb 等。由于铬含量高，耐蚀性比 Cr13 型钢更好。这类钢在退火或正火状态下使用，强度较低，塑性很好。铁素体不锈钢主要用作耐蚀性要求很高而强度要求不高的构件，例如化工设备、容器和管道、食品加工设备等。

(3) 奥氏体不锈钢 在 $w_{Cr}=18\%$ 的钢中加入质量分数为 8%～11% 的 Ni，就是 18-8 型的奥氏体不锈钢，如 06Cr18Ni11Ti 是最典型的牌号。钢中还常加入 Ti 或 Nb，以防止晶间腐蚀。由于含有较高的铬和镍，奥氏体不锈钢具有比铬不锈钢更高的化学稳定性及耐蚀性，而且钢的冷热加工性和焊接性也很好，广泛用于制造化工生产中的某些设备及管道等，是目前应用最多、性能最好的一类不锈钢。

奥氏体型不锈钢虽然耐蚀性优良，但有应力时在某些介质（尤其含有 Cl^- 的介质）中易发生应力腐蚀开裂，而温度会增大产生这一破坏的敏感性，因此这类钢在变形、加工和焊接后必须进行充分去应力退火处理，以消除加工应力，避免应力腐蚀失效。一般是将钢加热到 300～350℃ 消除冷加工应力；若想消除焊接残余应力，则需加热到 850℃ 以上。

(4) 奥氏体-铁素体双相不锈钢 在 18-8 型钢的基础上，提高铬含量或加入其他铁素体形成元素时，不锈钢便成为由奥氏体和铁素体两相组成的复相材料（其中铁素体占 5%～20%），不仅克服了奥氏体不锈钢应力腐蚀抗力差的缺点，而且还具有提高抗晶间腐蚀性能及焊缝热裂性的作用。12Cr21Ni5Ti、14Cr18Ni11Si4AlTi 等都属于此类不锈钢。其晶间腐蚀和应力腐蚀破坏倾向较小，强度、韧性和焊接性能较好，而且节约 Ni，因此得到了广泛的应用。

表 1-3-10 是常用不锈钢的牌号、化学成分、热处理、力学性能及用途。

2. 耐热钢

耐热钢是指在高温下具有高的热化学稳定性和热强度的特殊钢。

在加热炉、锅炉、燃气轮机等高温装置中，有许多零件在高温下工作，要求具有高耐热性。耐热性包括高温抗氧化性和高温强度两方面的含义。高温抗氧化性是指钢在高温下对氧化作用的抗力，而高温强度是指钢在高温下承受机械负荷的能力。

耐热钢中不可缺少的合金元素是 Cr、Si、Al，特别是 Cr。合金元素的加入，可提高钢的抗氧化性。Cr 还有利于提高热强度。Mo、W、V、Ti 等元素加入钢中，能形成细小弥散的碳化物，起弥散强化的作用，提高室温和高温强度。碳使钢的塑性、抗氧化性、焊接性能降低，所以耐热钢的碳含量一般都不高。

按使用温度范围和组织，耐热钢可分为珠光体耐热钢、马氏体耐热钢、奥氏体耐热钢等。

珠光体耐热钢通常用于工作温度低于 600℃ 的结构件；马氏体耐热钢的热强度远高于珠光体耐热钢，多用于制造 700℃ 以下工作且受力较大的零件；奥氏体耐热钢的抗氧化性和热强度均比前两类要高，工作温度可达 750～800℃，常用于制作一些比较重要的零件。常用耐热钢的牌号、化学成分、热处理、力学性能及用途见表 1-3-11。

表 1-3-10 常用不锈钢的牌号、化学成分、热处理、力学性能及用途

| 类别 | 牌号 | 化学成分(质量分数)/% | | | | | | | 热处理/℃ | | | | 力学性能 | | | | | 用途举例 |
		C	Si	Mn	P	S	Ni	Cr	其他	固溶处理温度	退火温度	淬火温度	回火温度	$R_{p0.2}$/MPa	R_m/MPa	A/%	Z/%	HBS	a_K/(J/cm²)	
马氏体型	12Cr13	≤0.15	≤1.00	≤1.00	≤0.040	≤0.030	≤0.60	11.50~13.50			800~900,缓冷(或约750,快冷)	950~1000,油冷	700~750,快冷	≥343	≥539	≥25	≥55	≥159	≥98	刃具类
	20Cr13	0.16~0.25	≤1.00	≤1.00	≤0.040	≤0.030	≤0.60	12.00~14.00			800~900,缓冷(或约750,快冷)	920~980,油冷	600~750,快冷	≥441	≥637	≥20	≥50	≥192	≥78	汽轮机叶片
	30Cr13	0.26~0.35	≤1.00	≤1.00	≤0.040	≤0.030	≤0.60	12.00~14.00			800~900,缓冷(或约750,快冷)	920~980,油冷	600~750,快冷	≥539	≥735	≥11	40	217	29	刃具、喷嘴、阀门、阀座
	68Cr17	0.60~0.75	≤1.00	≤1.00	≤0.040	≤0.030	≤0.60	16.00~18.00			800~920,缓冷	1010~1070,油冷	100~180,快冷					≥54HRC		刃具、量具、轴承等
铁素体型	10Cr17	≤0.12	≤1.00	≤1.00	≤0.040	≤0.030	≤0.60	16.00~18.00			780~850,空冷(或缓冷)			≥206	≥451	≥22	≥50	≤183		重油燃烧器部件、家用电器部件
	10Cr17Mo	≤0.12	≤1.00	≤1.00	≤0.040	≤0.030	≤0.60	16.00~18.00	Mo:0.75~1.25		780~850,空冷(或缓冷)			≥206	≥451	≥22	≥50	≤183		比10Cr17抗盐溶液性强,作汽车外装材料使用
奥氏体型	06Cr19Ni10	≤0.08	≤1.00	≤2.00	≤0.045	≤0.030	8.00~11.00	18.00~20.00		1010~1150,快冷				≥206	≥520	≥40	≥60	≤187		食品用设备、能化工设备
	12Cr18Ni9	≤0.15	≤1.00	≤2.00	≤0.045	≤0.030	8.00~10.00	17.00~19.00		1010~1150,快冷				≥206	≥520	≥40	≥60	≤187		食品工业用一般化工设备
	06Cr18-Ni11Ti	≤0.08	≤1.00	≤2.00	≤0.045	≤0.030	9.00~12.00	17.00~19.00	Ti:5w_C~0.7	920~1150,快冷				≥206	≥520	≥40	50	≤187		建筑用装饰部件
	022Cr17-Ni12Mo2	≤0.030	≤1.00	≤2.00	≤0.045	≤0.030	10.00~14.00	16.00~18.00	Mo:2.00~3.00	1010~1150,快冷				≥117	≥418	≥40	≥60	≤187		医疗器械、耐酸容器及设备衬里、输送管道等

注:$R_{p0.2}$ 是残余延伸强度,表示材料在卸除载荷后,标距部分残余延伸率为0.2%。

表 1-3-11 常用耐热钢的牌号、化学成分、热处理、力学性能及用途

类别	牌号	化学成分(质量分数)/%							热处理/℃	力学性能				用途
		C	Si	Mn	Mo	Ni	Cr	其他		R_m/MPa	$R_{r0.2}$/MPa	A/%	Z/%	硬度(HBS)	
珠光体型	15CrMo	0.12~0.18	0.17~0.37	0.40~0.70	0.40~0.55		0.80~1.10		正火:900~950,空冷 高回:630~700,空冷						不超过540℃的锅炉的受热管、垫圈等
	12CrMoV	0.08~0.15	0.17~0.37	0.40~0.70	0.25~0.35		0.40~0.60	V:0.15~0.30	正火:960~980,空冷 高回:700~760,空冷						不超过570℃的过热器管、导管等
马氏体型	12Cr13	≤0.15	≤1.00	≤1.00		0.60	11.50~13.50		淬火:950~1000,油冷 回火:700~750,空冷	≥539	≥343	≥25	≥55	≥159	低于480℃的汽轮机叶片
	42Cr9Si2	0.35~0.50	2.00~3.00	≤0.70		≤0.60	8.00~10.00		淬火:950~1000,油冷 回火:700~780,空冷	≥883	≥588	≥19	≥50		低于700℃的发动机排气阀或低于900℃的加热炉构件
	40Cr10Si2Mo	0.35~0.45	1.90~2.60	≤0.70	0.70~0.90	≤0.60	9.00~10.50		淬火:1010~1040,油冷 回火:700~760,空冷	≥883	≥686	≥10	≥35		低于700℃的发动机排气阀或低于900℃的加热炉构件
奥氏体型	06Cr19Ni10	≤0.08	≤1.00	≤2.00		8.00~11.00	18.00~20.00		固溶处理:1010~1150,快冷	≥520	≥206	≥40	≥60	≤187	低于870℃反复加热炉的通用耐氧化钢
	45Cr14Ni14W2Mo	0.40~0.50	≤0.80	≤0.70	0.25~0.40	13.00~15.00	13.00~15.00	W:2.00~2.75	固溶处理:820~850,快冷	≥708	≥314	≥20	≥35	248	500~600℃超高参数锅炉和汽轮机零件,大功率发动机排气阀

当工作温度超过750℃时，可酌情选用镍基、钴基、钼基以及陶瓷等耐热材料。

五、滚动轴承钢和耐磨钢认知

1. 滚动轴承钢

滚动轴承钢虽是制作滚动轴承的专用钢，但其成分与性能很接近工具钢，故也可制作冷冲模具、精密量具等工具，还可制作要求耐磨的精密零件，如柴油机喷油嘴、精密丝杠。滚动轴承组件如图1-3-3所示。

图1-3-3 滚动轴承组件

滚动轴承钢应具有高的抗压强度和接触疲劳强度、高的硬度和耐磨性，足够的韧性及良好的淬透性，同时在大气或润滑剂中具有一定的耐蚀能力。

滚动轴承钢为高碳成分，碳的质量分数为0.95%～1.10%，以保证高硬度和高耐磨性。主加合金元素铬的主要作用是提高钢的淬透性，提高钢的强度、接触疲劳强度及耐磨性；加入硅和锰可进一步提高淬透性；对硫、磷含量限制很严（$w_S \leqslant 0.020\%$，$w_P \leqslant 0.007\%$），以进一步保证接触疲劳强度，属高级优质钢。

高碳铬轴承钢是使用最为广泛的滚动轴承钢，约占轴承钢总量的90%。其牌号、成分见表1-3-12（GB/T 18254—2016）。

表1-3-12 常用滚动轴承钢牌号和成分

牌号	化学成分(质量分数)/%				
	C	Si	Mn	Cr	Mo
G8Cr15	0.75～0.85	0.15～0.35	0.20～0.40	1.30～1.65	≤0.10
GCr15	0.95～1.05	0.15～0.35	0.25～0.45	1.40～1.65	≤0.10
GCr15SiMn	0.95～1.05	0.45～0.75	0.95～1.25	1.40～1.65	≤0.10
GCr15SiMo	0.95～1.05	0.65～0.85	0.20～0.40	1.40～1.70	0.30～0.40
GCr18Mo	0.95～1.05	0.20～0.40	0.25～0.40	1.65～1.95	0.15～0.25

在高碳铬轴承钢中，以GCr15最为常用，主要用于制造中小型滚动轴承零件；对于承受较大冲击的滚动轴承，常用渗碳轴承钢制造，其主要牌号有G20CrMn、G20Cr2Ni4A、G20Cr2Mn2MoA等；对要求耐腐蚀的滚动轴承可用不锈轴承钢G9Cr18（G9Cr18Mo）甚至用1Cr18Ni9Ti来制造；而耐高温的轴承可用高碳的GCr14Mo4V、GCrSiWV，高速钢或渗碳钢12Cr2Ni3Mo5A来制造。

2. 耐磨钢

耐磨钢主要是指在强烈冲击载荷或高压力的作用下发生表面硬化而具有高耐磨性的高锰钢。高锰钢碳的质量分数为1.0%～1.3%，锰的质量分数为11%～14%。这种钢由于机械加工困难，基本是经热处理后，才能呈现出良好的韧性和耐磨性。耐磨钢常见牌号有 ZGMn13、ZGMn13Cr2 等。

高锰钢广泛应用于制造承受较大冲击或压力的零部件，如球磨机的衬板、破碎机的牙板、挖掘机的铲齿、拖拉机和坦克的履带板、铁路的道岔、防弹钢板等，如图 1-3-4 所示。此外，高锰钢在寒冷气候条件下不冷脆，适于高寒地区使用。

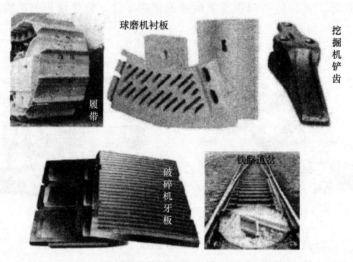

图 1-3-4　高锰钢的典型用途

六、铸铁认知

1. 铸铁分类

（1）按碳的存在形态或断口颜色分类　碳在铸铁中以化合状态的渗碳体（Fe_3C）形式存在，也可以游离状态的石墨（G）形式存在。由于碳的存在形态存在差异，断口呈现不同颜色，据此可将铸铁分成 3 类。

① 白口铸铁。除少量碳固溶于铁素体中外，其余的碳都以渗碳体（第二相）的形式存在于铸铁基体中，其断口呈银白色，故称白口铸铁。由于这类铸铁中都存在共晶莱氏体组织，所以其性能硬而脆，很难切削加工，一般很少直接用来制造各种零件。

② 麻口铸铁。一部分碳以游离状态的石墨（G）形式存在，另一部分以化合状态的渗碳体（Fe_3C）形式存在，在其断口上呈黑白相间的麻点，故称麻口铸铁。这类铸铁也具有较大的硬脆性，故工业上也很少使用。

③ 灰口铸铁。碳几乎全部以游离状态的石墨（G）形式存在，其断口呈暗灰色，故称灰口铸铁。灰口铸铁具有良好的切削加工性、减摩性、减振性等，而且熔炼的工艺与设备简单，成本低廉，所以在目前的工业生产中，灰口铸铁是最重要的工程材料之一。

（2）根据灰口铸铁中石墨形态分类　根据石墨形态的差异，可将灰口铸铁分为 4 类，图 1-3-5 是灰口铸铁中的石墨形态。

① 灰铸铁。铸铁中石墨呈片状存在，这类铸铁的力学性能虽然不高，但它的生产工艺简单、价格低廉，故工业上应用最广。

② 球墨铸铁。铸铁中石墨呈球状存在。它不仅力学性能比灰铸铁高，而且还可以通过

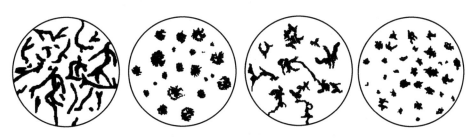

(a) 片状石墨(灰铸铁)　(b) 球状石墨(球墨铸铁)　(c) 蠕虫状石墨(蠕墨铸铁)　(d) 团絮状石墨(可锻铸铁)

图 1-3-5　灰口铸铁中的石墨形态

热处理进一步提高其力学性能，所以它在生产中的应用日益广泛。

③ 蠕墨铸铁。铸铁中石墨呈蠕虫状存在，即其石墨形态介于片状与球状之间。其力学性能也介于灰铸铁与球墨铸铁之间。

④ 可锻铸铁。铸铁中石墨呈团絮状存在。其力学性能（特别是韧性和塑性）较灰铸铁高，并接近于球墨铸铁。

铸铁的牌号举例和表示方法见表 1-3-13（GB/T 5612—2008）。

表 1-3-13　铸铁的牌号举例和表示方法

铸铁名称	石墨形态	基本组织	编号方法		牌号实例
灰铸铁	片状	F	HT(灰铸铁)+一组数字(表示最低抗拉强度值，MPa)		HT100
		F+P			HT150
		P			HT200
可锻铸铁	团絮状	表F、心P	KTH+两组数字	KTH、KTB、KTZ分别为黑心、白心、珠光体可锻铸件；第一组数字表示最低抗拉强度值，MPa；第二组数字表示最低伸长率值，%	KTH300-06
			KTB+两组数字		KTB350-04
			KTZ+两组数字		KTZ450-06
球墨铸铁	球状	F	QT(球墨铸铁)+两组数字(第一组数字表示最低抗拉强度值，MPa；第二组数字表示最低伸长率值，%)		QT400-15
		F+P			QT600-3
		P			QT700-2
蠕墨铸铁	蠕虫状	F	RuT(蠕墨铸铁)+一组数字(表示最低抗拉强度值，MPa)		RuT260
		F+P			RuT300
		P			RuT420

2. 灰铸铁

灰铸铁中的主要化学元素有 C、Si、Mn、P、S 等，化学成分范围一般为：$w_C=2.7\%\sim3.6\%$，$w_{Si}=1.0\%\sim2.5\%$，$w_{Mn}=0.5\%\sim1.3\%$，$w_P\leqslant0.3\%$，$w_S\leqslant0.15\%$。

灰铸铁件主要用于制造各种机器的底座、机架、工作台、机身、齿轮箱体、阀体及内燃机的汽缸体、汽缸盖等。

常用的灰口铸铁分类、牌号、组织、性能及用途如表 1-3-14 所示（GB/T 9439—2010）。

表 1-3-14　常用的灰口铸铁分类、牌号、组织、性能及用途

分类	铸铁牌号	显微组织	毛坯直径/mm	抗拉强度/MPa，≥	抗压强度/MPa，≥	硬度 HBS	用途举例
普通灰铸铁	HT100	F+P(少)+粗片G	30	100	500	143~229	负荷很小的不重要件或薄件，如重锤、防护罩、盖板等
	HT150	F+P+较粗片G	30	150	650	143~241	承受中载荷件，如机座、支架、箱体、法兰、泵体、缝纫机件、阀体
	HT200	P+中等片G	30	200	750	163~255	承受中载荷重要件，如汽缸、齿轮、机床床身、飞轮、底架、中等压力阀阀体

续表

分类	铸铁牌号	显微组织	毛坯直径/mm	抗拉强度/MPa,≥	抗压强度/MPa,≥	硬度 HBS	用途举例
变质铸铁	HT250	细 P+细片 G	30	250	1000	163～255	机体、阀体、油缸、床身、凸轮、衬套等
	HT300	S(T)+细小片 G	30	300	1100	170～255	齿轮、凸轮、剪床、压力机床身、重型机械床身、液压件等
	HT350		30	350	1200	170～269	

3. 球墨铸铁

球墨铸铁的化学成分与灰铸铁相比，特点是碳和硅的含量高，锰含量较低，磷、硫含量低，并含有一定量的稀土与镁，以促进石墨化和球化。球墨铸铁的化学成分范围一般为：$w_C = 3.6\% \sim 4.0\%$，$w_{Si} = 2.0\% \sim 2.8\%$，$w_{Mn} = 0.6\% \sim 0.8\%$，$w_P \leqslant 0.1\%$，$w_S \leqslant 0.04\%$。

球墨铸铁可以代替部分钢材用来制造一些受力复杂，强度、韧性和耐磨性要求较高的零件，如拖拉机或柴油机中曲轴、连杆、凸轮轴、各种齿轮、机床的主轴、蜗杆、蜗轮、轧钢机的轧碾轴承、大齿轮、大型水压机的工作缸、缸套、活塞等；具有高韧性和一定塑性的铁素体球墨铸铁常用来制造受压阀门、机器底座、汽车的后桥壳等。

球墨铸铁的牌号、力学性能及用途举例见表 1-3-15（GB/T 1348—2019）。

表 1-3-15 球墨铸铁的牌号、力学性能及用途

牌号	基体组织	力学性能				用途举例
		R_m/MPa	$R_{p0.2}$/MPa	A/%	硬度（HBW）	
		不小于				
QT400-18	铁素体	400	250	18	120～175	承受冲击、振动的零件，如汽车、拖拉机的轮毂、驱动桥壳、差速器壳、拨叉、农机具零件，中低压阀门，上、下水及输气管道，压缩机上高低压气缸、电动机机壳、齿轮箱、飞轮壳等
QT400-15		400	250	15	120～180	
QT450-10		450	310	10	160～210	
QT500-7	铁素体+珠光体	500	320	7	170～230	机器座架、传动轴、飞轮、内燃机的液压泵齿轮，铁路机车车辆轴瓦等
QT600-3	珠光体+铁素体	600	370	3	190～270	载荷大、受力复杂的零件，如汽车、拖拉机的曲轴、连杆、凸轮轴、气缸套，部分磨床、铣床、车床的主轴，机床蜗杆、蜗轮，轧钢机轧辊、大齿轮，小型水轮机主轴、气缸体，桥式起重机大、小滚轮等
QT700-2	珠光体	700	420	2	225～305	
QT800-2	珠光体或索氏体	800	480	2	245～335	
QT900-2	回火马氏体或屈氏体+索氏体	900	600	2	280～360	高强度齿轮，如汽车后桥螺旋锥齿轮，大减速器齿轮，内燃机曲轴、凸轮轴等

注：$R_{p0.2}$ 为非比例延伸率为 0.2% 时的延伸强度。

4. 蠕墨铸铁

蠕墨铸铁的化学成分与球墨铸铁相似，即要求高碳、高硅、低硫、低磷，并含有一定量的稀土与镁。蠕墨铸铁的成分范围一般为：$w_C = 3.5\% \sim 3.9\%$，$w_{Si} = 2.1\% \sim 2.8\%$，$w_{Mn} = 0.6\% \sim 0.8\%$，$w_P \leqslant 0.1\%$，$w_S \leqslant 0.1\%$。蠕墨铸铁是在上述成分的铁液中加入适量的蠕化剂进行蠕化处理和孕育剂进行孕育处理后获得的。

蠕墨铸铁是一种具有良好综合性能的铸铁，主要应用于一些经受热循环负荷的铸件（如

钢锭模、玻璃模具、柴油机缸盖、排气管、刹车件等）和组织致密零件（如一些液压阀的阀体、各种耐压泵的泵体等）。

蠕墨铸铁的牌号、力学性能及用途见表 1-3-16（GB/T 26655—2022）。

表 1-3-16　蠕墨铸铁的牌号、力学性能及用途

牌号	力学性能				用途举例
	R_m/MPa	$R_{p0.2}$/MPa	A/%	硬度（HBW）	
	不小于				
RuT300	300	210	2.0	140～210	增压器废气进气壳体，汽车底盘零件等
RuT350	350	245	1.5	160～220	排气管、变速箱体、气缸、液压件、纺织机零件、钢锭模具等
RuT400	400	280	1.0	180～240	重型机床件、大型齿轮箱体，盖、座、飞轮，起重机卷筒等
RuT450	450	315	1.0	200～250	活塞环、气缸套、制动盘、钢珠研磨盘等
RuT500	500	350	0.5	220～260	

5. 可锻铸铁

可锻铸铁是由含碳、硅量不高的白口铸铁件经长时间石墨化退火而制得的。可锻铸铁的化学成分范围一般为：$w_C=2.2\%\sim2.8\%$，$w_{Si}=1.0\%\sim1.8\%$，$w_{Mn}=0.4\%\sim1.2\%$，$w_P\leqslant0.2\%$，$w_S\leqslant0.18\%$。根据化学成分、石墨化退火工艺及性能和组织的不同分为黑心可锻铸铁（铁素体可锻铸铁）、珠光体可锻铸铁及白心可锻铸铁 3 类。

可锻铸铁的力学性能优于灰铸铁，并接近于同类基体的球墨铸铁，尤其是珠光体可锻铸铁，强度可与铸钢媲美。可锻铸铁常用于制作一些截面较薄而形状复杂、工作时受振动，而且强度、韧性要求较高的零件。这些零件若用灰铸铁制造，则不能满足力学性能要求；若用球墨铸铁铸造，易形成白口；若用铸钢制造，则因其铸造性能较差，质量不易保证。黑心可锻铸铁强度虽然不高，但具有良好的塑性和韧性，常用来制作汽车及拖拉机的后桥外壳、机床扳手、低压阀门、管接头、农具等承受冲击、振动和扭转负荷的零件。白心可锻铸铁因力学性能差，特别是韧性较低，故应用较少。

常用可锻铸铁的牌号、力学性能及用途见表 1-3-17（GB/T 9440—2010）。

表 1-3-17　常用可锻铸铁的牌号、力学性能及用途

种类	牌号	试样直径/mm	力学性能				用途举例
			R_m/MPa	$R_{p0.2}$/MPa	A/%	硬度（HBW）	
			不小于				
黑心可锻铸铁	KTH300-06	12 或 15	300	—	6	≤150	弯头、三通管件、低压阀门等
	KTH330-08		330	—	8		扳手、犁刀、犁柱、车轮壳等
	KTH350-10		350	200	10		汽车、拖拉机的前后轮壳、差速器壳、转向节壳、制动器及铁道零件等
	KTH370-12		370	—	12		
珠光体可锻铸铁	KTZ450-06	12 或 15	450	270	6	150～200	载荷较高和耐磨损零件。如曲轴、凸轮轴、连杆、齿轮、活塞环、轴套、耙片、万向接头、棘轮、扳手、传动链条等
	KTZ550-04		550	340	4	180～230	
	KTZ650-02		650	430	2	210～260	
	KTZ700-02		700	530	2	240～290	

6. 合金铸铁

在铸铁中加入一定量的合金元素（>3%），使之具有某些特殊性能，提高其适应性和扩大其使用范围，便成为合金铸铁，也称为特殊用途铸铁。根据性能特点，合金铸铁可分为耐蚀铸铁、耐热铸铁、耐磨铸铁。

(1) 耐蚀铸铁　耐蚀铸铁具有较高的耐蚀性能，耐蚀措施与不锈钢相似，一般加入 Si、Al、Cr、Ni、Cu 等合金元素，在铸件表面形成牢固的、致密而又完整的保护膜，阻止腐蚀继续进行，并提高铸铁基体的电极电位，改善铸铁组织，提高铸铁的耐蚀性。

耐蚀铸铁广泛用于化工部门，用来制造管道、阀门、泵、反应釜及盛贮器等。常用的耐蚀铸铁的化学成分及用途见表 1-3-18。

表 1-3-18　常用耐蚀铸铁的化学成分及用途

名称	化学成分(质量分数)/%								用途举例
	C	Si	Mn	P	M	Cr	Cu	其他	
高硅铸铁	0.5~1.0	14.0~16.0	0.3~0.8	≤0.08	—	—	3.5~8.5		除还原性酸以外的酸。加 Cu 适用于碱，加 Mo 适用于氯
稀土中硅铸铁	1.0~1.2	10.0~12.0	0.3~0.6	≤0.045	—	0.6~0.8	1.8~2.2		硫酸、硝酸、苯磺酸
高镍奥氏体球墨铸铁	2.6~3.0	1.5~3.0	0.70~1.25	≤0.08	18.0~32.0	1.5~6.0	5.5~7.5		高温浓烧碱、海水（带泥沙团粒）、还原酸
高铬奥氏体白口铸铁	0.5~2.2	0.5~2.0	0.5~0.8	≤0.1	0~12.0	24.0~36.0	0~6.0		盐浆、盐卤及氧化性酸
铝铸铁	2.7~3.0	1.5~1.8	0.6~0.8	≤0.1		0~1.0			氨碱溶液
含铜铸铁	2.5~3.5	1.4~2.0	0.6~1.0	—	—	—	0.4~1.5	$w_{Sb}=0.1\sim0.4$, $w_{Sn}=0.4\sim1.0$	污染的大气、海水、硫酸

(2) 耐热铸铁　耐热铸铁加入 Si、Al、Cr 等合金元素，在铸铁表面形成一层致密的稳定性好的氧化膜（SiO_2、Al_2O_3、Cr_2O_3），保护内部金属不被继续氧化。常用的耐热铸铁有铬系、硅系、铝系和硅铝系等，用来代替耐热钢制造某些特殊结构的耐热零件，如加热炉底板、热交换器、坩埚等。常用耐热铸铁的牌号、化学成分、使用温度及用途见表 1-3-19（GB/T 9437—2009）。

表 1-3-19　常用耐热铸铁的牌号、化学成分、使用温度及用途

牌号	化学成分(质量分数)/%						使用温度/℃	用途举例
	C	Si	Mn	P	S	其他		
HTRSi5	2.4~3.2	4.5~5.5	<0.8	<0.10	<0.08	$w_{Cr}=0.5\sim1.0$	≤850	烟道挡板、换热器等
QTRSi5	2.4~3.2	4.5~5.5	<0.7	<0.07	<0.015		900~950	加热炉底化、化铝电阻炉、坩埚等
QTRAl22	1.6~2.2	1.0~2.0	<0.7	<0.07	<0.015	$w_{Al}=20.00\sim24.00$	1000~1100	加热炉底板、渗碳罐、炉子传送链构件等
QTRAl5Si5	2.3~2.8	4.5~5.2	<0.5	<0.07	<0.015	$w_{Al}=5.0\sim5.8$	950~1050	
HTRCr16	1.6~2.4	1.5~2.2	<1.0	<0.10	<0.05	$w_{Cr}=15.00\sim18.00$	900	退火罐、炉棚、化工机械零件等

(3) 耐磨铸铁　耐磨铸铁用于制造滑动轴承、衬套及其他一些用于同金属发生摩擦的零件，这种铸铁应该具有低的摩擦系数，即耐磨性好。耐磨铸铁包括减摩铸铁和抗磨铸铁。

减摩铸铁是指在有润滑的条件下工作的耐磨铸铁。不仅要求磨损少，而且还要有较小的摩擦系数、较高的导热性以及良好的加工性。为了满足以上的要求，减摩铸铁一般是在较软的基体上分布着硬质相，在摩擦副的相互作用下，较软的基体下凹，保持着油膜；坚硬的硬质相起到耐磨的作用。如机床的导轨、发动机的汽缸套及活塞等。

抗磨铸铁是指在干摩擦条件下工作的各种耐磨铸铁。抗磨铸铁要求铸件的硬度高。普通白口铸铁是最简便的抗磨铸铁，其缺点是脆性大，若将含有少量 B、Cr、Mo、Ni 等元素的低合金铁水，注入放有冷铁的金属模中成型，使表面获得有一定深度的白口层，而内部为灰口铸铁，则可得到冷硬铸铁。冷硬铸铁表面具有高硬度、高耐磨性，心部具有一定的韧性和强度，主要用于制造冶金轧辊、发动机凸轮轴、球磨机的磨球等。

七、有色金属及其合金认知

1. 铝及其合金

铝及其合金在工业生产中的应用量仅次于钢铁，居有色金属的首位，其最大的特点是质量轻，比强度和比刚度高，导热、导电性好，耐腐蚀，广泛用于飞机制造业，成为航空等工业的主要原材料，在民用工业中，广泛用于食品、电力、建筑、运输等各个领域。

(1) 工业纯铝　铝是银白色金属，熔化温度为 658℃，密度小（$2.7g/cm^3$）是其最重要的特征。铝具有高的导电性和导热性，其导电性仅次于 Ag、Cu、Au。因此，可用来制造电线、电缆等各种导电材料和各种散热器等导热元件。

工业纯铝可加工成板材、型材、棒材、线材及其他半成品。Fe、Si、Cu、Mn、Zn 作为铝中的杂质存在。由于在铝的表面上能形成一层薄的，并且和基体结合很牢的 Al_2O_3 的保护膜，因此，铝具有高的抗腐蚀性，铝的纯度愈高，它的抗腐蚀性也愈好。铝容易进行压力加工，但切削加工困难，可以用各种焊接方法进行焊接。

由于工业纯铝的低强度，可以加工成需要高塑性、良好焊接性能、抗腐蚀、高导热性和高的电传导性的零件和结构元件。但工业中更广泛使用的还是铝合金，大部分工业纯铝用来配制铝合金。

(2) 铝合金　在铝中加入适量的某些合金元素，如 Cu、Zn、Mg、Ti 等配制成铝合金，可以改变铝的组织结构，再经过冷变形或热处理，可大大提高其力学性能。最广泛使用的铝合金是：Al-Cu；Al-Si；Al-Mg；Al-Cu-Mg；Al-Cu-Mg-Si；Al-Mg-Si；Al-Zn-Mg-Cu。根据其成分和生产加工方法，可分为两大类：变形铝合金和铸造铝合金。

① 变形铝合金。变形铝合金根据其特点和用途可分为防锈铝合金、硬铝合金、超硬铝合金及锻铝合金四类。常用变形铝合金的牌号、化学成分、力学性能及用途见表 1-3-20（GB/T 3190—2020）。

a. 防锈铝。防锈铝合金属于不能热处理强化的变形铝合金，只能通过加工硬化方法来提高强度。这类铝合金塑性高，强度低，焊接性好，且有优良的抗蚀性能，因此称为防锈铝。

这些合金容易进行压力加工（模锻、弯曲等），好焊接，并具有高的抗腐蚀性能，但切削加工困难。合金用于承受载荷不太大，但抗腐蚀性能要求高的焊接和铆接件。例如，5A02、

表 1-3-20 常用变形铝合金的牌号、化学成分、力学性能及用途

类别	牌号	曾用牌号	化学成分(质量分数)%					处理状态	力学性能			用途举例
			Cu	Mg	Mn	Zn	其他		R_m/MPa	A/%	HBW	
不能热处理强化的铝合金	防锈铝合金	5A05	LF5	0.1	4.8~5.5	0.3~0.6	0.2	Si:0.5 Fe:0.5	M	280	20	70	焊接油箱、油管、焊条、铆钉以及中等载荷零件及制品
		3A21	LF21	0.2	0.05	1.0~1.6	0.1	Si:0.6 Ti:0.15 Fe:0.7	M	130	20	30	焊接油箱、油管、焊条、铆钉以及轻载零件及制品
能热处理强化的铝合金	硬铝合金	2A01	LY1	2.2~3.0	0.2~0.5	0.2	0.1	Si:0.5 Ti:0.15 Fe:0.5	线材,CZ	300	24	70	工作温度不超过100℃的结构用中等强度铆钉
		2A11	LY11	3.8~4.8	0.4~0.8	0.4~0.8	0.3	Si:0.7 Fe:0.7 Ni:0.1 Ti:0.15	板材,CZ	420	18	100	中等强度结构零件,如骨架、模锻的固定接头、支柱、螺旋桨叶片、局部镦粗的零件、螺栓和铆钉
		2A12	LY12	3.8~4.9	1.2~1.8	0.3~0.9	0.3	Si:0.5 Ni:0.1 Ti:0.15 Fe:0.5	板材,CZ	470	17	105	高强度结构零件,如骨架、蒙皮、隔框、筋、梁、铆钉等在150℃以下工作的零件
	超硬铝合金	7A04	LC4	1.4~2.0	1.8~2.8	0.2~0.6	5.0~7.0	Si:0.5 Fe:0.5	CS	600	12	150	结构中主要受力件,如飞机大梁、桁架、加强框、蒙皮、接头及起落架
	锻铝合金	2A50	LD5	1.8~2.6	0.4~0.8	0.4~0.8	0.3	Si:0.7~1.2	CS	420	13	105	形状复杂、中等强度的锻件及模锻件
		2A70	LD7	1.9~2.5	1.4~1.8	0.2	0.3	Ti:0.02~0.1 Ni:0.9~1.5 Fe:0.9~1.5	CS	415	13	120	内燃机活塞、高温下工作的复杂锻件、板材,高温下工作的结构件

5A03 用于加工液体容器（汽油罐），海船和河船导管，建筑行业中的门、窗框等；对于中等载荷的零件和结构用 5A05 和 5A06 合金，例如，车辆的车体、机架、电梯、船的壳体和船桅等。

b. 硬铝。硬铝合金属于可热处理强化的变形铝合金，可以通过淬火和时效处理进行强化。硬铝淬火经自然时效后具有更高的抗腐蚀性。2A01 和 2A16 合金挤压成半成品比轧制成板材的强度更高，这是由于挤压效应的原因。硬铝在淬火状态、时效状态都可进行切削加工，但在退火状态切削加工性不好，可很好地进行点焊，而不容易进行熔化焊，因为有产生裂纹的倾向。用 2A16 可加工成飞机的蒙皮、隔框、桁条和机翼梁、受力骨架等。

c. 超硬铝。超硬铝的强度极限可达到 550~700MPa，但塑性比硬铝低，有代表性的高强度铝合金是 7A04。这些合金具有很好的切削加工和点焊性能，用于飞机制造的在温度低于 120℃下的长时间工作的受力结构中（蒙皮、隔框、桁条、受力骨架等）。超硬铝合金经时效处

理后强度和硬度都很高,但耐热、耐蚀性较差,一般也采用包铝的办法提高其耐蚀性。

d. 锻铝。锻铝是高塑性,也具有能得到优质铸锭的良好铸造性能。2B50 合金用于加工在加热状态下(管接头、支架件、叶片等)要求高塑性、复杂形状和中等强度的零件;2A80 合金用于重载荷的模锻件(接插件、直升机的螺旋桨等)。

② 铸造铝合金。用来制作铸件的铝合金称为铸造铝合金,按主加合金元素的不同,铸造铝合金可分为 Al-Si 系、Al-Cu 系、Al-Mg 系、Al-Zn 系四类。常用铸造铝合金的牌号(代号)、化学成分、力学性能及用途见表 1-3-21(GB/T 1173—2013)。

表 1-3-21 常用铸造铝合金的牌号(代号)、化学成分、力学性能及用途

类别	牌号	代号	化学成分(质量分数)/%						处理状态		力学性能			用途举例
			Si	Cu	Mg	Mn	其他	Al	铸造方法	合金状态	R_m/MPa	A/%	HBW	
铝硅合金	ZAlSi12	ZL102	10.0~13.0					余量	SB JB SB J	F F T2 T2	145 155 135 145	4 2 4 3	50 50 50 50	形状复杂、低载的薄壁零件,如仪表、水泵的壳体、船舶零件等
	ZAlSi-5Cu1Mg	ZL105	4.5~5.5	1.0~1.5	0.4~0.6			余量	J J	T5 T7	235 175	0.5 1	70 65	工作温度在 225℃ 以下的发动机曲轴箱、气缸体、气缸盖等
铝铜合金	ZAlCu5Mn	ZL201		4.5~5.3		0.6~1.0	Ti:0.15~0.35	余量	S S	T4 T5	295 335	8 4	70 90	工作温度低于 300℃ 的零件,如内燃机气缸头、活塞
铝镁合金	ZAlMg10	ZL301			9.5~11.5			余量	S	T4	280	10	60	承受冲击载荷,在大气或海水中工作的零件,如水上飞机、舰船配件
	ZAlMg5Si1	ZL303	0.8~1.3		4.5~5.5	0.1~0.4		余量	S、J	F	145	1	55	
铝锌合金	ZAlZn11Si7	ZL401	6.0~8.0		0.1~0.3		Zn:9.0~13.0	余量	J	T1	245	1.5	90	承受高静载荷或冲击载荷,不能进行热处理的铸件,如汽车、仪表零件,医疗器械等
	ZAlZn6Mg	ZL402			0.5~0.65		Cr:0.4~0.6 Zn:5.0~6.5 Ti:0.15~2.5	余量	J	T1	235	4	70	

a. 铝硅合金。铸造铝硅合金又称硅铝明,由于具有良好的力学性能、耐蚀性和铸造性能,所以是应用最广泛的铸造铝合金。

硅铝明的硅质量分数一般为 10%~13%,具有良好的铸造性能,但强度低,脆性大。若在浇注前向合金溶液中加入占合金质量 2%~3% 的钠盐进行变质处理,则能细化合金的组织,提高合金的强度和塑性。由于硅在铝中的溶解度很小,硅铝明不能进行热处理强化,如向合金中加入能形成强化相的铜、镁等元素,则合金除能进行变质处理外,还能进行淬火时效,因而可以显著提高硅铝明的强度。

b. 铝铜合金。铸造铝铜合金具有较高的强度和耐热性,但铸造性能和耐蚀性较差,因此主要用于要求高强度和高温(300℃ 以下)条件下工作且外形不太复杂、便于铸造的零件。

c. 铝镁合金。铸造铝镁合金的耐蚀性好,强度高,密度($2.55g/cm^3$)小,但铸造性能

不好，耐热性差。该合金可以进行淬火时效处理，主要用于制造能承受冲击载荷、可在腐蚀介质中工作、外形不太复杂、便于铸造的零件。

d. 铝锌合金。铸造铝锌合金价格低廉，铸造性能优良，经变质处理和时效处理后强度较高，但耐蚀性差，热裂倾向大，常用于制造汽车、拖拉机、发动机的零件，以及形状复杂的仪器零件和医疗器械等。

2. 铜及铜合金

(1) 工业纯铜　纯铜又称为紫铜，铜的密度是 $8.94g/cm^3$，熔点为 1083℃。具有良好的导电性、导热性及抗大气腐蚀性，是抗磁性金属。铜的牌号取决于铜的纯度，因此分成了 T1（99.95%Cu）、T2（99.90%Cu）、T3（99.70%Cu）、T4（99.50%Cu）、无氧铜 TU1（99.97%Cu）。

纯铜的塑性好，但强度、硬度低。所以铜可很好地进行压力加工，但不好进行切削加工，铜的铸造性能不太好，因为会产生大的缩孔。铜不好焊接，但容易进行钎焊。铜以板材、棒材、管材和线材的形式使用。

(2) 铜合金　根据化学成分，铜合金可分为黄铜、青铜、白铜三大类。

① 黄铜。黄铜是以 Zn 为主加元素的铜合金，黄铜按成分分为普通黄铜和特殊黄铜（或称复杂黄铜），按加工方式分为加工黄铜和铸造黄铜。

特殊黄铜是在 Cu、Zn 的基础上加入 Pb、Al、Sn、Mn、Si 等元素后形成的铜合金，并相应地称之为铅黄铜、铝黄铜、锡黄铜等。它们具有比普通黄铜更好的强度、硬度、耐蚀性和良好的铸造性能。常用加工黄铜的牌号、化学成分、力学性能及用途见表 1-3-22（GB/T 5231—2022）。常用铸造黄铜的牌号、化学成分、力学性能及用途见表 1-3-23（GB/T 1176—2013）。

表 1-3-22　常用加工黄铜的牌号、化学成分、力学性能及用途

类别	牌号	化学成分(质量分数)/%						力学性能			用途举例
		Cu	Pb	Al	Sn	其他	Zn	R_m/MPa	A/%	HBW	
普通黄铜	H95	94.0~96.0	0.05			Fe:0.05	余量	450	2		冷凝、散热管，汽车水箱带，导电零件
	H70	68.5~71.5	0.03			Fe:0.1	余量	660	3	150	弹壳，造纸用管，机械、电气零件
铅黄铜	HPb63-3	62.0~65.0	2.4~3.0			Fe:0.1	余量	650	4		要求可加工性极高的钟表、汽车零件
	HPb59-1	57.0~60.0	0.8~1.9			Fe:0.5	余量	650	16	140	热冲压及切削加工零件，如销、螺钉、垫片
铝黄铜	HAl67-2.5	66.0~68.0	0.5	2.0~3.0		Fe:0.6	余量	650	12	170	海船冷凝器管及其他耐蚀零件
	HAl60-1-1	58.0~61.0	0.4	0.7~1.5		Fe:0.7~1.5	余量	750	8	180	齿轮、蜗轮、衬套、轴及其他耐蚀零件
锡黄铜	HSn90-1	88.0~91.0			0.25~0.75	Fe:0.1 Pb:0.03	余量	520		148	汽车、拖拉机的弹性套管及耐蚀减摩零件等
	HSn62-1	61.0~63.0			0.7~1.1	Fe:0.1 Pb:0.1	余量	700	4		船舶、热电厂中高温耐蚀冷凝管

② 白铜。白铜是以镍为主加元素的铜合金，具有优异的海水腐蚀抗力和应力腐蚀开裂抗力。分为简单白铜和特殊白铜，价格昂贵，主要用于耐蚀场合及电工仪表方面。

表 1-3-23 常用铸造黄铜的牌号、化学成分、力学性能及用途

类别	牌号(旧牌号)	化学成分(质量分数)/%					铸造方法	力学性能			用途举例
		Cu	Al	Mn	Si	其他		R_m/MPa	A/%	HBW	
普通铸造黄铜	ZCuZn38 (ZH62)	60.0~63.0				Zn:余量	S J	295 295	30 30	60 70	一般结构件和耐蚀零件,如法兰、阀座、支架、手柄、螺母等
铸造铝黄铜	ZCuZn25Al6Fe3Mn3 (ZHAl66-6-3-2)	60.0~66.0	4.5~7.0	1.5~4.0		Fe:2.0~4.0 Zn:余量	S J	725 740	10 7	160 170	高强、耐磨零件,如桥梁支撑板、螺母、螺杆、耐磨板、蜗轮等
	ZCuZn31Al2 (ZHAl67-2.5)	66.0~68.0	2.0~3.0			Zn:余量	S J	295 390	12 15	80 90	适于压力铸造的零件,如电动机、仪表等的压力铸件、耐蚀零件
铸造锰黄铜	ZCuZn38Mn2Pb2 (ZHMn58-2-2)	57.0~60.0		1.5~2.5		Pb:1.5~2.5 Zn:余量	S J	245 345	10 18	70 80	一般用途的结构件,如套筒、衬套、轴瓦、滑块等

简单白铜具有较高的耐蚀性和抗腐蚀疲劳性能,优良的冷、热加工性能,主要用于制造在蒸汽和海水环境中工作的精密仪器、仪表零件和冷凝器、热交换器等,常用代号有 B5、B19 等。

特殊白铜分为锌白铜、锰白铜、铝白铜等。常用锌白铜代号有 BZn15-20,其具有很高的耐蚀性、强度和塑性,成本也较低,适于制造精密仪器、精密机械零件、医疗器械等。锰白铜具有较高的电阻率、热电势和低的电阻温度系数,用于制造低温热电偶、热电偶补偿导线、变阻器和加热器等,常用代号有 BMn40-1.5(康铜)、BMn43-0.5(考铜)等。

③ 青铜。除黄铜和白铜以外的其他铜合金称为青铜,常见的如锡青铜、铝青铜、铍青铜等。按生产方式,可分为加工青铜和铸造青铜。

锡青铜流动性差,易形成疏松、不致密的组织,但它在凝固时尺寸收缩小,特别适于铸造对外形尺寸要求较严格的铸件。锡青铜的抗蚀性优于铜及黄铜,特别是在大气、海水等环境中,但在酸类及氨水中其耐蚀性较差。此外,锡青铜耐磨性好,多用于制造轴瓦、轴套等耐磨零件。

铝青铜具有可与钢相比的强度,并具有冲击韧性与疲劳强度高、耐蚀、耐磨、受冲击时不产生火花等优点。铝青铜常用来制造轴承、齿轮、摩擦片、蜗轮等要求高强度、高耐磨性的零件。

铍青铜是以铍为主加元素的铜合金,w_{Be} 为 1.7%~2.5%。铍青铜不仅强度高、疲劳抗力高、弹性好,而且抗蚀、耐热、耐磨等性能均好于其他铜合金。

常用加工青铜的牌号、化学成分、力学性能及用途见表 1-3-24(GB/T 5231—2022)。常用铸造青铜的牌号、化学成分、力学性能及用途见表 1-3-25(GB/T 1176—2013)。

3. 钛及钛合金

钛在地球中的储藏量居铝、铁、镁之后占第四位,钛及其合金的主要特点是比强度高、耐腐蚀、中低温性能好,同时还具有超导、记忆、储氢等特殊性能,在航空、化工、电力、医疗等领域得到日益广泛的应用。作为尖端科学技术材料,将具有强大的生命力。

表 1-3-24 常用加工青铜的牌号、化学成分、力学性能及用途

类别	牌号	化学成分(质量分数)/%			力学性能			用途举例
		主加元素		其他	R_m/MPa	A/%	HBW	
锡青铜	QSn4-3	Sn:3.5~4.5	Zn:2.7~3.3	杂质总和:0.2;Cu:余量	550	4	160	弹性元件,化工机械耐磨零件和抗磁零件
	QSn6.5-0.1	Sn:6.0~7.0	Zn:0.3	P:0.1~0.25;杂质总和:0.4;Cu:余量	750	10	160~200	弹簧接触片,精密仪器中的耐磨零件和抗磁零件
铝青铜	QAl9-2	Al:8.0~10.0	Mn:1.5~2.5	Zn:1.0 杂质总和:1.7;Cu:余量	700	4~5	160~200	海轮上的零件,在250℃以下工作的管配件和零件
	QAl10-3-1.5	Al:8.5~10.0	Fe:2.0~4.0	Mn:1.0~2.0 杂质总和:0.75;Cu:余量	800	9~12	160~200	船舶用高强度耐蚀零件,如齿轮、轴承
硅青铜	QSi3-1	Si:2.7~3.5	Mn:1.0~1.5	Zn:0.5;Fe:0.3;Sn:0.25;杂质总和:1.1;Cu:余量	700	1~5	180	弹簧、耐蚀零件以及蜗轮、蜗杆、齿轮、制动杆等
	QSi1-3	Si:0.6~1.1	Ni:2.4~3.4	Mn:0.1~0.4;杂质总和:0.5;Cu:余量	600	8	150~200	发动机和机械制造中的构件,在300℃以下工作的摩擦零件

表 1-3-25 常用铸造青铜的牌号、化学成分、力学性能及用途

类别	牌号(旧牌号)	化学成分(质量分数)/%			铸造方法	力学性能			用途举例
		主加元素	其他			R_m/MPa	A/%	HBW	
铸造锡青铜	ZCuSn3Zn8Pb6Ni1(ZQSn3-7-5-1)	Sn:2.0~4.0	Zn:6.0~9.0;Pb:4.0~7.0;Ni:0.5~1.5	Cu:余量	S J	175 215	8 10	60 71	在各种液体燃料、海水、淡水和蒸汽(<225℃)中工作的零件,压力小于2.5MPa的阀门和管配件
	ZCuSn5Pb5Zn5(ZQSn5-5-5)	Sn:4.0~6.0	Zn:4.0~6.0 Pb:4.0~6.0	Cu:余量	S J	200 250	13 13	60 65	在较高负荷、中等滑动速度下工作的耐磨、耐蚀零件,如轴瓦、缸套、活塞、离合器、蜗轮等
	ZCuSn10Pb1(ZQSn10-1)	Sn:9.0~11.5	Pb:0.5~1.0	Cu:余量	S J	220 310	3 2	80 90	在高负荷、高滑动速度下工作的耐磨零件,如连杆、轴瓦、衬套、缸套、蜗轮等
铸造铅青铜	ZCuPb10Sn10(ZQPb10-10)	Pb:8.0~11.0	Sn:9.0~11.0	Cu:余量	S J	180 220	7 5	65 70	表面压力高又存在侧压的滑动轴承、轧辊、车辆轴承及内燃机的双金属轴瓦等
	ZCuPb30(ZQPb30)	Pb:27.0~33.0		Cu:余量	J			25	高滑动速度的双金属轴瓦、减摩零件等
铸造铝青铜	ZCuAl8Mn13Fe3(ZQAl8-13-3)	Al:7.0~9.0	Mn12.0~14.5	Cu:余量	S J	600 650	15 10	160 170	重型机械用轴套及要求强度高、耐磨、耐压零件,如衬套、法兰、阀体、泵体等

续表

类别	牌号（旧牌号）	化学成分(质量分数)/%		铸造方法	力学性能			用途举例
		主加元素	其他		R_m/MPa	A/%	HBW	
铸造铝青铜	ZCuAl8Mn13Fe3Ni2（ZQAl8-13-3-2）	Al:7.0~8.5	Ni:1.8~2.5；Fe:2.5~4.0；Mn:11.5~14.0	Cu:余量	S J	645 670	20 18	160 170	要求强度高，耐蚀的重要铸件，如船舶螺旋桨、高压阀体及耐压、耐磨零件，如蜗轮、齿轮等

注：括号内材料牌号为旧标准（GB 1176—1974）牌号。

纯钛呈灰色，有金属光泽，纯钛的熔点为1668℃，密度为4.507g/cm³。钛的导电、导热性较低，无磁性。Fe、Al、Mn、Cr、Sn、V、Si等元素对钛的合金化，能提高它的强度，钛基合金比工业纯钛得到了更大的应用。

钛合金的主要优点是强度高，其抗拉强度可达1500MPa，可与超高强度钢媲美，而其密度只有钢的一半，其比强度是常用工程材料中最高的；其热强度高，钛合金可在500℃以上的环境中工作；其断裂韧性也较高，优于铝合金和一些结构钢；其耐蚀性高，钛在大气、水、海水、硝酸、浓硫酸等腐蚀介质中的耐蚀性优于不锈钢。钛及钛合金作为一种高耐蚀性材料，已在航空、化工、造船及医疗等行业得到广泛应用。

钛合金的主要缺点是工艺性差，钛合金的热导率小、摩擦系数大，故切削性差；弹性模量小，变形时回弹大，冷变形困难；硬度低，不耐磨，不能用作抗磨结构件。另外，钛合金成本高，故其应用受到限制。常用钛合金的牌号、名义化学成分、力学性能和用途见表1-3-26（GB/T 3620.1—2016）。

表 1-3-26 常用钛合金的牌号、名义化学成分、力学性能和用途

类别	牌号	名义化学成分	热处理状态	室温力学性能		高温力学性能			用途
				R_m/MPa	A/%	试验温度	R_m/MPa	A_{10}/%	
纯钛	TA1	工业纯钛	退火	300~500	30~40				在350℃以下工作、强度要求不高的零件
	TA2			450~600	25~30				
	TA3			550~700	20~25				
α型钛合金	TA4	工业纯钛	退火	700	12				在500℃以下工作的零件，导弹燃料罐、飞机的涡轮机匣等
	TA5	Ti-4Al-0.005B			15				
	TA6	Ti-5Al			12~20	350	430	400	
β型钛合金	TB2	Ti-5Mo-5V-8Cr-3Al	淬火	1000	20				在350℃以下工作的零件，压气机叶片、轴、轮盘等重载荷旋转件，飞机构件等
			淬火+时效	1350	8				
α+β型钛合金	TC1	Ti-2Al-1.5Mn	退火	600~800	20~25	350	350	350	在400℃以下工作的零件，有一定高温强度的发动机零件，低温用部件
	TC2	Ti-4Al-1.5Mn		700	12~15	350	430	400	
	TC3	Ti-5Al-4V		900	8~10	500	450	200	
	TC4	Ti-6Al-4V	退火	950	10				
			淬火+时效	1200	8	400	630	580	

活动 1　列出金属材料的性能及用途

1. 明确工作任务

列出下列金属材料的性能及用途。

牌号	类别	性能	用途举例
Q235			
45			
35CrMo			
T10			
304			
GCr15			
HT200			
H70			

2. 组织分工

学生 2~3 人为一组，分工协作，完成工作任务。

序号	人员	职责
1		
2		
3		

活动 2　清洁教学现场

1. 清扫教学区域，保持工作场所干净、整洁。
2. 产生的废弃物品，统一回收到垃圾桶，不可随意丢弃。
3. 关闭水电气和门窗，最后离开教室的学生锁好门锁。

活动 3　撰写总结报告

回顾金属材料认知过程，每人写一份总结报告，内容包括学习心得、团队完成情况、个人参与情况、做得好的地方、尚需改进的地方等。

1. 学生以小组为单位，按照任务要求，进行自查、互评与总结。

2. 教师参照评分标准进行考核评价。
3. 师生总结评价，改进不足，将来在学习或工作中做得更好。

序号	考核项目	考核内容	配分	得分
1	技能训练	金属材料类别划分准确	15	
		金属材料性能描述正确	15	
		金属材料应用举例准确	20	
		实训报告诚恳、体会深刻	15	
2	求知态度	求真求是、主动探索	5	
		执着专注、追求卓越	5	
3	安全意识	着装和个人防护用品穿戴正确	5	
		爱护工器具、机械设备，文明操作	5	
		如发生人为的操作安全事故、设备人为损坏、伤人等情况，安全意识不得分		
4	团结协作	分工明确、团队合作能力	3	
		沟通交流恰当、文明礼貌、尊重他人	2	
		自主参与程度、主动性	2	
5	现场整理	劳动主动性、积极性	3	
		保持现场环境整齐、清洁、有序	5	

任务四 熟知常见非金属材料

学习目标

1. 知识目标

（1）掌握常用塑料、橡胶材料的种类及用途。
（2）了解陶瓷、玻璃、水泥、涂料的性能特点。

2. 能力目标

（1）能说出常用非金属材料的种类及用途。
（2）能正确选择和使用非金属材料。

3. 素质目标

（1）通过信息收集、小组讨论、练习、考核等教学活动，培养学生追求卓越的工匠精神、主动探索的科学精神和团结协作的职业精神。
（2）通过对教学场地的整理、整顿、清扫、清洁，培养学生的劳动精神。

任务描述

非金属材料与金属材料都是工业发展的重要材料，随着材料技术的发展，非金属材料在工业生产中的重要性也越来越大。常用的非金属材料有高分子材料、陶瓷材料、玻璃、水泥、复合材料等。

作为某化工厂机修车间的一名技术人员，为设备检修时更好地选用替换材料，要求小王熟悉非金属材料的种类、性能与用途。

一、高分子材料认知

高分子材料是以高分子化合物为主要组分制成的材料，又称为聚合物、高聚物，是由碳与氢（最主要）以及氧、氮、硅、硫等元素以共价键构成的分子量足够大（>5000）的化合物。

高聚物按其来源不同，有天然和人工合成之分。按高聚物的热行为可分为热塑性聚合物和热固性聚合物。最常见、最实用的是按加工工艺特点、性能和用途分为塑料、橡胶、纤维、涂料和胶黏剂五类。

高分子材料具有相对密度小、比强度较高、弹性高、耐磨减摩性好、绝缘性好、耐蚀性好、透光性优良等优点，但存在耐热性差、易燃（且燃烧时发烟，产生有毒气体）和易老化三大缺点。

1. 塑料

（1）热塑性塑料

① 聚乙烯（PE）。聚乙烯由单体乙烯聚合而成，是目前用量最大的通用塑料。聚乙烯无毒无味、呈半透明蜡状、强度较低、耐热性不高（通常<80℃），但具有优良的耐蚀性和电绝缘性，耐低温冲击，易加工且价格较低。

按生产方式不同可将聚乙烯分为高压、中压和低压聚乙烯三类。高压聚乙烯（压力为100~300MPa）又称低密度聚乙烯（LDPE），其结晶度低，呈半透明状，质地柔韧且耐冲击，主要用来生产薄膜、食品和各种商品的包装材料；中压聚乙烯（压力为2~7MPa）又称高密度聚乙烯（HDPE），呈乳白色，其结晶度较高，比较刚硬、耐磨、耐蚀，绝缘性也较好，用来制造容器、管道、绝缘材料以及硬泡沫塑料等；低压聚乙烯（压力小于2MPa）质地坚硬，耐寒性良好（-70℃时还保持柔软），还具有优良的耐热、耐磨、耐蚀性及介电性，但不耐老化，主要用来制造容器、通用机械零件、薄膜、管道、绝缘材料以及合成纸等。图 1-4-1 为聚乙烯产品示例。

(a) 薄膜　　　　　(b) 齿轮　　　　　(c) 管道　　　　　(d) 滑轮

图 1-4-1　聚乙烯产品示例

② 聚氯乙烯（PVC）。聚氯乙烯由氯乙烯经自由基聚合反应而制得，产量仅次于聚乙

烯。氯基的存在使其强度、刚度比聚乙烯好。根据增塑剂用量的不同,可制成硬质和软质的制品。

硬质聚氯乙烯(含增塑剂少)的强度较高,耐蚀性、耐油性、耐水性和电绝缘性良好,价格低,产量大,其缺点是使用温度受限制(-15~55℃),线胀系数大,常用于制作化工耐蚀的结构材料及门窗、管道,也可用作电绝缘材料。软质聚氯乙烯(增塑剂多)的强度、电性能和化学稳定性低于硬质聚氯乙烯,使用温度低且易老化,但耐油性和成形性能较好,主要用于制作薄膜、电线电缆的套管和包皮、密封件等。图1-4-2为聚氯乙烯产品示例。

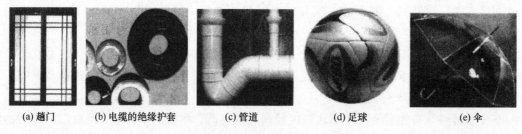

(a) 趟门　　(b) 电缆的绝缘护套　　(c) 管道　　(d) 足球　　(e) 伞

图1-4-2　聚氯乙烯产品示例

③ 聚丙烯(PP)。聚丙烯由丙烯单体聚合而得,呈白色蜡状,无味无毒,密度小(约$0.9g/cm^3$,常用塑料中最轻),强度、硬度、刚度和耐热性(可150℃不变形)均优于低压聚乙烯,几乎不吸水,有较好的化学稳定性、优良的电绝缘性,易成形,且价格低廉。但它低温脆性大、不耐磨、易老化、成形收缩率大,主要用于制造容器、储罐、阀门、汽车配件及衣架等日用品。图1-4-3为聚丙烯产品示例。

(a) 储罐　　(b) 阀门　　(c) 磁力泵零件

图1-4-3　聚丙烯产品示例

④ 聚苯乙烯(PS)。聚苯乙烯由苯乙烯聚合反应而得,是无色透明,无毒无味,易着色,介电性能和耐辐射、耐蚀性能良好的刚性材料,但质脆而硬,不耐冲击,耐热性低,耐有机溶剂性能较差。但成形性突出,使用温度为-30~80℃,它主要用来生产注塑制品,制作仪表透明罩板、外壳、日用品、玩具等。聚苯乙烯还大量用来制造可发性泡沫塑料制品,广泛用作仪表包装防振材料、隔热和吸音材料,图1-4-4为聚苯乙烯产品示例。

⑤ ABS塑料。ABS塑料是丙烯腈(A)、丁二烯(B)、苯乙烯(S)三种单体的共聚物。每一单体都起着其固有的作用,丙烯腈使ABS具有强度、硬度、耐蚀性和耐候性;丁二烯使其具有高弹性和韧性;苯乙烯可使其具有优良的介电性和成形加工性。由于ABS塑料原料易得、综合性能良好且价格便宜,因此在机械、电气、纺织、汽车、飞机、轮船等制

(a) 配电盒外壳　　　(b) 泡沫板　　　(c) 玩具填充物

图 1-4-4　聚苯乙烯产品示例

造工业及化学工业中得到了广泛应用，如机器零件，家用电器和各种仪表的外壳、设备衬里，运动器材等，图 1-4-5 为 ABS 塑料产品示例。ABS 塑料的缺点是可燃、热变形温度较低、耐候性较差、不透明等。

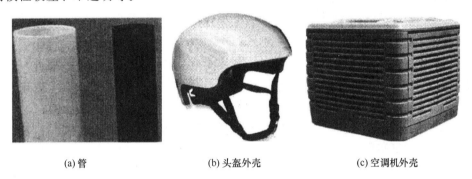

(a) 管　　　(b) 头盔外壳　　　(c) 空调机外壳

图 1-4-5　ABS 塑料产品示例

⑥ 聚酰胺（PA）。聚酰胺俗称尼龙，是不透明或半透明的角质状固体，表面光亮度良好，无臭、无味、无毒，抗霉菌，耐油突出，具有强韧、耐疲劳、耐摩擦、自润滑、电绝缘性好、使用温度范围宽、耐弱酸弱碱和一般溶剂以及透氧率低等优点，但吸湿性大，对强酸、强碱、酚类等抵抗力较差，易老化。广泛用来代替铜及其他有色金属制作机械、化工、电气零件，如齿轮、轴承、油管、密封圈等，还可用来制作耐油食品包装膜及容器、输血管、织物等，图 1-4-6 为聚酰胺产品示例。

(a) 滑轮、齿轮、蜗轮、联轴器　　　(b) 灭火器阀体　　　(c) 冷却风扇

图 1-4-6　聚酰胺产品示例

⑦ 聚碳酸酯（PC）。聚碳酸酯具有优良的力学、热和电性能，被誉为"透明金属"。聚碳酸酯是淡琥珀色、高透明固体，无味无毒，最突出的优点是冲击韧性极高，并耐热耐寒

（可在-100～130℃范围内使用），具有良好的电性能、耐蚀性等。其缺点是耐候性不够理想，长期暴晒容易出现裂纹。

聚碳酸酯的用途十分广泛，不但可代替某些金属和合金，还可代替玻璃、木材等，大量应用于机械、电气、光学、医药等部门，如机械行业中的轴承、齿轮、蜗轮、蜗杆等传动零件；电气行业中高绝缘的垫圈、垫片、电容器等；光学中的照明灯罩、视镜、安全玻璃等。

⑧ 聚四氟乙烯（PTFE或F-4）。聚四氟乙烯是四氟乙烯的均聚物，为蜡状白色粉状物，无味、无毒。最大的特点是其耐蚀性、耐老化性、绝缘性、自润滑性、阻燃性及耐热耐寒性是所有塑料中最好的。可在-180～250℃长期使用；在所有物质中，其耐蚀及不黏性最好，吸水率及摩擦系数最低，但存在强度低、刚性差、冷流性大、不耐熔融碱金属侵蚀，不能注射成形，需烧结成形，价格较贵的不足。

聚四氟乙烯主要用于特殊性能要求的零部件，如作为优异的耐蚀材料用作化工设备、管道、泵等的衬里、垫片、隔膜等；作为绝缘材料用于高温、高频、耐寒、耐老化等场合；由于摩擦系数极小，在机械工业中它可用作轴承、导轨和无油润滑方面的设备。

（2）热固性塑料

① 酚醛塑料（PF）。酚醛塑料具有一定强度和硬度，绝缘性能良好，兼有耐热、耐磨、耐蚀的优良性能，但不耐碱，性脆且加工性差（只能模压）。广泛应用于机械、汽车、航空、电气等工业部门，用来制造开关壳、灯头、线路板等各种电气绝缘件，较高温度下工作的零件，耐磨及防腐蚀材料，并能代替部分有色金属（铝、铜、青铜等）制作齿轮、轴承等零件，图1-4-7为酚醛塑料产品示例。

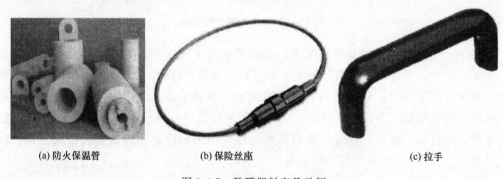

(a) 防火保温管　　　　(b) 保险丝座　　　　(c) 拉手

图1-4-7　酚醛塑料产品示例

② 环氧塑料（EP）。环氧塑料由环氧树脂加入固化剂填料或其他添加剂后制成。收缩率低、强度高，韧性较好，耐水、酸、碱及有机溶剂，耐热耐寒性（使用温度为-80～150℃）优良。环氧树脂浸渍纤维后，可用于制作环氧玻璃钢，常用作化工管道和容器、汽车、船舶和飞机等的零部件。

③ 氨基塑料（AF）。氨基塑料是氨基化合物（如尿素或三聚氰胺）与甲醛经缩聚反应制成氨基树脂，然后加入添加剂制成的。氨基塑料中最常用的是脲醛塑料。

用脲醛塑料压塑粉压制的各种制品有较高的表面硬度，颜色鲜艳，且有光泽，又有良好的绝缘性，俗称"电玉"。常见的制品有仪表外壳、电话机外壳、开关、插座等。

其他常用的热固性塑料还有有机硅塑料（SI）、聚氨酯（PU）、不饱和聚酯（UP）等。

2. 橡胶

① 天然橡胶（NR）。天然橡胶由橡树流出的乳胶，经凝固、干燥、加工制成。强度高，耐撕裂，弹性、耐磨性、耐寒性、气密性、防水性、绝缘性及加工性优良，但耐热、耐油及耐溶剂性差，耐臭氧和老化性差。广泛用于制造各类轮胎、胶带、胶管、胶鞋等各种橡胶制品。

② 丁苯橡胶（SBR）。丁苯橡胶是丁二烯和苯乙烯的无规共聚物，为浅黄褐色弹性固体。其耐磨性、耐热性、耐老化性、耐水性、气密性等均优于天然橡胶，比天然橡胶质地均匀，价格低，是一种综合性能较好的橡胶。其缺点是弹性、机械强度、耐撕裂、耐寒性较差，加工性能也较天然橡胶差。丁苯橡胶可与天然橡胶以任意比例混合，相互取长补短，多数情况下也可代替天然橡胶使用。主要用于制造轮胎、胶带、胶管、胶鞋、电线电缆、医疗器具等。

③ 顺丁橡胶（BR）。顺丁橡胶由丁二烯在特定催化剂作用下聚合而成，其产量仅次于丁苯橡胶。顺丁橡胶以弹性好、耐磨和耐低温而著称，且成本较低，是制造轮胎的优良材料。其缺点是拉伸强度和抗撕裂性较低、加工性能和耐老化性较差、冷流动性大。顺丁橡胶比丁苯橡胶耐磨性高26%，因此，主要用于制造轮胎，也可制作胶带、胶管、胶鞋等制品。

④ 氯丁橡胶（CR）。氯丁橡胶由氯丁二烯聚合而成。其力学性能和天然橡胶相似，且耐油性、耐磨性、耐热性、耐燃烧性、耐溶剂性、耐老化性能均优于天然橡胶，所以称为"万能橡胶"。但其耐寒性较差（使用温度应高于-35℃），密度较大（1.23g/cm³），生胶稳定性差，成本较高。氯丁橡胶既可作为通用橡胶，又可作为特种橡胶。主要利用其对大气和臭氧的稳定性制作电线及电缆的包皮，利用其机械强度高制作输送带。此外，还可用来制作耐蚀胶管、垫圈、门窗封条等。

⑤ 硅橡胶。硅橡胶由硅氧烷聚合而成。具有优异的耐热耐寒性（在-100～300℃温度范围内工作），并具有良好的耐老化性和电绝缘性，但其强度较低、耐油性差且价格较贵。硅橡胶因其独特的耐热耐寒性，可用于制造飞机和宇宙飞行器的密封制品、薄膜和胶管等，也可用于制作电子设备和电线、电缆包皮。此外，硅橡胶无毒无味，还可用于制作食品工业的运输带、垫圈以及医药卫生制品等。

⑥ 丁腈橡胶（NBR）。丁腈橡胶由丁二烯和丙烯腈共聚而成。丁腈橡胶的耐磨性、耐热性、耐蚀性、耐老化性比一些通用橡胶好，耐油突出。此外，它还有良好的耐水性。但丁腈橡胶的耐寒性差（丙烯腈含量愈高、耐寒性愈差），且电绝缘性及耐酸性差。丁腈橡胶主要用作各种耐油制品，如油箱、耐油胶管、密封垫圈、耐油运输带、耐油减振制品。

3. 纤维

纤维是指长宽比在10^3以上、粗细为几微米到上百微米的柔软细长体，有天然纤维和化学纤维，无机纤维（如石棉、玻璃纤维、金属纤维等）和有机纤维之分。其中化学纤维又可分为人造纤维（如硝化纤维、醋酸纤维、黏胶纤维等所谓"人造丝""人造棉"）和合成纤维。合成纤维是以石油、煤、天然气及一些农副产品为原料制成单体，再经化学合成与机械加工的方法制成的纤维。基于成本和性能考虑，合成纤维是工程中主要应用的有机纤维。

① 涤纶（PET）。涤纶俗称的确良，由聚对苯二甲酸乙二醇酯抽丝制成，化学名称为聚酯纤维。具有强度高、弹性好、不易变形的优点，且其耐热性和热稳定性在合成纤维中是最好的，耐磨性仅次于锦纶，耐光性仅次于聚丙烯腈纤维（又称腈纶），化学稳定性和电绝缘

性也较好，不发霉，不虫蛀。涤纶的缺点是吸水性、耐热碱性、透气性和染色性较差，不透气，穿着感不舒服，摩擦易起静电，容易吸附脏物。除了大量用作纺织材料外，涤纶在工业上广泛用于制作运输带、传动带、帆布、渔网、绳索、轮胎帘子线等，此外，还可用作电气绝缘材料。

② 锦纶（PA）。锦纶又称尼龙，其化学名称为聚酰胺纤维，由聚酰胺树脂抽丝制成。质轻、强度高、弹性和耐磨性好，且具有优良的耐碱性、电绝缘性及染色性，不怕虫蛀，但耐酸、耐热以及耐光性较差，弹性模量低，容易变形，故用锦纶做成的衣服不挺括。锦纶多用于制作轮胎帘子线、降落伞、宇航飞行服、渔网、绳索、尼龙袜、手套等工农业及日常用品。

③ 腈纶（PAN）。腈纶化学名称为聚丙烯腈纤维，通常指丙烯腈含量在85%以上的丙烯腈共聚物或均聚物纤维。腈纶质轻，柔软蓬松，保暖性好，犹如羊毛，故有人造羊毛之称。具有色泽鲜艳、耐光、抗菌、不虫蛀、吸湿小等优点，且弹性仅次于涤纶，强度是羊毛的1~2.5倍，耐酸、氧化剂和一般有机溶剂，但耐碱性、耐磨性较差，摩擦易起静电和小球。主要用于制作帐篷、幕布、船帆等织物，亦可与羊毛混纺制作服装，还可用作制备碳纤维的原料。

④ 丙纶（PP）。分子组成为聚丙烯的合成纤维，化学名称为聚丙烯纤维。最大特点是强度高、密度小（$0.91g/cm^3$，在常见化学纤维中最轻），此外，丙纶还具有价廉、耐磨、耐蚀、绝缘性好等优点，但其热稳定性、耐光性和染色性差，主要用途是制作服装、地毯、装饰布、各种绳索、渔网、吸油毡等，还可作为建筑增强材料、包装材料。

⑤ 维纶（PVA）。维纶又称维尼纶，是聚乙烯醇在后加工中经缩甲醛处理所得的纤维，化学名称为聚乙烯醇缩甲醛纤维。维纶的性能接近棉花，故又称为合成棉花。其最大的特点是吸湿性好，而且强度较高，耐磨性、耐光性和耐蚀性均较好，但弹性和染色性差，主要用于制作服装、帆布、床单、窗帘等，还可作为包装材料。

4. 涂料

涂敷于物体表面，能与基体材料很好黏结并形成完整而坚韧的保护膜的物料称为涂料。

涂料按其是否有颜料可分为清漆与色漆；按其形态可分为水性涂料、溶剂型涂料、粉末涂料、高固体分涂料（含不挥发组分70%以上）、无溶剂涂料（光固化、酸固化）等；按其用途可分为建筑涂料、汽车漆、飞机漆、木器漆等；按其固化方式可分为常温固化涂料、高温固化涂料、射线固化涂料；按其涂装方式可分为喷漆、浸漆、烘漆、电泳漆等；按其涂膜的特殊功能可分为绝缘漆、防锈漆、防腐蚀漆等。

涂料具有以下作用：

① 保护作用。涂料能在物体表面形成一层保护膜，使之免受水分、氧、紫外线、微生物、酸、碱、盐及有机溶剂等的侵蚀，也能使物面免受机械损伤，从而延长其使用寿命。

② 装饰作用。产品的价值由其功能体现，功能分为使用功能和心理功能两种。心理功能是指产品给使用者带来的心理感受和主观意识，它往往会通过产品的造型、质感、色彩等（即装饰性）来体现。根据需要，在物体表面涂上合适的涂料，可使其获得需要的质感和色彩，提高装饰性，继而提高产品的价值。各种木器家具、房屋建筑以至铅笔、玩具等无一不需用涂料加以装饰。

③ 色彩标志作用。应用不同颜色的涂料作标志已为人们所认可，在国际上逐渐走上标

准化。可用不同颜色的涂料来表示警告、危险、安全等信号，如在各种危险化学品的容器表面涂敷相应颜色的涂料作提醒标志。

④ 特殊作用。如电性能方面的电绝缘、导电、屏蔽电磁波、防静电产生；热能方面的高温、室温和温度标记；力学性能方面的防滑、自润滑、防碎裂飞溅等。

5. 胶黏剂

胶黏剂又称黏合剂或黏结剂，习惯上简称为胶。它是一类通过黏附作用，使同质或异质材料连接在一起，并在胶接面上有一定强度的物质。

① 热固性树脂胶黏剂。热固性树脂胶黏剂的聚合物分子量小，易扩散渗透，黏结力强，其固化物耐热性和化学稳定性好。但大多起始黏结力小，固化后易产生体积收缩和内应力，使胶接强度下降，故常用弹性体或热塑性树脂改性。主要有环氧、酚醛、聚氨酯、有机硅等胶黏剂。

② 热塑性树脂胶黏剂。热塑性树脂胶黏剂具有起始黏力高、储存稳定性好、固化物柔韧性和耐冲击性好等特点，但耐热性、耐溶剂性较差，胶接强度相对较低。主要用于非结构件的胶黏，如纸张、木材、皮革、纤维制品等低受力物品的黏结。主要有聚醋酸乙烯酯及其共聚物、聚乙烯醇和聚乙烯醇缩醛、含氯树脂等胶黏剂。

③ 橡胶型胶黏剂。橡胶型胶黏剂使用方便、起始黏力强，且硫化后具有优异的弹性，但固化物黏结强度较低，耐热性也差。多用于胶接柔软的或热胀系数相差悬殊的材料，如金属与非金属材料的黏结，也用作密封胶。

④ 混合型胶黏剂。混合型胶黏剂即改性的热固性树脂胶黏剂，由热固性树脂与热塑性树脂或合成橡胶为黏料制成。热固性树脂胶黏剂加入足够量的热塑性树脂或合成橡胶，可以增加其韧性，提高抗冲击和抗剥离性能，使其具有机械强度高、耐老化、耐热、耐化学介质、耐疲劳等性能，达到结构胶的结合性能指标，主要用作结构胶。工业上应用较广的有酚醛-缩醛、环氧-尼龙、环氧-聚砜、酚醛-氯丁、酚醛-丁腈、环氧-丁腈，以及橡胶改性丙烯酸酯等胶黏剂。

二、陶瓷材料认知

陶瓷是由天然或人工原料经高温烧结而成的致密固体材料。按其成分和结构可分为普通陶瓷和特种陶瓷。普通陶瓷又称传统陶瓷，是以黏土、长石、石英等天然原料为主，经过粉碎、成形和烧结而制成的产品，包括日用陶瓷、建筑陶瓷、卫生陶瓷、化工陶瓷等，产量大、用途广。特种陶瓷是指采用高纯度人工合成原料制成的具有特殊物理化学性能的新型陶瓷材料，包括金属陶瓷、氧化物陶瓷、氮化物陶瓷、碳化物陶瓷、硅化物陶瓷、硼化物陶瓷等，主要用于化工、冶金、机械、电子等行业和某些新技术中。

陶瓷具有弹性模量高、硬度高、塑性变形能力差、化学稳定性好、熔点高、电绝缘性好、耐腐蚀性能好等特点，致命缺点是性脆，此外加工性能差，难以进行常规（如切削等）加工。

1. 普通陶瓷

传统陶瓷是以高岭土（$Al_2O_3 \cdot 2SiO_2 \cdot 2H_2O$）、长石［钾长石（$K_2O \cdot Al_2O_3 \cdot 6SiO_2$）和钠长石（$Na_2O \cdot Al_2O_3 \cdot 6SiO_2$）］、石英（$SiO_2$）为原料配制成的。这类陶瓷的主晶相为莫来石，约占25%～30%，玻璃相约占35%～60%，气相约占1%～3%。

传统陶瓷质地坚硬，有良好的抗氧化性、耐蚀性和绝缘性，能耐一定高温，成本低、生产工艺简单。但由于含有较多的玻璃相，故结构疏松，强度较低。在一定温度下会软化，耐高温性能不如近代陶瓷，通常最高使用温度为1200℃左右。

传统陶瓷广泛应用于日用、电气、化工、建筑等部门，如装饰瓷、餐具、绝缘子、耐蚀容器、管道设备等。

2. 特种陶瓷

① 氧化物陶瓷。氧化物陶瓷可以是单一氧化物，也可是复合氧化物，目前应用最广泛的是氧化铝陶瓷。这类陶瓷以 Al_2O_3 为主要成分，并按 Al_2O_3 的质量分数不同分为刚玉瓷、刚玉-莫来石瓷和莫来石瓷，其中刚玉瓷中 Al_2O_3 的质量分数高达99%。

氧化铝陶瓷的熔点在2000℃以上，耐高温，能在1600℃左右长期使用；具有很高的硬度，仅次于碳化硅、立方氮化硼、金刚石等，并有较高的强度、高温强度和耐磨性。此外，它还具有良好的绝缘性和化学稳定性，能耐各种酸碱的腐蚀。氧化铝陶瓷的缺点是热稳定性低。

氧化铝陶瓷广泛用于制造高速切削工具、量规、拉丝模、高温炉零件、空压机泵零件、内燃机火花塞等，此外还可用作真空材料、绝热材料和坩埚材料。图1-4-8为氧化铝陶瓷产品示例。

图1-4-8 氧化铝研磨用研体

② 碳化物陶瓷。碳化物陶瓷包括碳化硅、碳化硼、碳化铈、碳化钼、碳化铌、碳化钛、碳化钨、碳化钽、碳化钒、碳化锆、碳化铪等。该类陶瓷的突出特点是具有很高的熔点、硬度（近于金刚石）和耐磨性（特别是在侵蚀性介质中），缺点是耐高温氧化能力差（900~1000℃）、脆性极大。

碳化硅陶瓷以 SiC 为主要成分，其高温强度高（1400℃时抗弯强度仍保持在500~600MPa，工作温度可达1700℃），热稳定性、抗蠕变性、耐磨性和耐蚀性好，导热性、耐辐射性优良、热膨胀性低，但在1000℃左右易产生缓慢氧化现象。可用于火箭尾喷管喷嘴、浇注金属的浇道口、高温轴承、电加热管、砂轮磨料、热电偶保护套管、炉管等。图1-4-9为碳化硅陶瓷产品示例。

(a) 密封环　　　　　(b) 轴承　　　　　(c) 砂轮

图1-4-9 碳化硅陶瓷产品示例

碳化硼陶瓷硬度极高，抗磨粒磨损能力很强；熔点高达2450℃左右，但在高温下会快速氧化，并且与热或熔融的黑色金属发生反应，因此其使用温度限定在980℃以下，主要用作磨料，也用于超硬质工具材料。

③ 氮化物陶瓷。最常用的氮化物陶瓷为氮化硅（Si_3N_4）和氮化硼（BN）。

氮化硅陶瓷以 Si_3N_4 为主要成分，其硬度高、耐磨性好、抗氧化能力强，抗热振性大大高于其他陶瓷，且化学稳定性优良，能耐酸（氢氟酸除外）、碱的腐蚀以及熔融金属的侵蚀。此外还具有优良的绝缘性能及低的热膨胀性。分为热压烧结氮化硅陶瓷和反应烧结氮化硅陶瓷两种。热压烧结氮化硅强度、韧性高于反应烧结氮化硅，主要用于制造形状简单、精度要求不高的零件，如切削刀具、高温轴承等；反应烧结氮化硅工艺性好，硬度较低，用于制造形状复杂、精度高，并且要求耐磨、耐蚀、耐热、绝缘等的零件，如泵密封环、热电偶保护套、高温轴承、增压器转子、缸套、活塞环、电磁泵管道和阀门等。图 1-4-10 为氮化硅陶瓷产品示例。

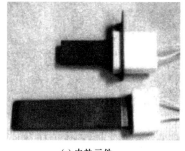  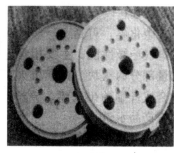

(a) 电热元件　　　　　　　(b) 管　　　　　　　(c) 阀片

图 1-4-10　氮化硅陶瓷产品示例

氮化硼（BN）陶瓷分为低压型和高压型两种。低压型氮化硼陶瓷，又称为白石墨，其硬度较低，具有自润滑性，还有良好的高温绝缘性、耐热性、导热性及化学稳定性。用于耐热润滑剂、高温轴承、高温容器、坩埚、热电偶套管、散热绝缘材料、玻璃制品成形模等。高压型氮化硼陶瓷，硬度接近金刚石，在 1925℃ 以下不会氧化，可用作金刚石的代用品，用于磨料、金属切削刀具及高温模具。常用陶瓷的主要性能见表 1-4-1。

表 1-4-1　常用陶瓷的主要性能

类别	材料		性能				
			相对密度 /(g·cm^{-3})	抗弯强度 /MPa	抗拉强度 /MPa	抗压强度 /MPa	断裂韧性 /(MPa·m$^{1/2}$)
普通陶瓷	普通工业陶瓷		2.2~2.5	65~85	26~36	460~680	—
	化工陶瓷		2.1~2.3	30~60	7~12	80~140	0.98~1.47
特种陶瓷	氧化铝陶瓷		3.2~3.9	250~490	140~150	1200~2500	4.5
	氮化硅陶瓷	反应烧结	2.20~2.27	200~340	141	1200	2.0~3.0
		热压烧结	3.25~3.35	900~1200	150~275		7.0~8.0
	碳化硅陶瓷	反应烧结	3.08~3.14	530~700			3.4~4.3
		热压烧结	3.17~3.32	500~1100			
	氮化硼陶瓷		2.15~2.3	53~109	110	233~315	—
	立方氧化锆陶瓷		5.6	180	148.5	2100	2.4
	Y-TZP 陶瓷		5.94~6.10	1000	1570		10~15.3
	Y-PSZ 陶瓷（ZrO_2 + 3%molY_2O_3）		5.00	1400	—		9
	氧化镁陶瓷		3.0~3.6	160~280	60~98.5	780	
	氧化铍陶瓷		2.9	150~200	97~130	800~1620	
	莫来石陶瓷		2.79~2.88	128~147	58.8~78.5	687~883	2.45~3.43
	赛隆陶瓷		3.10~3.18	1000	—		5~7

④ 金属陶瓷。金属的塑性及抗热振性好，但容易氧化，高温强度不高；陶瓷的耐热性好，耐蚀性强，但脆性大。金属陶瓷就是将金属和陶瓷结合起来制成的优异的新材料。金属陶瓷的陶瓷相是氧化物（Al_2O_3、ZrO_2等）、碳化物（WC、TiC、SiC等）、硼化物（TiB_2、ZrB_2、CrB_2等）、氮化物（TiN、BN、Si_3N_4等），它们是金属陶瓷的基体或骨架。金属相主要是铁、钛、铬、镍、钴及其合金，起黏结作用，也称黏结剂。

氧化物基金属陶瓷用得最多的是以Al_2O_3为陶瓷相、不超过10%的铬做金属相的金属陶瓷。氧化物基金属陶瓷的红硬性可达1200℃，抗氧化性好，高温强度高，与被加工材料黏着趋向小。主要用于制作刀具，还可制造模具、喷嘴、热拉丝模、机械密封环等。

常用的硬质合金就是将80%以上的碳化物粉末（WC、TiC等）和黏结剂（Co、Ni等）混合，加压成形后再经烧结而成的碳化物基金属陶瓷。它的硬度很高，红硬性可达800～1000℃。常用硬质合金的牌号、成分及性能见表1-4-2。

表1-4-2 常用硬质合金的牌号、成分及性能

类型	牌号	化学组成/%				力学性能（>）		密度/(g/cm³)
		WC	TiC	TaC	Co	硬度/HRA	抗弯强度/MPa	
钨钴类	YG3	97	—	—	3	91	1080	14.9～15.3
	YG6	94	—	—	6	89.5	1370	14.6～15.0
	YG8	92	—	—	8	89	1470	14.4～14.8
钨钴钛类	YT30	66	30	—	4	92.5	880	9.4～9.8
	YT15	79	15	—	6	91	1130	11.0～11.7
	YT14	78	14	—	8	90.5	1180	11.2～11.7
万能硬质合金	YW1	84	6	4	6	92	1230	12.6～13.0
	YW2	82	6	4	8	91	1470	12.4～12.9

三、玻璃认知

玻璃是一种较为透明的无定形材料。狭义定义：玻璃是一种从熔体冷却，在室温下还保持熔体结构的固态硅酸盐物质，也就是通常所说的无机玻璃，如常见的硅酸盐玻璃。广义定义：具有玻璃化转变现象的非晶态固体。

玻璃具有容易成形、脆性大、光学性能优异、导热性很差、耐蚀性较好等特点。

1. 钠钙硅酸盐玻璃

钠钙硅酸盐玻璃简称钠钙玻璃，又称普通玻璃。主要成分为氧化硅、氧化钠和氧化钙。其熔点低，易于熔制，由于含杂质较多，制品常带有浅绿色。与其他玻璃相比，钠钙玻璃的力学性能、热性能、光学性能及耐蚀性均较差。主要用于制造普通建筑玻璃和日用玻璃制品等。

2. 钾钙硅酸盐玻璃

钾钙硅酸盐玻璃简称钾钙玻璃或钾玻璃，是以氧化钾代替钠钙玻璃中的部分氧化钠，并适当提高玻璃中氧化硅含量制成的。其折射率高于钠钙玻璃，质硬并有光泽，故称为硬玻璃。主要用于制造化学仪器、用具和高级玻璃制品等。

3. 铝镁硅酸盐玻璃

铝镁硅酸盐玻璃简称铝镁玻璃，是以部分氧化镁和氧化铝代替钠钙玻璃中的部分碱金属氧化物、碱土金属氧化物及氧化硅制成的。它软化点低，析晶倾向弱，力学性能、耐蚀性及光学性能均有提高，主要用于制造高级建筑玻璃。

4. 钾铅硅酸盐玻璃

钾铅硅酸盐玻璃简称钾铅玻璃、铅玻璃。主要由氧化铅、氧化钾和少量氧化硅组成。具有高折射率、高透明度，光泽晶莹，质软易加工，化学稳定性好。主要用于制造光学仪器、高级器皿和装饰制品等。

5. 硼酸盐玻璃

硼酸盐玻璃又称耐热玻璃，主要成分为氧化硼和氧化硅。有较好的光泽和透明度，良好的力学性能、耐热性和耐蚀性。主要用于制造光学仪器、化学仪器以及烹饪器具等。

6. 石英玻璃

石英玻璃由纯氧化硅制成。具有优异的力学性能、热性能，优良的光学性能和耐蚀性，并能透过紫外线。主要用于制造高温仪器灯具、杀菌灯等特殊玻璃制品。

四、水泥认知

水泥是指细磨成粉末状，加水拌和成塑性浆体后，能胶结砂、石等适当材料并能在空气中硬化的粉状水硬性胶凝材料。胶凝材料是指在物理、化学作用下，能从浆体变成坚固的石状体，并能胶结其他物料且具有一定机械强度的物质。胶凝材料可分为无机胶凝材料和有机胶凝材料两大类，沥青和各种树脂属于有机胶凝材料；无机胶凝材料按照硬化条件分为水硬性胶凝材料和非水硬性胶凝材料两种。非水硬性胶凝材料只能在空气中吸收水汽，缓慢反应硬化而不能直接在水中硬化，故又称其为气硬性胶凝材料，如石灰、石膏等。水硬性胶凝材料在拌水后既能在空气中硬化，又能在水中硬化，即水泥。

水泥可分为硅酸盐水泥、铝酸盐水泥、硫铝酸盐水泥、氟铝酸盐水泥、铁铝酸盐水泥、少熟料或无熟料水泥；按用途及性能可分为通用水泥、专用水泥和特性水泥三类。通用水泥是指大量用于一般土木工程的水泥；专用水泥是指有专门用途的水泥，如油井水泥、砌筑水泥、道路硅酸盐水泥等；特性水泥是指某种性能比较突出的水泥，如快硬硅酸盐水泥、低热矿渣硅酸盐水泥、膨胀硫铝酸盐水泥等。

水泥具有以下基本特性：

① 水硬性。这是水泥最主要的性质。水泥跟水混合搅拌并静置后，很容易凝固变硬，硬化后的水泥浆体具有较高的强度，且其强度能在一定的条件下继续增大。由于水泥具有这一优良特性，因此被用作建筑材料。又由于它在水中也能硬化，因此是水下工程必不可少的材料。

② 可塑性。水泥浆具有良好的可塑性，可浇筑成各种形状的构件。

③ 适应性强。水泥可用于海上、地下、深水以及各种气候条件的地区。

④ 耐久性好。不会生锈（与钢材比）、不老化（与塑料比）。

上述性能特征使得水泥在工程材料中占有极其重要的地位，是最重要的建筑材料之一。它不但大量应用于工业与民用建筑工程中，还广泛地应用于农业、水利、公路、铁路、海港和国防等工程中。常用来制造各种形式的钢筋混凝土、预应力混凝土构件和建筑物，也常用于配制砂浆，以及用作灌浆材料等。

五、复合材料认知

复合材料是将两种或两种以上的物理和化学性质不同的物质，通过物理或化学方法形成一种新的具有特殊性能的材料。虽然复合材料的组分材料仍保持其相对的独立性，但复合材料的性能却不是组分材料性能的简单相加，而是赋予材料新的加工性能和使用性能。

复合材料的最大优越性，在于其性能比任一单一组成材料好得多。由于复合材料各组分之间取长补短、协同作用，因而极大地弥补了单一材料的缺点，获得单一材料所不具备的新性能。复合材料依照增强相的性质和形态，可分为纤维增强复合材料、层合复合材料和颗粒复合材料三类。

复合材料具有比强度和比模量高、疲劳强度较高、减振性好等特点，还有较高的耐热性和断裂安全性，良好的自润滑和耐磨性等。但它也有缺点，如断裂伸长率较小，抗冲击性较差，横向强度较低，成本较高等。

1. 纤维增强复合材料

① 玻璃纤维增强复合材料。玻璃纤维增强复合材料是以玻璃纤维及制品为增强剂，以树脂为黏结剂而制成的，俗称玻璃钢。

以尼龙、聚烯烃类、聚苯乙烯类等热塑性树脂为黏结剂制成的热塑性玻璃钢，具有较高的力学、介电、耐热和抗老化性能，工艺性能也好。与基体材料相比，其强度和疲劳性能可提高2～3倍，冲击韧性提高1～4倍，蠕变抗力提高2～5倍。此类复合材料达到或超过了某些金属的强度，可用来制造轴承、齿轮、仪表盘、壳体、叶片等零件。

以环氧树脂、酚醛树脂、有机硅树脂、聚酯树脂等热固性树脂为黏结剂制成的热固性玻璃钢，具有密度小，强度高（表1-4-3），介电性和耐蚀性及成形工艺性好的优点，可制造车身、船体、直升机旋翼等。

表 1-4-3　几种树脂浇注品的力学性能

项目	酚醛树脂	环氧树脂	聚酯树脂	有机硅树脂
相对密度	1.30～1.32	1.15	1.10～1.46	1.7～1.9
拉伸强度/MPa	42～63	84～105	42～70	21～49
弯曲强度/MPa	77～119	108.3	59.5～119	68.6
压缩强度/MPa	87.5～150	150	91～169	63～126

② 碳纤维增强复合材料。碳纤维增强复合材料是以碳纤维或其织物为增强剂，以树脂、金属、陶瓷等为黏结剂而制成的。目前有碳纤维树脂、碳纤维碳、碳纤维金属、碳纤维陶瓷复合材料等，其中以碳纤维树脂复合材料应用最为广泛。

碳纤维树脂复合材料中采用的树脂有环氧树脂、酚醛树脂、聚四氟乙烯树脂等。与玻璃钢相比，其强度和弹性模量高，密度小，因此它的比强度、比模量在现有复合材料中名列前茅。它还具有较高的冲击韧性和疲劳强度，优良的减磨性、耐磨性、导热性、耐蚀性和耐热性。

碳纤维树脂复合材料广泛用于制造要求比强度、比模量高的飞行器结构件，如导弹的鼻锥体、火箭喷嘴、喷气发动机叶片等，还可制造重型机械的轴瓦、齿轮、化工设备的耐蚀件等。

2. 层合复合材料

层合复合材料是由两层或两层以上的不同性质的材料结合而成，达到增强的目的。三层复合材料是以钢板为基体，烧结铜为中间层，塑料为表面层制成的。它的物理、力学性能主要取决于基体，而摩擦、磨损性能取决于表面塑料层。中间多孔性青铜使三层之间获得可靠的结合力。表面塑料层常为聚四氟乙烯和聚甲醛。这种复合材料可比单一塑料提高承载能力 20 倍,热导率提高 50 倍,热胀系数降低 75%,从而改善了尺寸稳定性,常用作无油润滑轴承,此外还可制作机床导轨、衬套、垫片等。

夹层复合材料是由两层薄而强的面板(或称蒙皮)与中间一层轻而柔的材料构成。面板一般由强度高、弹性模量大的材料,如金属板、玻璃等组成。而心料结构有泡沫塑料和蜂窝格子两大类。这类材料的特点是密度小,刚度和抗压稳定性高,弯曲强度好,常用于航空、船舶、化工等工业,如飞机、船舶的隔板及冷却塔等。

3. 颗粒复合材料

颗粒复合材料是由一种或多种颗粒均匀分布在基体材料内而制成的。颗粒起增强作用,常见的颗粒复合材料有两类:一类是颗粒与树脂复合,如塑料中加颗粒状填料,橡胶用炭黑增强等;另一类是陶瓷颗粒与金属复合,典型的有金属基陶瓷颗粒复合材料等。

活动 1　查出非金属材料的性能及用途

1. 明确工作任务

列出下列非金属材料的性能及用途。

牌号	类别	性能	用途举例
PVC			
PP			
丁苯橡胶			
涤纶			
氧化铝陶瓷			
耐热玻璃			

2. 组织分工

学生 2~3 人为一组,分工协作,完成工作任务。

序号	人员	职责
1		
2		
3		

活动 2　清洁教学现场

1. 清扫教学区域,保持工作场所干净、整洁。
2. 产生的废弃物品,统一回收到垃圾桶,不可随意丢弃。
3. 关闭水电气和门窗,最后离开教室的学生锁好门锁。

活动 3　撰写总结报告

回顾非金属材料认知过程,每人写一份总结报告,内容包括心得体会、团队完成情况、个人参与情况、做得好的地方、尚需改进的地方等。

1. 学生以小组为单位,按照任务要求,进行自查、互评与总结。
2. 教师参照评分标准进行考核评价。
3. 师生总结评价,改进不足,将来在学习或工作中做得更好。

序号	考核项目	考核内容	配分	得分
1	技能训练	非金属材料类别划分准确	15	
		非金属材料性能描述正确	15	
		非金属材料应用举例准确	20	
		实训报告诚恳、体会深刻	15	
2	求知态度	求真求是、主动探索	5	
		执着专注、追求卓越	5	
3	安全意识	着装和个人防护用品穿戴正确	5	
		爱护工器具、机械设备,文明操作	5	
		如发生人为的操作安全事故、设备人为损坏、伤人等情况,安全意识不得分		
4	团结协作	分工明确、团队合作能力	3	
		沟通交流恰当,文明礼貌、尊重他人	2	
		自主参与程度、主动性	2	
5	现场整理	劳动主动性、积极性	3	
		保持现场环境整齐、清洁、有序	5	

模块二

工程构件力学分析

任务一 工程构件静力学分析

子任务一 绘制受力图

学习目标

1. 知识目标

（1）掌握常见约束类型和约束力。
（2）掌握工程构件的受力图绘制方法。

2. 能力目标

（1）能正确地进行约束类型及约束力分析。
（2）能绘制工程构件的受力图。

3. 素质目标

（1）通过信息收集、小组讨论、练习、考核等教学活动，培养学生追求卓越的工匠精神、主动探索的科学精神和团结协作的职业精神。
（2）通过对教学场地的整理、整顿、清扫、清洁，培养学生的劳动精神。

任务描述

凡是对一个物体的运动或运动趋势起限制作用的其他物体，都称为这个物体的约束。约束限制着物体的运动，阻挡了物体本来可能产生的某种运动，从而实际上改变了物体可能的运动状态，这种约束对物体的作用力称为约束力。约束力的方向总是与该约束所限制的运动趋势方向相反，其作用点就在约束与被约束体的接触处。

能使物体运动或有运动趋势的力称为主动力，主动力一般是已知的，而约束力往往是未知的。一般情况下根据约束的性质只能判断约束力的作用点位置或作用力方向，约束力的大小要根据平衡条件来确定。

对工程中的结构或机构进行力学计算，必须首先分析它的受力情况，即确定研究对象受到哪些力的作用，以及这些力作用的位置和方向，这个过程称为受力分析。为了清楚地表达出某个物体的受力情况，必须将它从与其相联系的周围物体中分离出来。分离的过程就是解除约束的过程，在解除约束的地方用相应的约束力来代替约束的作用，被解除约束后的物体叫分离体，解除约束的过程称为取分离体。在分离体上画上物体所受的全部主动力和约束力的简图，称为研究对象的受力图，整个过程就是对研究对象进行受力分析。

化工装置上布置有大量柱、杆、梁、轴、板等工程构件，主要起支撑、固定化工设备，传递外部载荷的作用，工程构件的受力情况直接决定着化工装置的使用性和安全性。静力分析是设计构件尺寸、选择构件材料的基础，对于化工设备使用与维护具有十分重要的意义。

作为化工厂机修车间的一名技术人员，要求小王能对工程构件进行受力分析。

一、力的基本性质分析

1. 二力平衡公理

刚体若仅受两力作用而平衡，其必要与充分条件为：这两个力大小相等，方向相反，且作用在同一直线上，这称为二力平衡公理，如图 2-1-1（a）所示。

在机械或结构中凡只受两力作用而处于平衡状态的构件，称为二力构件。二力构件的自重一般不计，形状可以是任意的，因其只有两个受力点，根据二力平衡公理，二力构件所受的两力必在两个受力点的连线上，且等值、反向，如图 2-1-1（b）所示的 BC 杆。

2. 加减平衡力系公理

在已知力系上加上或减去任意的平衡力系，不会改变原力系对刚体的作用效应，这称为加减平衡力系公理。

由这个公理可以导出力的可传性原理，如图 2-1-2 所示。作用在刚体上的力，可沿其作用线移到刚体上任一点，不会改变对刚体的作用效应。由力的可传性原理可看出，作用于刚

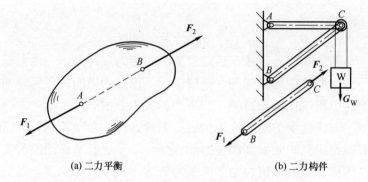

(a) 二力平衡　　　　　　　　(b) 二力构件

图 2-1-1　二力平衡及二力构件

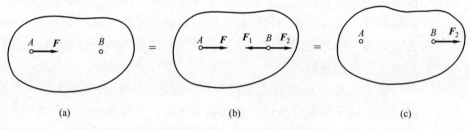

(a)　　　　　　　　(b)　　　　　　　　(c)

图 2-1-2　力的可传性

体上的力的三要素为：力的大小、方向和力的作用线，不再强调力的作用点。

3. 力的平行四边形公理

作用在物体上同一点的两个力的合力，作用点也在该点上，大小和方向由以这两个力为邻边所作的平行四边形的对角线确定，这称为力的平行四边形公理。如图 2-1-3 所示，作用在物体 A 点上的两已知力 F_1、F_2 的合力为 F_R，力的合成可写成矢量式：

$$F_R = F_1 + F_2$$

力的平行四边形公理是力系合成的依据。

4. 作用力与反作用力公理

当甲物体给乙物体一作用力时，甲物体也同时受到乙物体的反作用力，且两个力大小相等、方向相反、作用在同一直线上，这称为作用力与反作用力公理，如图 2-1-4 所示。

这一公理表明，力总是成对出现的，有作用力，必有反作用力，二者总是同时存在，同时消失。一般习惯上将作用力与反作用力用同一字母表示，其中一个（通常是反作用力）加撇以示区别。

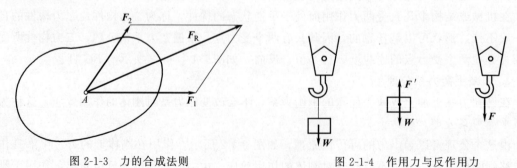

图 2-1-3　力的合成法则　　　　　　图 2-1-4　作用力与反作用力

二、约束及约束力分析

工程中常见的约束类型及约束力有以下几种。

1. 柔索约束

理想化的柔索柔软且不可伸长,阻碍物体沿着柔索伸长的方向运动,因而只能承受拉力的作用,作用于接触点,方向背离物体,如图 2-1-5 所示。链条或胶带传动轮,也只能承受拉力,对轮子的约束力沿轮缘的切线方向,两边都产生拉力,如图 2-1-6 所示。

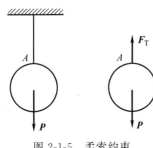

图 2-1-5 柔索约束

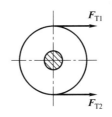 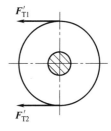

图 2-1-6 链条或胶带传动轮

2. 理想光滑面约束

当物体与约束间的接触面是光滑的,称为理想光滑面约束,这种约束阻碍物体在接触点处沿公法线向接触面运动。约束力在接触点,方向沿接触面的公法线,并指向受力物体,称为法向反力,记为 F_N,如图 2-1-7(a)所示。齿轮间的啮合力如图 2-1-7(b)所示。

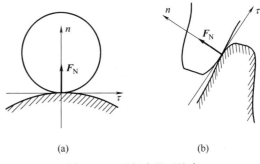

图 2-1-7 理想光滑面约束

3. 铰链约束

铰链约束是工程上连接两个构件的常见约束方式,是由两个端部带圆孔的杆件,用一个销轴连接而成的。根据被连接物体的形状、位置及作用,铰链约束又可分为以下几种形式。

(1) 中间铰链约束 如图 2-1-8(a)所示,1、2 分别是两个带圆孔的构件,将圆柱形销钉穿入构件 1 和构件 2 的圆孔中,便构成中间铰链,通常如图 2-1-8(b)所示。

中间铰链对物体的约束特点是:作用线通过销钉中的两个正交分力来表示其约束力,如图 2-1-8(c)所示。

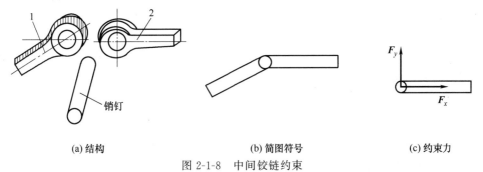

图 2-1-8 中间铰链约束

（2）固定铰链支座约束　如图 2-1-9（a）所示，将中间铰链中构件 1 换成支座，且与基础面固定在一起，则构成固定铰链支座约束，其简图符号如图 2-1-9（b）所示。固定铰链支座对物体的约束力特点与中间铰链相同，如图 2-1-9（c）所示。

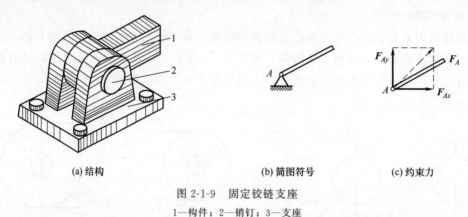

(a) 结构　　　　　　　　　(b) 简图符号　　　　　　(c) 约束力

图 2-1-9　固定铰链支座
1—构件；2—销钉；3—支座

（3）活动铰链支座约束　如图 2-1-10（a）所示，在固定铰链支座底部安装若干滚子，并与支承面接触，则构成活动铰链支座，又称滚轴支座。这类支座常见于桥梁、屋架等结构中，简图符号如图 2-1-10（b）所示。

活动铰链支座对物体的约束特点是：只能限制构件沿支承面垂直方向的移动，不能阻止物体沿支承面的运动或绕销钉轴线的转动。因此活动铰链支座的约束力通过销钉中心，垂直于支承面，指向不定，如图 2-1-10（c）所示。

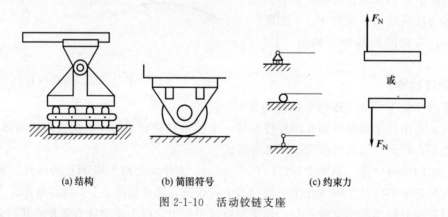

(a) 结构　　　　　　　(b) 简图符号　　　　　　(c) 约束力

图 2-1-10　活动铰链支座

4. 固定端约束

物体的一部分固嵌于另一物体中所构成的约束，称为固定端约束。如图 2-1-11 所示，建筑物上的阳台，车床上的刀具，立于路旁的电线杆等都可视为固定端约束。平面问题中一般用图 2-1-12（a）所示简图符号表示，约束作用如图 2-1-12（b）所示，两个正交分力表示限制构件移动的约束作用，一个约束力偶表示限制构件转动的约束作用。

三、受力分析

1. 受力分析步骤

画受力图的基本步骤一般为：

模块二
工程构件力学分析

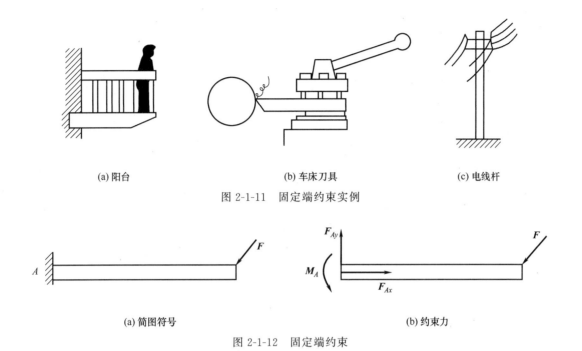

(a) 阳台　　　　　　　　(b) 车床刀具　　　　　　　　(c) 电线杆

图 2-1-11　固定端约束实例

(a) 简图符号　　　　　　　　　　　　　　(b) 约束力

图 2-1-12　固定端约束

（1）确定研究对象，取分离体　按问题的条件和要求，确定研究对象（它可以是一个物体，也可以是几个物体的组合或整个系统），解除与研究对象相连接的其他物体的约束，用简图表示出其形状特征。

（2）画主动力　在分离体上画出该物体所受到的全部主动力，如重力、风载、水压、油压、电磁力等。画受力图时，通常应先找出二力构件，画出它的受力图，然后再画出其他物体的受力图。

（3）画约束力　在解除约束的位置，根据约束的不同类型，画出约束力。由于力是物体间的机械作用，因此，对每一个力都必须明确它的施力体，决不能凭空产生，更不能主观设想，单凭已知力的方向或物体可能运动的方向，推测约束力方向，造成错画、漏画或多画。在分析两物体之间的相互作用力时，要注意作用与反作用的关系，当作用力的方向一经设定，反作用力的方向就应与其相反，而且两力的大小相等。

（4）检查　检查受力图画得是否正确，如研究对象为几个物体组成的物体系统，还必须区分外力和内力。物体系统以外的周围物体对系统的作用力称为系统的外力。系统内部各物体之间的相互作用称为系统的内力。随着所取系统的范围不同，某些内力和外力也会相互转化。由于系统的内力总是成对出现的，且等值、共线、反向，在系统内自成平衡力系，不影响系统整体的平衡，因此，当研究对象是物体系统时，只画作用于系统上的外力，不画系统的内力。

画受力图是解力学问题的重要一步，不能省略，更不能发生错误，否则，将导致以后分析计算上产生错误。

2. 受力分析示例

［例 2-1-1］　图 2-1-13（a）中所示绳 AB 悬挂一重力为 F_P 的球。试画出球的受力图（摩擦不计）。

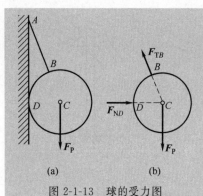

图 2-1-13 球的受力图

解：

① 确定研究对象，取分离体。以球为研究对象，画出球的分离体。

② 画主动力。在球心点 C 画上主动力重力 F_P。

③ 画约束力。在解除约束的点 B 处画上表示柔性约束的拉力 F_{TB}，在点 D 处画上表示光滑接触面约束的法向约束力 F_{ND}。

球受同一平面的三个不平行的力作用而平衡，则三力作用线必相交，交点应为 C。

[例 2-1-2] 梁 AB 的一端用铰链，另一端用柔索固定在墙上，如图 2-1-14（a）所示，在 D 处挂一重物，其重为 P，梁的自重不计，画出梁的受力图。

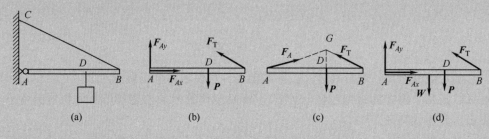

图 2-1-14 梁的受力图

解：

① 以梁为研究对象（取分离体），单独画出其简图后，先画出主动力 P。

② 画约束力。A 处为固定铰支座，其约束力可用正交分力 F_{Ax}、F_{Ay} 表示。解除柔索 BC 的约束，代之以沿 BC 方向的拉力 F_T，梁的受力图如图 2-1-14（b）所示。

③ 进一步分析，因梁只受三个力的作用而平衡，且力 P 与 F_T 相交，故可由三力平衡汇交原理确定 A 处力的作用线必通过交点，其受力图也可画作如图 2-1-14（c）所示。

④ 如果考虑梁的自重，A 处约束力的方位无法判断，受力图如图 2-1-14（d）所示。

[例 2-1-3] 如图 2-1-15（a）所示的三铰拱桥，由左、右两拱铰接而成。不计自重及摩擦，在拱 AC 上作用有载荷 F_1、F_2。试分别画出拱 AC、BC 和整体的受力图。

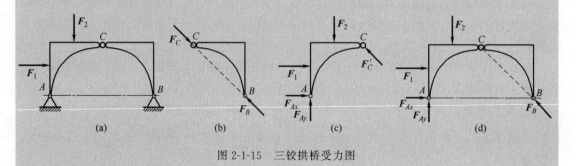

图 2-1-15 三铰拱桥受力图

解：

① 先分析拱 BC 的受力。由于拱 BC 自重不计，且只在 B、C 两处受到铰链约束，因此拱 BC 为二力构件。在铰链 B、C 处分别受 F_B、F_C 两个力的作用，且 $F_B = -F_C$。拱 BC 的受力图如图 2-1-15（b）所示。

② 取拱 AC 为研究对象。由于自重不计，因此主动力只有 F_1、F_2 两个力，C 处受有拱 BC 给它的约束力 F'_C，根据作用力和反作用力公理，$F'_C = -F_C$。拱在 A 处受有固定铰支座给它的约束力，由于方向未定，可用两个大小未知的正交分力 F_{Ax}、F_{Ay} 代替。拱 AC 的受力图如图 2-1-15（c）所示。

③ 取整体为研究对象。画出主动力 F_1、F_2，以及 A、B 处的约束力，即得整体的受力图，如图 2-1-15（d）所示。

活动 1　受力分析

1. 明确工作任务

如图所示，梁 AB 两端为铰链支座，在 C 处受载荷 F 作用，不计梁的自重，试画出梁的受力图。

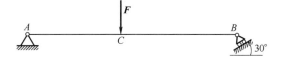

2. 组织分工

学生 2~3 人为一组，分工协作，完成工作任务。

序号	人员	职责
1		
2		
3		

活动 2　清洁教学现场

1. 物品、绘图工具分类摆放整齐，无没用的物件。
2. 清扫绘图区域，保持工作场所干净、整洁。
3. 产生的废弃物品，统一回收到垃圾桶，不可随意丢弃。
4. 关闭水电气和门窗，最后离开教室的学生锁好门锁。

活动 3　撰写总结报告

回顾受力分析过程，每人写一份总结报告，内容包括心得体会、团队完成情况、个人参与情况、做得好的地方、尚需改进的地方等。

1. 学生以小组为单位，按照任务要求，进行自查、互评与总结。
2. 教师参照评分标准进行考核评价。
3. 师生总结评价，改进不足，将来在学习或工作中做得更好。

序号	考核项目	考核内容	配分	得分
1	技能训练	受力分析步骤规范	20	
		受力图绘制正确	30	
		实训报告诚恳、体会深刻	15	
2	求知态度	求真求是、主动探索	5	
		执着专注、追求卓越	5	
3	安全意识	着装和个人防护用品穿戴正确	5	
		爱护工器具、机械设备，文明操作	5	
		如发生人为的操作安全事故、设备人为损坏、伤人等情况，安全意识不得分		
4	团结协作	分工明确、团队合作能力	3	
		沟通交流恰当，文明礼貌、尊重他人	2	
		自主参与程度、主动性	2	
5	现场整理	劳动主动性、积极性	3	
		保持现场环境整齐、清洁、有序	5	

子任务二　平面汇交力系受力分析

 1. 知识目标

（1）掌握力在坐标轴上的投影定理和平面汇交力系平衡定理。
（2）掌握平面汇交力系的受力分析方法。

2. 能力目标

（1）能绘制平面汇交力系的受力图。
（2）能正确地计算平面汇交力系的未知力。

3. 素质目标

（1）通过信息收集、小组讨论、练习、考核等教学活动，培养学生追求卓越的工匠精神、主动探索的科学精神和团结协作的职业精神。
（2）通过对教学场地的整理、整顿、清扫、清洁，培养学生的劳动精神。

任务描述

工程上有许多力学问题，由于结构和受力具有平面对称性，都可以简化成平面力系来处理。若各力的作用线分布在同一平面内，该力系称为平面力系，平面力系是工程中常见的一种力系。另外许多工程结构和构件受力作用时，虽然力的作用线不都在同一平面内，但其作用力系往往具有一对称平面，可将其简化为作用在对称平面内的力系。

平面汇交力系是指各力的作用线都在同一平面内，且汇交于同一点的力系。图 2-1-16 所示的起重机的吊钩的受力就是一个平面汇交力系。

作为化工厂机修车间的一名技术人员，要求小王能正确地进行平面汇交力系受力分析。

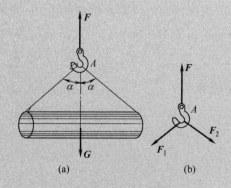

图 2-1-16　平面汇交力系实例

一、力在坐标轴上的投影分析

力在坐标轴上的投影定义为：从力 F 的两端分别向坐标轴 x、y 作垂线，其垂足间的距离就是力 F 在该轴上的投影，如图 2-1-17 所示。图中 ab 和 a_1b_1 分别为力 F 在 x 轴和 y 轴上的投影，即 F 在 xOy 直角坐标系 x 轴和 y 轴上的分力分别是 F_x、F_y，称为力的分解。力的投影是代数量，其正负号规定如下：由投影的起点 a（a_1）到终点 b（b_1）的方向与坐标轴的正向一致时，则力的投影为正，反之为负。

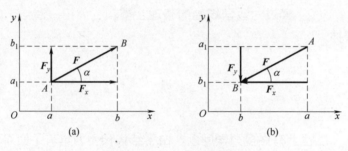

图 2-1-17 力在轴上的投影

若已知力 F 的大小和它与 x 轴的夹角为 α，则力在轴上的投影可按下式计算

$$\left.\begin{array}{l} F_x = \pm F\cos\alpha \\ F_y = \pm F\sin\alpha \end{array}\right\}$$

反之，若已知力 F 在 x、y 轴上的投影 F_x 与 F_y，则由图 2-1-17 中的几何关系，可得

$$F = \sqrt{F_x^2 + F_y^2}$$

$$\tan\alpha = \left| \frac{F_y}{F_x} \right|$$

式中，α 是力 F 与 x 轴间所夹的锐角。力 F 的指向由 F_x 与 F_y 的正负确定。

合力在任意轴上的投影等于各分力在同一轴上投影的代数和，这一关系称为合力投影定理。

二、平面汇交力系平衡条件

由于平面汇交力系合成的结果是一合力，因此，平面汇交力系平衡的必要与充分条件为：

该力系的合力等于零，即 $F_R = 0$，可得

$$\sum F_x = 0 \text{、} \sum F_y = 0$$

即平面汇交力系的平衡条件是：力系中所有各力在两个坐标轴上投影的代数和分别等于零。上式称为平面汇交力系的平衡方程，平面汇交力系能够列出两个独立的平衡方程式，因

此，只能求解两个未知量。

三、平面汇交力系受力分析

1. 平面汇交力系受力分析步骤

平面汇交力系受力分析主要步骤如下：

(1) 选取研究对象　根据题意确定研究对象，对于复杂的问题，要选两个甚至多个研究对象，才能将问题解决。

(2) 画受力图　画出所有作用于研究对象上的力（主动力和约束力），特别注意约束力的画法。

(3) 求解　选取坐标系，列平衡方程，然后进行求解。计算力的投影时要注意正负号，最好有一轴与一个未知力垂直。

(4) 分析与讨论　必要时分析或讨论计算得到的结果。

2. 平面汇交力系受力分析示例

[**例 2-1-4**] 重力 $P=100N$ 的球放在与水平面成 $30°$ 的光滑斜面上，用与斜面平行的绳 AB 系住 [见图 2-1-18 (a)]，试求绳 AB 受到的拉力及球对斜面的压力。

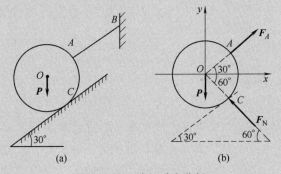

图 2-1-18　球的受力分析

解：

① 取球为研究对象。

② 画受力图 [见图 2-1-18 (b)]，球受重力 P，光滑面的约束力 F_N，绳的拉力 F_A。

③ 选取坐标系，如图 2-1-18 (b) 所示。

④ 列平衡方程，求解未知量。

$\sum F_x=0$，$F_A\cos30°-F_N\cos60°=0$

$\sum F_y=0$，$F_A\sin30°+F_N\sin60°-P=0$

解得

$$F_A=\frac{1}{2}P=\frac{1}{2}\times100N=50N$$

$$F_N=\frac{\sqrt{3}}{2}P=\frac{\sqrt{3}}{2}\times100N=86.6N$$

球对斜面的压力与 F_N 互为作用力与反作用力。

[**例 2-1-5**]　一重力 $P=2kN$ 的物体悬挂在支架铰接点 B 处，如图 2-1-19 (a) 中所

示，A、C 为固定铰支座，略去支架杆件自重，求重物处于平衡时，AB、BC 杆所受的力。

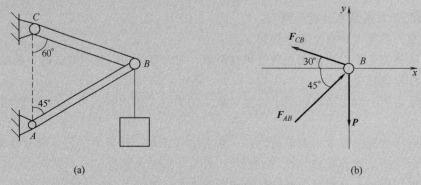

图 2-1-19 悬挂重物的杆受力分析

解：

取铰 B 为研究对象，如图 2-1-19（b）所示，其上作用有三个力：重力 P，BC 杆的约束力 F_{CB}（设为拉力）及 AB 杆的约束力 F_{AB}（设为压力），列出平衡方程：

$$\sum F_x = 0, -F_{CB}\cos30° + F_{AB}\cos45° = 0$$
$$\sum F_y = 0, -P + F_{CB}\sin30° + F_{AB}\sin45° = 0$$

联立上述两方程，解得：

$$F_{AB} = 1.794\text{kN}, F_{CB} = 1.464\text{kN}$$

由于求出的 F_{AB} 和 F_{CB} 都是正值，所以原先假设的方向是正确的，即 BC 杆承受拉力，AB 杆承受压力。若求出的结果为负值，则说明力的实际方向与原假定的方向相反。

[**例 2-1-6**] 如图 2-1-20（a）所示，重物 $P = 10$kN，用钢丝绳挂在支架的滑轮 B 上，钢丝绳的另一端绕在磅车 D 上。杆 AB 与 BC 铰接，并以铰链 A、C 与墙连接。如两杆与滑轮的自重不计并忽略摩擦和滑轮的大小，试求平衡时杆 AB 和 BC 所受的力。

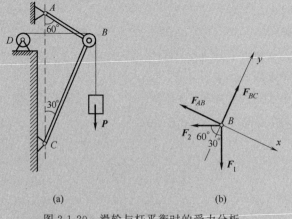

图 2-1-20 滑轮与杆平衡时的受力分析

解：

取滑轮 B 为研究对象，忽略滑轮的大小，设杆 AB 受拉，杆 BC 受压，受力图及坐标如图 2-1-20（b）所示。

列平衡方程
$$\sum F_x = 0, -F_{AB} + F_1\sin30° - F_2\sin60° = 0$$
$$\sum F_y = 0, F_{BC} - F_1\cos30° - F_2\cos60° = 0$$

根据滑轮受力可知：$F_1 = F_2 = P$

解联立方程得杆 AB 和 BC 所受的力：
$$F_{AB} = -0.366P = -3.66\text{kN}$$
$$F_{BC} = 1.366P = 13.66\text{kN}$$

杆 AB 受压，杆 BC 受压。

活动 1　平面汇交力系受力分析

1. 明确工作任务

如图所示为一简易起重机利用铰车和绕过滑轮的绳索吊起重物，其重力 G= 20kN，各杆件与滑轮的自重不计，并略去滑轮的大小和各接触处的摩擦力。试求杆 AB 和 BC 所受的力。

2. 组织分工

学生 2~3 人为一组，分工协作，完成工作任务。

序号	人员	职责
1		
2		
3		

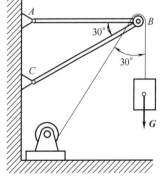

活动 2　清洁教学现场

1. 物品、绘图工具分类摆放整齐，无没用的物件。
2. 清扫教学区域，保持工作场所干净、整洁。
3. 产生的废弃物品，统一回收到垃圾桶，不可随意丢弃。
4. 关闭水电气和门窗，最后离开教室的学生锁好门锁。

活动 3　撰写总结报告

回顾平面汇交力系受力分析过程，每人写一份总结报告，内容包括学习心得、团队完成情况、个人参与情况、做得好的地方、尚需改进的地方等。

1. 学生以小组为单位，按照任务要求，进行自查、互评与总结。
2. 教师参照评分标准进行考核评价。
3. 师生总结评价，改进不足，将来在学习或工作中做得更好。

序号	考核项目	考核内容	配分	得分
1	技能训练	受力图绘制正确	15	
		平面汇交力系计算步骤规范	15	
		平面汇交力系计算结果正确	20	
		实训报告诚恳、体会深刻	15	
2	求知态度	求真求是、主动探索	5	
		执着专注、追求卓越	5	
3	安全意识	着装和个人防护用品穿戴正确	5	
		爱护工器具、机械设备，文明操作	5	
		如发生人为的操作安全事故、设备人为损坏、伤人等情况，安全意识不得分		
4	团结协作	分工明确、团队合作能力	3	
		沟通交流恰当，文明礼貌、尊重他人	2	
		自主参与程度、主动性	2	
5	现场整理	劳动主动性、积极性	3	
		保持现场环境整齐、清洁、有序	5	

子任务三　力偶与力矩受力分析

学习目标

 1. 知识目标

（1）掌握力对点之矩和力偶的概念。
（2）掌握力矩和力偶的计算方法。

 2. 能力目标

（1）能正确地计算力对点之矩。
（2）能对平面力偶系进行计算。

3. 素质目标

（1）通过信息收集、小组讨论、练习、考核等教学活动，培养学生追求卓越的工匠精神、主动探索的科学精神和团结协作的职业精神。

（2）通过对教学场地的整理、整顿、清扫、清洁，培养学生的劳动精神。

任务描述

力对物体除了移动效应外，有时还会产生转动效应。如图 2-1-21 所示，当用扳手拧紧螺母时，力 F 对螺母拧紧的转动效应不仅取决于力 F 的大小和方向，而且还与该力到 O 点的垂直距离 d 有关。F 与 d 的乘积越大，转动效应越强，螺母就越容易拧紧。因此，在力学上用物理量 Fd 及其转向来度量力 F 使物体绕 O 点转动的效应，称为力对 O 点之矩，简称力矩，以符号 $M_O(F)$ 表示，即

$$M_O(F) = \pm Fd$$

式中，O 点称为力矩的中心，简称矩心；O 点到力 F 作用线的垂直距离 d 称为力臂，式中正负号表示两种不同的转向。通常规定：使物体产生逆时针旋转的力矩为正，反之为负。力矩的单位是 $N \cdot m$ 或 $kN \cdot m$。

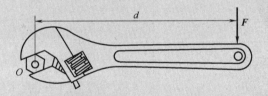

图 2-1-21 力对点之矩

除了力对点的转动效应外，实际生活中，还常见到钳工用手动丝锥攻螺纹［见图 2-1-22（a）］、汽车司机用双手转动方向盘［见图 2-1-22（b）］等，这时在丝锥、方向盘上都作用着一对等值、反向、作用线不在一条直线上的平行力，它们能使物体发生单纯的转动。这种大小相等、方向相反、作用线平行而不重合的两个力，称为力偶，记作 (F, F')。力偶中的两个力之间的距离 d 称为力偶臂［见图 2-1-22（c）］，力偶所在的平面称为力偶的作用面。

力偶对物体的转动效应取决于力偶中力的大小、力偶臂 d 的大小和

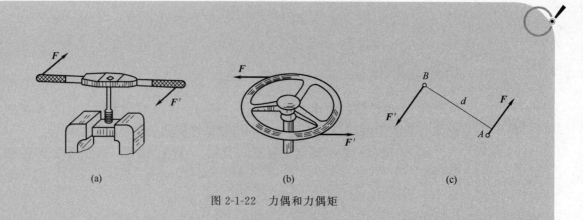

图 2-1-22 力偶和力偶矩

力偶的转向。因此，力学中用 F 与 d 的乘积，加上适当的正负号作为度量力偶在其作用平面内对物体转动效应的物理量，称为力偶矩。并用符号 M 表示。即

$$M = \pm Fd$$

式中，正负号表示力偶的转动方向，通常规定：逆时针转向为正，顺时针转向为负。与力矩一样，力偶矩的单位是 N·m 或 kN·m。

作为化工厂机修车间的一名技术人员，要求小王能对工程构件进行力偶和力矩受力分析。

必备知识

一、力矩分析

1. 力矩的性质

① 力矩的大小不仅取决于力的大小，同时还与矩心的位置即力臂的长短有关。
② 力矩不因该力的作用点沿其作用线移动而改变。

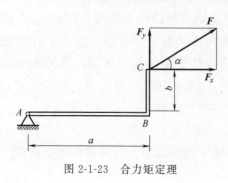

图 2-1-23 合力矩定理

③ 力的大小等于零或力的作用线通过矩心，力矩等于零。

2. 合力矩定理

一铰接杆受力如图 2-1-23 所示，力 F 可以分解为 F_x、F_y 两个分力，若按力对点之矩的定义计算 F 对 A 点的矩时，可以分别计算 F_x 对 A 点的矩和 F_y 对 A 点的矩，将两个力矩合在一起即可等效代替 F 对 A 点的矩，即

$$M_O(F) = -F_x b + F_y a = M_O(F_x) + M_O(F_y)$$

上式表明，合力对平面内任一点之矩，等于所有各分力对该点之矩的代数和，此即合力矩定理。

该定理适用于有合力的任何力系。对于由多个力构成的力系，合力矩定理的表达式为

$$M_O(F_R) = M_O(F_1) + M_O(F_2) + \cdots + M_O(F_n) = \sum M_O(F)$$

二、力偶分析

1. 力偶的性质

① 一个力偶作用在物体上只能使物体转动。由于力偶中的两力等值、反向，所以力偶在任一轴上投影的代数和为零（见图 2-1-24）；力偶无合力，因此，力偶不能用一个力来代替，即力偶必须用力偶来平衡。

② 力偶对其作用面内任意一点之矩恒等于力偶矩，而与矩心的位置无关。如图 2-1-25 所示，已知力偶 (F，F') 的力偶矩 $M = Fh$。在力偶的作用面内任取一点 O 为矩心，可以证明力偶 (F，F') 对 O 点之矩仍为原力偶矩 M。

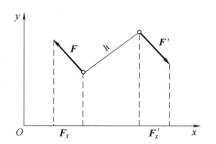

图 2-1-24 力偶在轴上的投影

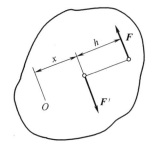

图 2-1-25 力偶中力对任一点之矩

该性质说明力偶对物体作用面内任一点的转动效应是相同的。由此可知：只要保持力偶矩的大小和转向不变，力偶可以在其平面内任意移动，且可以同时改变力偶中力的大小和力偶臂的长短，而不会改变力偶对物体的作用效应。因此，力偶也可以用一带箭头的弧线表示，如图 2-1-26 所示。

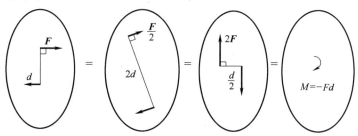

图 2-1-26 力偶的等效性和不同表示

2. 平面力偶系的合成和平衡条件

在同一平面内，由若干个力偶组成的力偶系称为平面力偶系。

根据力偶的性质可以证明，平面力偶系合成的结果为一合力偶，其合力偶矩等于各分力偶矩的代数和，即

$$M = M_1 + M_2 + \cdots + M_n = \sum M_i$$

若物体在平面力偶系作用下处于平衡状态，则合力偶矩必定为零，即
$$M=\sum M_i=0$$
上式称为平面力偶系的平衡方程。利用这个平衡方程，可以求出一个未知量。

三、力偶与力矩受力分析示例

[例 2-1-7] 图 2-1-27（a）所示结构，各构件自重略去不计。在构件 AC 上作用一力偶矩为 M 的力偶，求铰链 A、B、C 处的约束力。

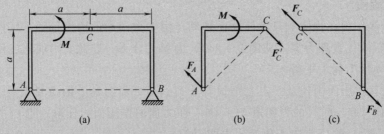

图 2-1-27 铰链构件受力分析

解：

① 取 AC 为研究对象。图中 BC 为二力构件，C 处约束力的方向沿 CB 连线方向。由平面力偶系平衡条件，A 处约束力必与 C 处约束力构成一力偶，受力如图 2-1-27（b）所示。由
$$\sum M=0, M-F_A\sqrt{2}a=0$$
得
$$F_A=F'_C=\frac{\sqrt{2}}{2}\times\frac{M}{a}$$

② 取 BC 为研究对象，受力如图 2-1-27（c）所示。由二力平衡条件，得
$$F_B=F_C=F'_C=\frac{\sqrt{2}}{2}\times\frac{M}{a}$$

[例 2-1-8] 用多轴钻床在水平工件上钻孔，如图 2-1-28 所示，三个钻头对工件施加力偶的力偶矩分别为 $M_1=M_2=10\text{N}\cdot\text{m}$，$M_3=20\text{N}\cdot\text{m}$，固定螺栓 A 和 B 之间的距离 $l=200\text{mm}$，试求两螺栓所受的水平约束力。

解：

选取工件为研究对象。工件在水平面内受三个力偶和两个螺栓的水平约束力的作用而平衡，三个力偶合成后仍为一力偶，根据力偶的性质，力偶只能和力偶相平衡，故两个螺栓的水平约束力 F_{NA} 和 F_{NB} 必然组成一个力偶，且 F_{NA}、F_{NB} 大小相等，方向相反。

由平面力偶系的平衡条件知
$$\sum M_i=0, -M_1-M_2-M_3+F_{NA}l=0$$
得

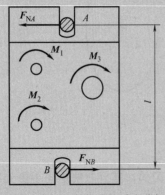

图 2-1-28 工件钻孔的受力分析

$$F_{NA}=F_{NB}=\frac{M_1+M_2+M_3}{l}=\left(\frac{10+10+20}{200\times10^{-3}}\right)N=200N$$

[**例 2-1-9**] 结构横梁 AB 长 l，A 端通过铰链由 AD 杆支撑，B 端为铰支座，组成平面结构。在结构平面内，梁上受到一力偶作用，其力偶矩为 M，如图 2-1-29（a）所示。不计梁和支杆的自重，求 A 和 B 端的约束反力。

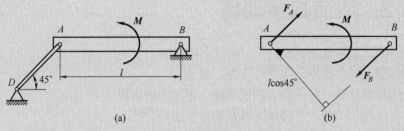

图 2-1-29 平面横梁的受力

解：

以梁 AB 为研究对象。梁所受到的主动力为力偶 M，在 A 和 B 端分别受到约束反力的作用。注意到 AD 是二力杆，因此 A 端的约束力必沿杆 AD 的轴线方向。B 端为铰链，根据约束的性质只知约束反力通过铰的中心，方向暂时不能确定。但考虑到梁的平衡条件后，根据力偶只能与力偶平衡的性质，可以判断 A 与 B 端的约束反力必构成一力偶，因此 B 端的约束力方向必与 A 端的约束力作用线平行、指向相反、大小相等。于是，梁 AB 的受力图如图 2-1-29（b）所示。根据平面力偶系的平衡条件，F_A 和 F_B 构成一个转向与主动力偶 M 相反的力偶，由此可以定出约束反力 F_A 和 F_B 的指向。其大小由下式确定：

$$\sum M=0,\ M-F_A l\cos45°=0$$

解方程得

$$F_A=F_B=\frac{M}{l\cos45°}=\frac{\sqrt{2}M}{l}$$

活动 1　力偶与力矩受力分析

1. 明确工作任务

长 $l=$ 4m 的简支梁的两端 A、B 处作用有两个力偶，大小各为 $M_1=$ 32N·m，$M_2=$ 8N·m，转向如图。试求 A、B 支座的约束反力。

2. 组织分工

学生 2~3 人为一组，分工协作，完成工作任务。

序号	人员	职责
1		
2		
3		

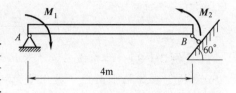

活动 2　清洁教学现场

1. 物品、绘图工具分类摆放整齐，无没用的物件。
2. 清扫教学区域，保持工作场所干净、整洁。
3. 产生的废弃物品，统一回收到垃圾桶，不可随意丢弃。
4. 关闭水电气和门窗，最后离开教室的学生锁好门锁。

活动 3　撰写总结报告

回顾力偶与力矩受力分析过程，每人写一份总结报告，内容包括心得体会、团队完成情况、个人参与情况、做得好的地方、尚需改进的地方等。

1. 学生以小组为单位，按照任务要求，进行自查、互评与总结。
2. 教师参照评分标准进行考核评价。
3. 师生总结评价，改进不足，将来在学习或工作中做得更好。

序号	考核项目	考核内容	配分	得分
1	技能训练	受力图绘制正确	15	
		力偶与力矩受力分析步骤规范	15	
		力偶与力矩受力分析结果正确	20	
		实训报告诚恳、体会深刻	15	
2	求知态度	求真求是、主动探索	5	
		执着专注、追求卓越	5	
3	安全意识	着装和个人防护用品穿戴正确	5	
		爱护工器具、机械设备，文明操作	5	
		如发生人为的操作安全事故、设备人为损坏、伤人等情况，安全意识不得分		
4	团结协作	分工明确、团队合作能力	3	
		沟通交流恰当，文明礼貌、尊重他人	2	
		自主参与程度、主动性	2	
5	现场整理	劳动主动性、积极性	3	
		保持现场环境整齐、清洁、有序	5	

任务二
工程构件变形分析

子任务一 轴向拉伸与压缩计算

学习目标

1. 知识目标

（1）掌握拉压杆的轴力及轴力图的分析与绘制。
（2）掌握拉压杆的强度计算。

2. 能力目标

（1）能进行轴力计算并绘制轴力图。
（2）能进行轴向拉伸与抗压强度计算。

3. 素质目标

（1）通过信息收集、小组讨论、练习、考核等教学活动，培养学生追求卓越的工匠精神、主动探索的科学精神和团结协作的职业精神。
（2）通过教学场地的整理、整顿、清扫、清洁，培养学生的劳动精神。

任务描述

承受轴向载荷的拉（压）杆在工程中的应用非常广泛。例如，一些机器中所用的各种紧固螺栓，图2-2-1中所示即为其中的一种，在紧固时，要对螺栓施加预紧力，这时螺栓承受轴向拉力，将发生伸长变形。图2-2-2中所示汽车发动机中的气缸、活塞、连杆所组成的结构中,连接气缸缸体和气缸盖的螺栓承受轴向拉力,带动活塞运动的连杆由于两端都是铰链约束,因而也是承受轴向载荷的杆件。此外,斜拉桥和悬索桥上的钢索(见图 2-2-3)、桥梁桁架结构中的杆件等,也都是承受拉伸或压缩的杆件。

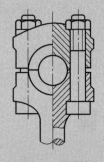

图 2-2-1　承受轴向拉伸的紧固螺栓

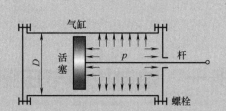

图 2-2-2　承受轴向拉伸的连杆

图 2-2-3　斜拉桥上承受轴向拉伸的钢索

作为化工厂机修车间的一名技术人员,要求小王能对拉压杆进行受力分析,以便正确选用杆件。

一、轴力图绘制

1. 轴力计算步骤

弹性体在外力作用下产生变形,其内部各点相对位置发生改变,因而产生的相互作用力即为内力。物体内部各部分之间因外力而引起的附加相互作用力,是一种"附加内力"。这种内力随着外力的增大而增大,到达某一极限时就会引起构件破坏,因而它与构件的强度密切相关。

如图 2-2-4(a)所示直杆在两端受轴向载荷作用,欲求任一横截面 $m—m$ 上的内力。通常采用截面法,可用一平面假想地沿 $m—m$ 截面将杆件截开,任取其中一段如左段为研究对象,其受力分析如图 2-2-4(b)所示,由平衡条件:

$$\Sigma F_x = 0, F_N - F = 0$$

得

$$F_N = F$$

如取截面的右段为研究对象,如图 2-2-4(c)所示,同样可得 $F'_N = F$。

由于轴向拉压杆内力的合力作用线与杆件轴线重合,故称为轴力,用 F_N 表示。

为了使取左右两段求得的同一截面上的轴力不仅数值相等,而且符号也相同,对轴力的正负号做如下规定:拉伸引起的轴力为正,背离横截面;压缩引起的轴力为负,指向横截面。

图 2-2-4 截面法

用截面法求内力可归纳为:

(1) 截 在欲求内力的截面处,假想地用一平面将杆件截成两部分。

(2) 取 取其中任意部分为研究对象,而弃去另一部分。

(3) 代 用作用于截面上的内力,代替弃去部分对留下部分的作用。

(4) 平 根据平衡条件建立留下部分的平衡方程,从而确定未知的内力。

2. 轴力图绘制示例

如果杆件受到多个轴向载荷作用,在不同的杆段,轴力将不同。为了表示整个杆件各横截面轴力的变化情况,用平行于杆件轴线的坐标表示横截面位置,垂直于杆件轴线的坐标表示对应横截面上轴力,这种表示轴力沿杆轴位置的变化图线,称为轴力图。

[**例 2-2-1**] 图 2-2-5(a)所示为右端固定的变截面直杆,承受两个轴向载荷作用,$F_1=20\text{kN}$,$F_2=50\text{kN}$。试画出轴力图。

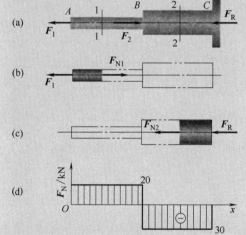

图 2-2-5 一端固定的变截面直杆轴力图

解:

(1) 确定约束力 由整体受力图 2-2-5(a),根据平衡方程 $\sum F_x=0$,求得 $F_R=30\text{kN}$。

(2) 确定分段点 由于 B 处作用有集中力,由截面法很容易判断 AB 段和 BC 段的轴力不一样。因此,在集中力的地方要分段,分别求解这两段的内力。

(3) 应用截面法 AB 段所有横截面上轴力都相同;BC 段所有横截面上轴力也相同。

采用截面法,从 AB 之间任意 1—1 截面处截开,考察左边部分的平衡,在截开的截面上假设轴力为拉力,如图 2-2-5(b)所示。由平衡方程

$$\sum F_x=0, F_{N1}-F_1=0$$

求得

$$F_{N1}=F_1=20\text{kN}$$

从 BC 之间任意 2—2 截面处截开,考察右边部分的平衡,在截开的截面上假设轴力为拉力,如图 2-2-5(c)所示。由平衡方程

$$\sum F_x=0, -F_{N2}-F_R=0$$

求得

$$F_{N2} = -F_R = -30\text{kN}$$

上述计算中，对于截开截面上的轴力，都假设为拉力，即正的轴力。如果计算结果为正值，表明假设轴力方向正确，即为拉力；如果计算结果为负，表明实际轴力与假设的轴力方向相反，表明该截面上轴力为压力。本例中的 F_{N2} 为负值，说明 2—2 截面上的轴力为压力。

（4）建立坐标系画出轴力图　建立 F_N-x 坐标系，并将每段的轴力标在其中，得到轴力图如图 2-2-5（d）所示。绝对值最大的轴力发生在 BC 段，其值为 $|F_N|_{\max}=30\text{kN}$。

[例 2-2-2]　一等直杆受轴向载荷作用，如图 2-2-6（a）所示。试计算杆件的轴力，并做轴力图。

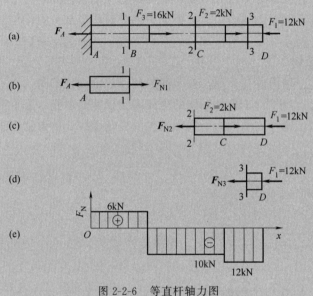

图 2-2-6　等直杆轴力图

解：
① 计算 A 端支座反力。
取整体为研究对象，画受力图，并设力 F_A 的指向如图 2-2-6（a）所示，由平衡方程
$$\sum F_x = 0, F_A - 16\text{kN} - 2\text{kN} + 12\text{kN} = 0$$
得
$$F_A = 6\text{kN}$$

② 由于在横截面 B 和 C 上作用有轴向外力，故将杆分为 AB、BC、CD 三段，分别计算各段杆的轴力。

AB 段：用截面 1—1 假想将杆截开，取截面左段为研究对象，设截面上的轴力 F_{N1} 为正拉力，如图 2-2-6（b）所示，由平衡条件 $\sum F_x = 0$，得
$$F_{N1} - F_A = 0, F_{N1} = F_A = 6\text{kN}$$

BC 段：用截面 2—2 假想将杆截开，取截面右段研究，设轴力 F_{N2} 为正，受力如图 2-2-6（c）所示，由平衡条件 $\sum F_x = 0$，得
$$F_{N2} = -F_1 + F_2 = -10\text{kN}$$

式中，负号表示 F_{N2} 的实际方向与图中所设方向相反，为压力。

CD 段：同样在求 F_{N3} 时取右段为分离体，受力如图 2-2-6（d）所示，得到

$$F_{N3} = -12\text{kN}$$

根据上述计算结果，可绘制轴力图，如图 2-2-6（e）所示。可见，最大轴力发生在 AB 段，其值为 $|F_N|_{max} = 12\text{kN}$。

[**例 2-2-3**] 如图 2-2-7（a）所示的变截面直杆 AB，在 A、B、C、D 面的中心处分别受到 10N、10N、30N、10N 的作用力，试画杆件 AD 的轴力图。

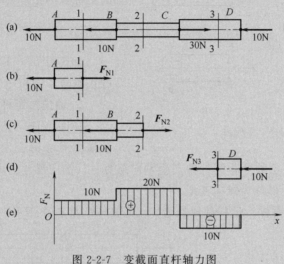

图 2-2-7 变截面直杆轴力图

解：

(1) 用截面法求各段内轴力 AB 段：用平面 1—1 假想将杆件截断，取左半部分为研究对象，按轴力的正向假设 F_{N1} 的方向，画受力图 [图 2-2-7（b）]。由平衡条件

$$\sum F_x = 0, \quad F_{N1} - 10\text{N} = 0$$

得 AB 段杆件的轴力

$$F_{N1} = 10\text{N}（拉力）$$

BC 段：用平面 2—2 假想将杆件截断，取左半部分为研究对象，画受力图 [图 2-2-7（c）]。由平衡条件

$$\sum F_x = 0, \quad F_{N2} - 10\text{N} - 10\text{N} = 0$$

得 BC 段杆件的轴力

$$F_{N2} = 20\text{N}（拉力）$$

CD 段：用平面 3—3 假想将杆件截断，取右半部分为研究对象，画受力图 [图 2-2-7（d）]。由平衡条件

$$\sum F_x = 0, \quad -F_{N3} - 10\text{N} = 0$$

得 CD 段杆件的轴力

$$F_{N3} = -10\text{N}（压力）$$

(2) 画轴力图 根据求得的轴力画轴力图，如图 2-2-7（e）所示。

二、轴向拉压杆的应力与变形分析

1. 轴向拉压杆横截面上的应力

拉压杆横截面上的轴力是横截面上分布内力的合力,为确定拉压杆横截面上各点的应力,需要知道轴力在横截面上的分布。实验表明,拉压杆横截面的内力是均匀分布的,且方向垂直于横截面,如图 2-2-8 所示。因此,拉压杆横截面上各点产生的是正应力 σ。设拉压杆横截面面积为 A,轴力为 F_N,则横截面上各点的正应力 σ 为

$$\sigma = \frac{F_N}{A}$$

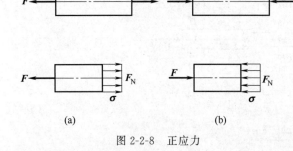

图 2-2-8 正应力

由式可知,正应力与轴力具有相同的正负号,即拉应力为正,压应力为负。

2. 轴向拉压杆的纵向变形

杆件在轴向拉伸或压缩时,其轴向和横向尺寸都会发生变化。当杆件产生轴向伸长时,横向尺寸会减小;当杆件产生轴向缩短时,横向尺寸会增大。杆件沿轴线方向的伸长(或缩短)的变形称为纵向变形。

如图 2-2-9 所示等直杆,设杆件原长为 l,受轴向外力 F 作用后,长度改变为 l_1,则杆的长度改变量为:

$$\Delta l = l_1 - l$$

Δl 称为杆的纵向变形,它反映了杆的纵向绝对变形量。

图 2-2-9 拉压杆的变形

杆件的绝对变形与杆件的原始尺寸有关,不能表明杆件的变形程度,为了消除杆件原始长度的影响,用单位长度的纵向变形量来度量杆件的变形程度,称为纵向线应变,用 ε 表示。即

$$\varepsilon = \frac{\Delta l}{l} = \frac{l_1 - l}{l}$$

ε 是一个无量纲的量,ε 的正负号与 Δl 相同。在轴向拉伸时 ε 为正,称为拉应变;在轴向压缩时 ε 为负,称为压应变。

三、拉伸与压缩时的强度计算

1. 拉伸与压缩强度计算问题分析

(1) 许用应力与安全系数 材料丧失正常工作能力时的应力,称为极限应力。通过前面对材料力学性能的研究可知,塑性材料和脆性材料的极限应力分别为屈服点和强度极限,即对拉伸和压缩的杆件,塑性材料以塑性屈服为破坏标志,脆性材料以脆性断裂为破坏标志。为了确保杆件在外力作用下安全可靠地工作,应使它的工作应力小于材料的极限应力,并使杆件的强度留有必要的强度储备。为此,将极限应力除以一个大于1的系数作为杆件工作时允许产生的最大应力,这个应力称为许用应力,用 $[\sigma]$ 表示。

对于塑性材料

$$[\sigma]=\frac{\sigma_s}{n_s}$$

对于脆性材料

$$[\sigma]=\frac{\sigma_b}{n_b}$$

式中，n_s、n_b 分别为屈服安全系数和断裂安全系数。

确定安全系数的大小是一项很重要的工作，它不仅反映了杆件工作的安全程度和材料的强度储备量，又反映了材料合理使用的情况。安全系数取得过高，浪费材料，且使杆件笨重；取得太低则不安全。所以安全系数的选取涉及安全与经济的问题。对一般杆件常取 $n_s=1.3\sim 2.0$，$n_b=2.0\sim 3.5$。

（2）拉伸与压缩的强度校核　为了保证杆件具有足够的强度，必须使其最大工作应力 $\sigma_{\max}$ 小于或等于材料在拉伸（压缩）时的许用应力 $[\sigma]$，即

$$\sigma_{\max}=\frac{F_N}{A}\leqslant[\sigma]$$

上式称为拉伸（压缩）杆的强度条件，是拉（压）杆强度计算的依据。产生最大正应力 $\sigma_{\max}$ 的截面称为危险截面，式中 F_N 和 A 分别为危险截面的轴力和横截面面积。

实际工作中，当杆件的材料、截面尺寸及所受载荷都是已知或可以计算出来，需要检验某已知杆件在已知载荷下能否正常工作时，就要用到强度条件来校核，即判断强度条件不等式 $\sigma_{\max}=\frac{F_N}{A}\leqslant[\sigma]$ 是否成立。如果强度条件不等式成立，则强度满足要求；反之，强度不足。实际工程中，任何设计出来的杆件在投入使用之前都必须经过严格的校核，以保证机械设备的安全使用。

2. 拉伸与压缩强度计算示例

[例 2-2-4]　简易起重机如图 2-2-10 所示，已知 AB 杆受拉，拉力（轴力）$F_1=54.6$kN，截面尺寸 $b=40$mm，$h=60$mm，材料的许用应力 $[\sigma]=40$MPa。试校核 AB 杆的强度。

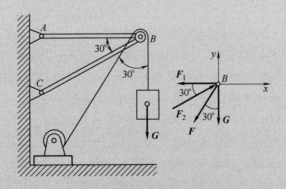

图 2-2-10　简易起重机的受力分析

解：
由正应力公式可求 AB 杆的强度

$$\sigma = \frac{F_1}{A} = \frac{54.6 \times 10^3 \text{N}}{40\text{mm} \times 60\text{mm}} = 22.75 \text{N/mm}^2 = 22.75 \text{MPa} < [\sigma]$$

所以 AB 杆的强度足够。

[例 2-2-5] 图 2-2-11（a）所示三铰架结构中，A、B、C 三点都是铰链连接的，两杆截面均为圆形，材料为钢，许用应力 $[\sigma] = 58\text{MPa}$，设 B 点挂货物 $G = 20\text{kN}$，已知 AB、BC 杆直径均为 $d = 20\text{mm}$，试校核此三铰架的强度。

解：

① 受力分析，求轴力。三铰架中 AB、BC 均为二力杆，为计算两杆的轴力，取 B 点为研究对象，画出受力图，建立坐标系，由平衡方程

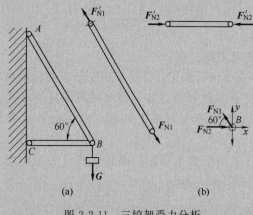

图 2-2-11 三铰架受力分析

$$\sum F_y = 0, F_{N1} \sin 60° - G = 0$$

求得 AB 杆外力

$$F'_{N1} = F_{N1} = \frac{G}{\sin 60°} = 23.09 \text{kN}$$

$$\sum F_x = 0, F_{N2} - F_{N1} \cos 60° = 0$$

求得 BC 杆外力

$$F'_{N2} = F_{N1} \cos 60° = \frac{G \cos 60°}{\sin 60°} = 11.55 \text{kN}$$

由于 AB、BC 杆都是二力杆，所以外力即是轴力

$$F'_{N1} = 23.09 \text{kN}, F'_{N2} = 11.55 \text{kN}$$

② 强度校核。

AB 杆 $\sigma_1 = \dfrac{F'_{N1}}{A} = \dfrac{23.09 \times 10^3}{3.14 \times 20^2 / 4}$
$= 73.5 \text{ (MPa)} > [\sigma] = 58 \text{MPa}$

BC 杆 $\sigma_2 = \dfrac{F'_{N2}}{A} = \dfrac{11.55 \times 10^3}{3.14 \times 20^2 / 4}$
$= 36.78 \text{ (MPa)} < [\sigma] = 58 \text{MPa}$

从以上结果可以看出，AB 杆工作应力超出许用应力，而使三铰架强度不足，为了能够安全使用，方法之一是增大 AB 杆的直径，从而降低杆的工作应力。而 BC 杆工作应力远没有达到许用应力，说明 BC 杆直径过大，既浪费材料又不够经济。

[例 2-2-6] 已知阶梯形直杆受力如图 2-2-12 所示，材料的许用应力 $[\sigma] = 235 \text{MPa}$；杆各段的横截面面积分别为 $A_1 = A_2 = 2500 \text{mm}^2$，$A_3 = 1000 \text{mm}^2$，试校核阶梯形直杆的强度。

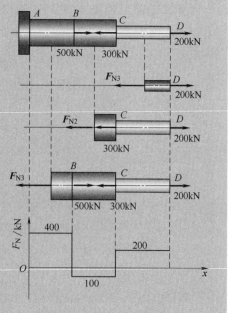

图 2-2-12 阶梯形直杆受力

解：

因为杆各段的轴力不等，而且横截面面积也不完全相同，因而，首先必须分段计算各段杆横截面上的轴力。分别对 AB、BC、CD 段杆应用截面法，由平衡条件求得各段的轴力分别为

AB 段：$F_{N1}=400\text{kN}$

BC 段：$F_{N2}=-100\text{kN}$

CD 段：$F_{N3}=200\text{kN}$

进而，求得各段横截面上的正应力分别为

AB 段：$\sigma_1=\dfrac{F_{N1}}{A_1}=\dfrac{400\times10^3}{2500\times10^{-6}}\text{Pa}=160\times10^6\text{Pa}=160\text{MPa}<[\sigma]=235\text{MPa}$

BC 段：$\sigma_2=\dfrac{F_{N2}}{A_2}=\dfrac{-100\times10^3}{2500\times10^{-6}}\text{Pa}=-40\times10^6\text{Pa}=-40\text{MPa}<[\sigma]=235\text{MPa}$

CD 段：$\sigma_3=\dfrac{F_{N3}}{A_3}=\dfrac{200\times10^3}{1000\times10^{-6}}\text{Pa}=200\times10^6\text{Pa}=200\text{MPa}<[\sigma]=235\text{MPa}$

所以阶梯形直杆的强度足够。

活动 1　轴向拉伸与压缩受力分析

1. 明确工作任务

（1）任务 1　分析如图所示杆中截面 1—1、2—2 和 3—3 上的轴力并作轴力图。

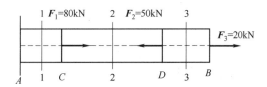

（2）任务 2　如图所示右端固定的阶梯形圆截面杆，同时承受轴向载荷 F_1 与 F_2 作用，已知载荷 $F_1=20\text{kN}$，$F_2=50\text{kN}$，直径 $d_1=20\text{mm}$，$d_2=30\text{mm}$。试校核阶梯形圆杆的强度。

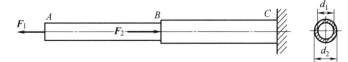

2. 组织分工

学生 2~3 人为一组，分工协作，完成工作任务。

序号	人员	职责
1		
2		
3		

活动 2　清洁教学现场

1. 物品、绘图工具分类摆放整齐，无没用的物件。
2. 清扫教学区域，保持工作场所干净、整洁。
3. 产生的废弃物品，统一回收到垃圾桶，不可随意丢弃。
4. 关闭水电气和门窗，最后离开教室的学生锁好门锁。

活动 3　撰写总结报告

回顾轴向拉伸与压缩计算过程，每人写一份总结报告，内容包括心得体会、团队完成情况、个人参与情况、做得好的地方、尚需改进的地方等。

1. 学生以小组为单位，按照任务要求，进行自查、互评与总结。
2. 教师参照评分标准进行考核评价。
3. 师生总结评价，改进不足，将来在学习或工作中做得更好。

序号	考核项目	考核内容	配分	得分
1	技能训练	轴向拉伸与压缩计算步骤规范	20	
		轴向拉伸与压缩计算结果正确	15	
		轴力图绘制正确	15	
		实训报告诚恳、体会深刻	15	
2	求知态度	求真求是、主动探索	5	
		执着专注、追求卓越	5	
3	安全意识	着装和个人防护用品穿戴正确	5	
		爱护工器具、机械设备，文明操作	5	
		如发生人为的操作安全事故、设备人为损坏、伤人等情况，安全意识不得分		
4	团结协作	分工明确、团队合作能力	3	
		沟通交流恰当，文明礼貌、尊重他人	2	
		自主参与程度、主动性	2	
5	现场整理	劳动主动性、积极性	3	
		保持现场环境整齐、清洁、有序	5	

子任务二 剪切与挤压计算

学习目标

1. 知识目标

（1）掌握剪切与挤压概念。
（2）掌握抗剪与挤压强度计算。

2. 能力目标

（1）能进行剪切与挤压分析。
（2）能进行抗剪与挤压强度计算。

3. 素质目标

（1）通过信息收集、小组讨论、练习、考核等教学活动，培养学生追求卓越的工匠精神、主动探索的科学精神和团结协作的职业精神。
（2）通过对教学场地的整理、整顿、清扫、清洁，培养学生的劳动精神。

任务描述

在实际工程中，构件与构件之间通过铆钉、销钉和螺栓、键等互相连接组成结构，这些在构件连接处起连接作用的部件，统称为连接件，如图 2-2-13（a）中连接两块钢板的铆钉、图 2-2-13（b）中连接齿轮与轴的键等。连接件主要起着传递载荷和运动的作用。连接件的尺寸一般较小，其受力和变形比较复杂，精确分析计算比较困难，实际工程中通常采用实用的计算方法，也称为"假定计算法"。

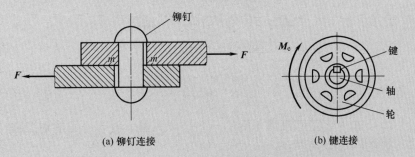

图 2-2-13　连接件

对图 2-2-13（a）所示连接两块钢板的铆钉进行分析。当上下两块钢板分别受到向左、向右的拉力时，铆钉的受力如图 2-2-14（a）所示，作用在铆钉的上下两部分侧面的力 F，将力图使铆钉的上下两部分沿截面 m-m 处发生相对错动，如图 2-2-14（b）所示，如果拉力过大或者铆钉的强度不够，铆钉将沿 m-m 截面被剪断。可见：在这样一对等值、反向、作用线平行且相距很近的外力作用下，杆件沿两力作用线间的截面发生相对错动，这种变形形式称为剪切变形，产生相对错动的截面称为剪切面，它位于方向相反的两个外力之间，且与外力的作用线平行。

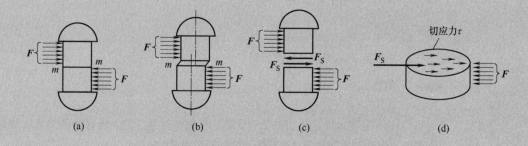

图 2-2-14 铆钉的剪切变形

连接件在发生剪切变形的同时，连接件与被连接件的接触面因相互作用而压紧，将产生局部受压现象而出现局部变形，这种现象称为挤压。如图 2-2-15 所示，上钢板孔左侧与铆钉上部左侧，下钢板孔右侧与铆钉下部右侧相互挤压。相互挤压的接触面称为挤压面。

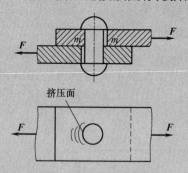

图 2-2-15 铆钉侧面与钢板孔受挤压

作为化工厂机修车间的一名技术人员，要求小王能对工程构件进行剪切和挤压变形计算。

一、剪切计算

为了对构件进行抗剪强度计算,先要计算剪切面上的内力。如图 2-2-14（a）所示,运用截面法,将铆钉杆假想地沿剪切面 m-m 切开,取其中任一部分为研究对象,根据平衡条件,在剪切面上必然有一个与外力 F 大小相等、方向相反的内力,用 F_S 表示,如图 2-2-14（c）所示,于是有

$$F_S = F$$

F_S 是剪切面上分布内力系的合力,称为剪力,F_S 与剪切面 m-m 相切。

在剪切面上,剪力的分布情况比较复杂,工程上通常采用以经验和实验为基础的实用计算方法,即假定剪力在剪切面内是均匀分布的,如图 2-2-14（d）所示,则剪切面上的切应力 τ 为

$$\tau = \frac{F_S}{A}$$

式中,τ 为剪切面内的切应力;F_S 为剪切面上的剪力;A 为剪切面面积。实际上 τ 只是剪切面内的一个"平均应力",所以也称为"名义切应力"。

为了保证构件具有足够的抵抗剪切破坏的能力,必须限制其工作切应力不超过材料的许用切应力 $[\tau]$,因此抗剪强度条件为

$$\tau = \frac{F_S}{A} \leqslant [\tau]$$

式中,$[\tau]$ 为连接件的许用切应力。

实验表明,金属材料的 $[\tau]$ 与许用拉应力 $[\sigma]$ 有下列关系。

塑性材料:$[\tau] = (0.6 \sim 0.8)[\sigma]$;脆性材料:$[\tau] = (0.8 \sim 1.0)[\sigma]$。

需要注意的是,在计算中要正确确定有几个剪切面以及每个剪切面上的剪力。例如,图 2-2-16 中所示的螺栓只有一个剪切面,$F_S = F$;而图 2-2-17 中所示的铆钉则有两个剪切面,$F_S = \dfrac{F}{2}$。

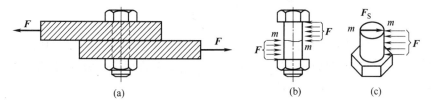

图 2-2-16 螺栓连接

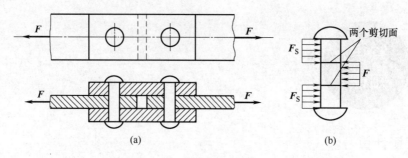

图 2-2-17 铆钉连接

二、挤压计算

挤压面上的压力称为挤压力，用 F_{bs} 表示。挤压面上的应力称为挤压应力，用 σ_{bs} 表示。如果挤压力过大，挤压面的局部区域会发生显著的塑性变形甚至被压溃，致使连接件不能正常工作，这种现象称为挤压破坏。

需要指出，挤压和压缩不同。挤压是两个构件（连接件与被连接件）相接触的局部表面上的受压现象，挤压力作用于构件的表面，挤压应力也只分布在挤压面附近区域，且挤压变形情况比较复杂。当挤压应力较大时，挤压面附近区域将发生显著的塑性变形而压溃，此时发生挤压破坏。压缩是直杆在轴向压力下产生缩短的现象，压缩应力分布在整个杆件内部，且在横截面上均匀分布。

由于挤压应力在挤压面上的分布比较复杂，如图 2-2-15（b）所示，所以与剪切一样，工程中也采用实用计算，即认为挤压应力在挤压面上均匀分布，于是有

$$\sigma_{bs} = \frac{F_{bs}}{A_{bs}}$$

式中，F_{bs} 为挤压面上的挤压力；A_{bs} 为挤压面面积。

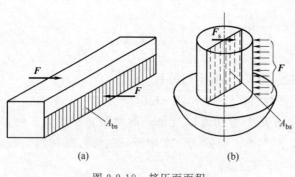

图 2-2-18 挤压面面积

挤压面面积 A_{bs} 要根据接触面的形状来确定。当接触面为平面时，有效挤压面面积 A_{bs} 即为实际接触面的面积，如图 2-2-18（a）所示；当接触面为圆柱面时，有效挤压面面积 A_{bs} 为实际接触面在直径平面上的投影面积，如图 2-2-18（b）所示。

为保证连接件具有足够的挤压强度而不破坏，其挤压强度条件为

$$\sigma_{bs} = \frac{F_{bs}}{A_{bs}} \leqslant [\sigma_{bs}]$$

式中，$[\sigma_{bs}]$ 为材料的许用挤压应力，其值可通过实验测得。常用材料的 $[\sigma_{bs}]$ 可从有关手册中查到。对于金属材料，许用挤压应力 $[\sigma_{bs}]$ 和许用拉应力 $[\sigma]$ 有如下关系：

塑性材料 $[\sigma_{bs}] = (1.8 \sim 2.0)[\sigma]$

脆性材料 $[\sigma_{bs}] = (0.9 \sim 1.5)[\sigma]$

应当注意，挤压应力是在连接件和被连接件之间的相互作用，如果两个相互挤压构件的材料不同，则应对其中许用挤压应力较低的材料进行挤压强度计算。

三、剪切与挤压计算示例

[**例 2-2-7**] 如图 2-2-19 所示，用剪板机剪切钢板，钢板的厚度为 3mm，宽度为 500mm，钢板的抗剪强度极限为 $\tau_b=360\text{MPa}$，试计算剪断钢板所需要的最小剪力。

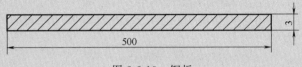

图 2-2-19 钢板

解：

要剪断钢板，则剪切应力应超过抗剪强度极限

$$\tau=\frac{F_Q}{A}\geqslant \tau_b$$

$$F_Q \geqslant A\tau_b = 3\text{mm}\times 500\text{mm}\times 360\frac{\text{N}}{\text{mm}^2}=540\times 10^3\text{N}=540\text{kN}$$

所以剪断钢板的最小剪力为 540kN。

[**例 2-2-8**] 如图 2-2-20 所示，钢板厚度 $t=5\text{mm}$，抗剪强度极限 $\tau_b=320\text{MPa}$，若用直径 $d=15\text{mm}$ 的冲头在钢板上冲孔，求冲床所需的冲压力。

解：

钢板冲孔的过程就是发生剪切破坏的过程，故可用剪切应力公式求出所需的冲压力。剪切面面积是直径为 d、高为 t 的圆柱体侧面面积，$A_s=\pi dt$，分布于此圆柱体侧面上的剪力为 $F_S=F$。故由

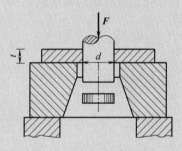

图 2-2-20 钢板冲孔

$$\tau=\frac{F_S}{A_S}=\frac{F}{\pi dt}\geqslant \tau_b$$

可得冲压力

$$F\geqslant \tau_b \pi dt=320\times 10^6 \frac{\text{kN}}{\text{m}^2}\times 3.14\times 15\times 10^{-3}\text{m}\times 5\times 10^{-3}\text{m}=75.4\text{kN}$$

[**例 2-2-9**] 如图 2-2-21（a）所示齿轮用平键与轴连接，已知轴直径 $d=70\text{mm}$，键的尺寸为 $bhl=20\text{mm}\times 12\text{mm}\times 100\text{mm}$，传递的转矩 $T=2\text{kN}\cdot\text{m}$，键的许用切应力 $[\tau_b]=60\text{MPa}$，许用挤压应力 $[\sigma_{bs}]=100\text{MPa}$，试校核键的强度。

解：

（1）校核键的抗剪强度　将平键沿 $n-n$ 截面分成两部分，并把 $n-n$ 以下的部分和轴作为一个整体来考虑，如图 2-2-21（b）所示，对轴心取矩，由平衡方程 $\sum M_O=0$，得

$$F_Q\times \frac{d}{2}=T, F_Q=\frac{2T}{d}=57.14\text{kN}$$

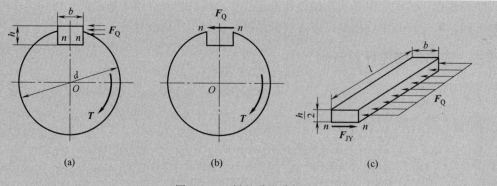

图 2-2-21 键的受力分析

剪切面面积为

$$A = bl = 20\text{mm} \times 100\text{mm} = 2000\text{mm}^2$$

可得

$$\tau = \frac{F_Q}{A} = \frac{57.14\text{kN} \times 10^3}{2000\text{mm}^2} = 28.57\text{MPa} < [\tau_b]$$

可见平键满足抗剪强度条件。

（2）校核键的挤压强度　考虑键在 n—n 截面以上部分的平键，如图 2-2-21（c）所示，则

挤压应力　　　$F_{bs} = F_Q = 57.14\text{kN}$

挤压面积　　　$A_{bs} = \dfrac{h}{2} l$

$$\sigma_{bs} = \frac{F_{bs}}{A_{bs}} = \frac{57.14\text{kN} \times 10^3}{6\text{mm} \times 100\text{mm}} = 95.2\text{MPa} < [\sigma_{bs}]$$

故平键也满足挤压强度条件。

[例 2-2-10]　电瓶车挂钩的插销连接如图 2-2-22（a）所示。插销直径 $d = 18\text{mm}$，材料的许用切应力 $[\tau_b] = 40\text{MPa}$，许用挤压应力 $[\sigma_{bs}] = 100\text{MPa}$，挂钩及被连接的板件的厚度分别为 $t = 10\text{mm}$ 和 $t_1 = 7\text{mm}$。牵引力 $F = 16\text{kN}$。试校核插销的抗剪和挤压强度。

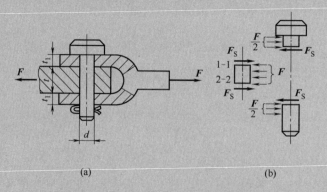

图 2-2-22　电瓶车挂钩的插销连接

解：

(1) 校核插销的抗剪强度　取插销为研究对象，插销受力如图 2-2-22（b）所示。插销中段相对于上、下两段，沿 1—1 和 2—2 两个截面向左错动，有两个剪切面，称为双剪切。

由中段的平衡条件 $\sum F_x = 0$，$2F_S - F = 0$

得
$$F_S = F/2$$

由切应力公式，有

$$\tau = \frac{F_S}{A} = \frac{\dfrac{F}{2}}{\dfrac{\pi d^2}{4}} = \frac{16 \times \dfrac{10^3 \text{N}}{2}}{3.14 \times 18^2 \times \dfrac{10^{-6} \text{m}^2}{4}} = 31.45 \times 10^6 \text{Pa}$$

$$= 31.45 \text{MPa} < 40 \text{MPa} = [\tau_b]$$

所以插销满足抗剪强度的要求。

(2) 校核插销的挤压强度　由于插销中间受挤压部分的厚度 t 小于上下两段的厚度之和 $2t_1$，而这两部分上的挤压力相等，均为 $F_{bs} = F$，故应取插销厚度较为薄弱的中间段进行挤压强度校核。该段的挤压面的计算面积 $A_{bs} = td$，由挤压应力公式，有

$$\sigma_{bs} = \frac{F_{bs}}{A_{bs}} = \frac{F}{td} = \frac{16 \times 10^3 \text{N}}{10 \times 18 \times 10^{-6} \text{m}^2} = 88.9 \times 10^6 \text{Pa}$$

$$= 88.9 \text{MPa} < 100 \text{MPa} = [\sigma_{bs}]$$

故插销能满足挤压强度的要求。

活动 1　剪切与挤压受力分析

1. 明确工作任务

两块厚度 δ = 10mm、宽度 b = 60mm 的钢板，用两个直径 d = 17mm 的铆钉搭接在一起，如图所示，钢板受拉力 F_P = 60kN，已知钢板的拉伸许用应力 $[\sigma]$ = 160MPa，铆钉的许用切应力 $[\tau_b]$ = 140MPa，挤压许用应力 $[\sigma_{bs}]$ = 280MPa，试校核该铆接件的强度。

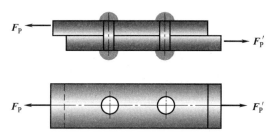

2. 组织分工

学生 2~3 人为一组，分工协作，完成工作任务。

序号	人员	职责
1		
2		
3		

活动 2 清洁教学现场

1. 物品、绘图工具分类摆放整齐，无没用的物件。
2. 清扫教学区域，保持工作场所干净、整洁。
3. 产生的废弃物品，统一回收到垃圾桶，不可随意丢弃。
4. 关闭水电气和门窗，最后离开教室的学生锁好门锁。

活动 3 撰写总结报告

回顾剪切与挤压计算过程，每人写一份总结报告，内容包括心得体会、团队完成情况、个人参与情况、做得好的地方、尚需改进的地方等。

考核评价

1. 学生以小组为单位，按照任务要求，进行自查、互评与总结。
2. 教师参照评分标准进行考核评价。
3. 师生总结评价，改进不足，将来在学习或工作中做得更好。

序号	考核项目	考核内容	配分	得分
1	技能训练	剪切计算步骤规范	15	
		挤压计算步骤规范	15	
		剪切与挤压计算结果正确	20	
		实训报告诚恳、体会深刻	15	
2	求知态度	求真求是、主动探索	5	
		执着专注、追求卓越	5	
3	安全意识	着装和个人防护用品穿戴正确	5	
		爱护工器具、机械设备，文明操作	5	
		如发生人为的操作安全事故、设备人为损坏、伤人等情况，安全意识不得分		
4	团结协作	分工明确、团队合作能力	3	
		沟通交流恰当，文明礼貌、尊重他人	2	
		自主参与程度、主动性	2	
5	现场整理	劳动主动性、积极性	3	
		保持现场环境整齐、清洁、有序	5	

子任务三 圆轴的扭转计算

学习目标

1. 知识目标

（1）掌握圆轴的扭转计算与扭转图绘制。
（2）掌握圆轴扭转应力和变形计算方法。

2. 能力目标

（1）能对圆轴进行扭转计算和扭矩图绘制。
（2）能对圆轴进行扭转强度和刚度计算。

3. 素质目标

（1）通过信息收集、小组讨论、练习、考核等教学活动，培养学生追求卓越的工匠精神、主动探索的科学精神和团结协作的职业精神。
（2）通过对教学场地的整理、整顿、清扫、清洁，培养学生的劳动精神。

任务描述

在实际工程中，常常遇到的许多构件的主要变形为扭转。如图 2-2-23 所示的丝锥攻丝，通过铰杠把力偶作用于丝锥的上端，丝锥下端则受到工件的阻抗力偶作用。这两个力偶的作用使丝锥发生扭转。又如图 2-2-24 所示化工生产设备反应釜中的搅拌轴，当轴匀速转动时，轴的上端受到由减速机输出的转动力矩 M_e，下端搅拌桨上受到物料的阻力形成的阻力矩 M_e 的作用，发生扭转。

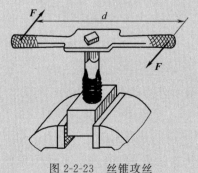

图 2-2-23 丝锥攻丝

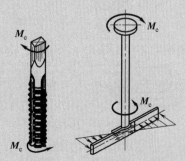

图 2-2-24 搅拌轴

扭杆件的受力特点是：杆件两端受一对等值、反向、作用面垂直于杆件轴线的力偶作用。其变形特点是：各横截面绕轴线产生相对转动，如图 2-2-25 所示。这种变形形式称为扭转变形。在工程上以扭转变形为主要变形形式的杆件称为轴。工程上轴的横截面多采用圆形或圆环形截面，故又称为圆轴。扭转时杆件任意两横截面绕轴线相对转过的角度，称为扭转角，简称转角，常用 φ 表示。

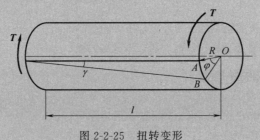

图 2-2-25 扭转变形

扭转变形过大，会导致传动不准确，甚至失效。作为化工厂机修车间的一名技术人员，要求小王能对圆轴进行扭转分析与计算。

必备知识

一、扭矩计算与扭矩图绘制

1. 扭转计算与扭矩图绘制

（1）外力偶矩的计算　如图 2-2-26 所示的传动机构，传动轴是通过转动传递动力的构件，通常外力偶矩 M_e 不是直接给出的，而是通过轴所传递的功率 P 和转速 n 计算得出的，外力偶矩的计算公式为

$$M_e = 9550 \frac{P}{n}$$

式中，P 表示功率，kW；n 表示转速，r/min；M_e 表示外力偶矩，N·m。

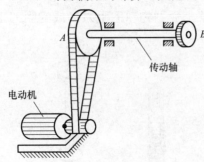

图 2-2-26 传动机构

（2）扭矩图　已知圆轴所受的外力偶矩，可以利用截面法计算横截面上的内力。如图 2-2-27（a）所示等直圆轴，在两端横截面内受到一对平衡外力偶矩 M_e 作用，求任一横截面 m—m 上的内力。设想将杆件从截面 m—m 处截开分为两段，任取其中的一段，如左段为研究对象，如

图 2-2-27（b）所示，因为左端截面 A 上有外力偶矩 M_e 作用，根据左段杆的平衡条件可知，在横截面 $m—m$ 上必存在一个内力偶矩与之平衡，这个内力偶矩称为扭矩，用 T 表示。由平衡方程 $\sum M_x = 0$，得

$$T - M_e = 0$$
$$T = M_e$$

式中，扭矩 T 为受扭杆件在横截面上作用的分布内力系的合力偶矩。

如果取右段为研究对象，如图 2-2-27（c）所示，求得的扭矩与以左段为研究对象求得的扭矩大小相等、方向相反，它们是作用与反作用的关系。为了使由左、右两段杆上求得同一横截面上的扭矩不仅数值相等，而且符号一致，对扭矩 T 的正负号作如下规定：采用右手螺旋法则，以右手四指顺着扭矩的转向，大拇指指向与横截面的外法线方向一致时，扭矩 T 为正；反之为负，如图 2-2-28 所示。

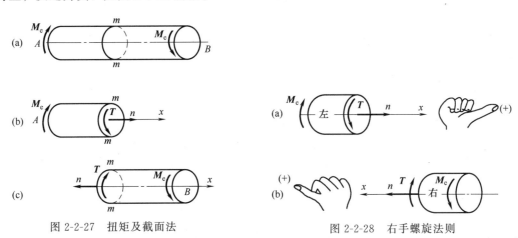

图 2-2-27 扭矩及截面法　　图 2-2-28 右手螺旋法则

若有多个外力偶同时作用于轴上时，轴各横截面上的扭矩必须分段求出。为了清楚地反映扭矩随横截面位置变化的情况，通常可取平行于轴线的坐标表示横截面的位置，垂直于轴线的坐标表示扭矩的大小，绘出扭矩随截面位置变化的图形，称为扭矩图。

2. 扭转计算与扭矩图绘制示例

[例 2-2-11]　如图 2-2-29（a）所示传动轴，轴的转速 $n = 450 \text{r/min}$，主动轮 A 输入功率 $P_A = 55.05 \text{kW}$，从动轮 B、C、D 输出功率分别为 $P_B = 22.05 \text{kW}$，$P_C = 16.5 \text{kW}$，$P_D = 16.5 \text{kW}$。试绘制轴的扭矩图，并确定绝对值最大的扭矩。

解：

分析其受力情况可知，轴在 B、A、C、D 四个截面受外力偶矩作用，则轴在 BA、AC、CD 三段内的扭矩是不相同的，应分段用截面法计算各段轴的扭矩。

① 计算外力偶矩。

$$M_{eA} = 9550 \frac{P_A}{n} = \left(9550 \times \frac{55.05}{450}\right) \text{N} \cdot \text{m} = 1168 \text{N} \cdot \text{m}$$

$$M_{eB} = 9550 \frac{P_B}{n} = \left(9550 \times \frac{22.05}{450}\right) \text{N} \cdot \text{m} = 468 \text{N} \cdot \text{m}$$

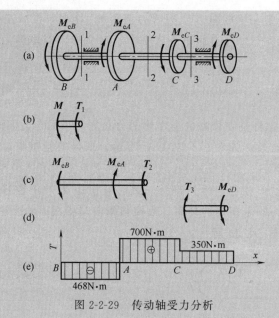

图 2-2-29 传动轴受力分析

$$M_{eC} = 9550 \frac{P_C}{n} = \left(9550 \times \frac{16.5}{450}\right) \text{N} \cdot \text{m} = 350 \text{N} \cdot \text{m}$$

② 用截面法计算各段扭矩。BA 段：在截面 1—1 处假想地将轴截开，取左段为研究对象，设截面上的扭矩 T_1 为正，如图 2-2-29 (b) 所示。

由平衡方程 $\sum M_x = 0$，$T_1 + M_{eB} = 0$

得：$T_1 = -M_{eB} = -468 \text{N} \cdot \text{m}$

负号说明 T_1 实际转向与假设相反，即为负扭矩。同理，可求得 AC、CD 段的扭矩分别为

$$T_2 = 700 \text{N} \cdot \text{m}, T_3 = 350 \text{N} \cdot \text{m}$$

③ 绘制扭矩图。取平行于杆件轴线的横坐标 x 表示横截面位置，垂直于杆件轴线的纵坐标表示对应横截面上的扭矩。从计算结果可知，三段杆的扭矩均为常数，即扭矩图均为平行于 x 轴的水平直线；选择适当的比例将正的扭矩画在 x 轴的上方，负的扭矩画在 x 轴的下方，绘制扭矩图，如图 2-2-29 (e) 所示。

由图可知，最大扭矩发生在 AC 段内，其值为 $T_{\max} = T_2 = 700 \text{N} \cdot \text{m}$。

[例 2-2-12] 已知传动轴如图 2-2-30 (a) 所示。已知带轮 A、带轮 C 和带轮 D 的输出功率（从动轮）分别为 28kW、20kW 和 12kW，动力从带轮 B 输入（主动轮），其功率为 60kW。轴的转速为 500r/min，试画出该轴的扭矩图。

解：

① 计算外力偶矩。

$$M_A = 9550 \frac{P_A}{n} = \left(9550 \times \frac{28}{500}\right) \text{N} \cdot \text{m} = 534.8 \text{N} \cdot \text{m}$$

$$M_B = 9550 \frac{P_B}{n} = \left(9550 \times \frac{60}{500}\right) \text{N} \cdot \text{m} = 1146 \text{N} \cdot \text{m}$$

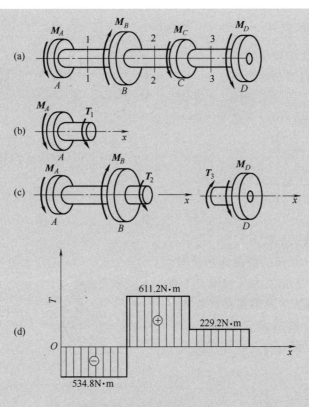

图 2-2-30 传动轴受力分析

$$M_C = 9550\frac{P_C}{n} = \left(9550 \times \frac{20}{500}\right)\text{N}\cdot\text{m} = 382\text{N}\cdot\text{m}$$

$$M_D = 9550\frac{P_D}{n} = \left(9550 \times \frac{12}{500}\right)\text{N}\cdot\text{m} = 229.2\text{N}\cdot\text{m}$$

② 计算各段截面上的扭矩。以外力偶矩作用的截面为分界点将轴分为 AB、BC、CD 三段，计算各截面上的扭矩[受力分析见图 2-2-30 (b) 和 (c)]。

AB 段：$T_1 = -M_A = -534.8\text{N}\cdot\text{m}$

BC 段：$T_2 = M_B - M_A = 1146\text{N}\cdot\text{m} - 534.8\text{N}\cdot\text{m} = 611.2\text{N}\cdot\text{m}$

CD 段：$T_3 = M_D = 229.2\text{N}\cdot\text{m}$

③ 画扭矩图。根据上述计算结果画出扭矩图，如图 2-2-30 (d) 所示。可见，轴的最大扭矩在 BC 段内的横截面上，其值为 $T_{\max} = 611.2\text{N}\cdot\text{m}$。

二、圆轴扭转的应力与强度计算

1. 圆轴扭转强度计算

圆轴扭转时横截面上只产生切应力，而横截面上各点切应力的大小与该点到圆心的距离 ρ 成正比，方向与过该点的半径垂直。圆心处切应力为零，在圆轴表面上各点的切应力最大，如图 2-2-31 所示。并且可以导出横截面上任一点的切应力公式为

$$\tau_\rho = \frac{T\rho}{I_P}$$

式中 T——横截面上的转矩;

I_P——横截面对圆心的极惯性矩;

ρ——横截面上任一点到圆心的距离。

显然,当 $\rho=R$ 时,切应力最大,即

$$\tau_{max} = \frac{TR}{I_P}$$

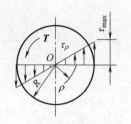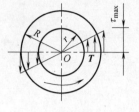

(a) 实心圆截面　　　　(b) 空心圆截面

图 2-2-31　圆轴扭转切应力分布规律

令 $W_P = I_P/R$,于是上式可改写为

$$\tau_{max} = \frac{T}{W_P}$$

式中 W_P——抗扭截面系数。

截面的极惯性矩 I_P 和抗扭截面模量 W_P 都是与截面形状和尺寸有关的几何量。工程中承受扭转变形的圆轴常采用实心圆轴和空心圆轴两种形式,其横截面如图 2-2-32 所示。它们的 I_P 和 W_P 的计算公式如下。

(1) 实心圆轴

$$I_P = \frac{\pi D^4}{32} \approx 0.1 D^4$$

$$W_P = \frac{I_P}{R} = \frac{\pi D^3}{16} \approx 0.2 D^4$$

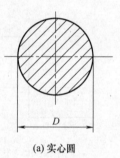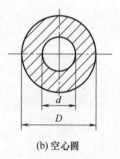

(a) 实心圆　　　　(b) 空心圆

图 2-2-32　圆轴的截面

式中 D——轴的直径,m 或 mm。

(2) 空心圆轴

$$I_P = \frac{\pi D^4}{32} - \frac{\pi d^4}{32} \approx 0.1 D^4 (1-\alpha^4)$$

$$W_P = \frac{\pi D^3}{16}(1-\alpha^4) \approx 0.2 D^3 (1-\alpha^4)$$

式中 D——空心圆轴的外径;

d——空心圆轴的内径,$\alpha = d/D$。

为了保证受扭圆轴能正常工作,应使圆轴内的最大工作切应力不超过材料的许用切应力。所以,扭转强度条件为

$$\tau_{max} = \frac{T}{W_P} \leqslant [\tau]$$

式中,T 为圆轴危险截面(产生最大切应力的截面)上的扭矩;W_P 为危险截面的抗扭截面模量;$[\tau]$ 为材料的许用切应力,根据扭转试验确定,可从有关设计手册中查得。在静载荷作用下它与材料的许用拉应力 $[\sigma]$ 之间存在如下关系:

塑性材料　　　　　　　　$[\tau] = (0.5\sim 0.6)[\sigma]$

脆性材料　　　　　　　　$[\tau] = (0.8\sim 1.0)[\sigma]$

2. 圆轴扭转强度计算示例

[例 2-2-13] 图 2-2-33（a）所示为一齿轮减速器的简图，由电动机带动 AB 轴，AB 轴的直径 $d=25$mm，轴的转速 $n=900$r/min，传递的功率 $P=5$kW。材料的许用切应力 $[\tau]=30$MPa，试校核 AB 轴的强度。

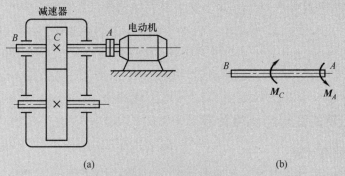

图 2-2-33 齿轮减速器

解：
① 计算 AB 轴所受的外力偶矩。取 AB 轴为研究对象，如图 2-2-33（b）所示，该轴所受的外力偶矩为

$$M_A = M_C = 9550\frac{5}{900}\text{N}\cdot\text{m}\approx 53.1\text{N}\cdot\text{m}$$

故 AB 轴横截面上的扭矩为

$$T = M_A = 53.1\text{N}\cdot\text{m}$$

② 校核强度。

$$\tau_{max} = \frac{T}{W_P} = \frac{16\times 53.1\times 10^3}{\pi\times 25^3}\text{MPa} = 17.3\text{MPa} < [\tau]$$

所以 AB 轴的强度足够。

[例 2-2-14] 汽车传动轴 AB，见图 2-2-34 所示，由无缝钢管制成，管的外径 $D=90$mm，壁厚 $t=2.5$mm，工作时传递的最大扭矩为 1.5kN·m，材料的许用切应力 $[\tau]=60$MPa。试校核 AB 轴的强度。

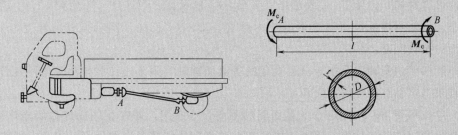

图 2-2-34 汽车传动轴

解：
(1) 计算 AB 轴的抗扭截面模量

$$\alpha = \frac{d}{D} = \frac{D-2t}{D} = \frac{90-2\times 2.5\,\text{mm}}{90\,\text{mm}} = 0.944$$

$$W_P = \frac{\pi D^3}{16}(1-\alpha^4) = \frac{\pi \times (90\,\text{mm})^3}{16} \times (1-0.944^4) = 29469\,\text{mm}^3$$

(2) 校核 AB 轴的强度

$$\tau_{\max} = \frac{T}{W_P} = \frac{1500}{29469\times 10^{-9}}\,\text{MPa} = 51\,\text{MPa} < [\tau]$$

所以 AB 轴的强度足够。

三、圆轴扭转的变形与刚度计算

1. 圆轴扭转刚度计算

对于轴类零件,除要求其具有足够的强度外,往往对其变形也有严格的限制,不允许轴产生过大的扭转变形。例如,机床主轴若产生过大变形,工作时不仅会产生振动,加大摩擦,降低机床使用寿命,还会严重影响工件的加工精度。因此,变形及刚度问题也是圆轴设计所关心的一个重要问题。

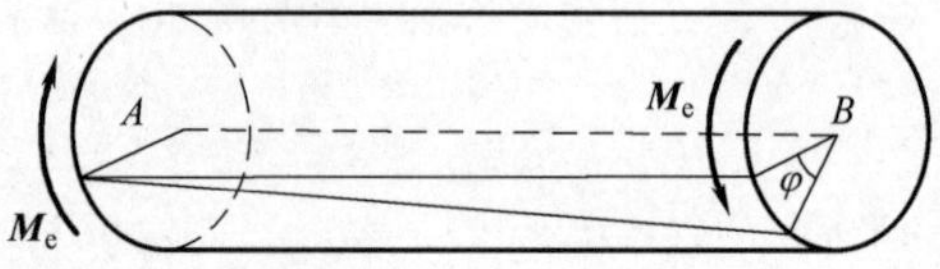

(1) 圆轴扭转时的变形 扭转角是轴横截面间相对转过的角度,用 φ 来表示,如图 2-2-35 所示,单位为弧度(rad),工程中也用度(°)作扭转角的单位,换算关系为 $1\,\text{rad} = \frac{180°}{\pi}$。

图 2-2-35 轴的扭转变形

对于长度为 l、扭矩 T 不随长度变化的等截面圆轴,有

$$\varphi = \frac{Tl}{GI_P}$$

式中 T——截面上的转矩;

l——两横截面的距离;

G——材料的切变模量;

I_P——截面惯性矩。

由式可以看出,φ 与 T、l 成正比,与 G、I_P 成反比。当 T 和 l 一定时,GI_P 越大则扭转角越小,说明圆轴抵抗扭转变形的能力越强,即 GI_P 反映了圆轴抵抗扭转变形的能力,称为截面的扭转刚度。

对于阶梯状的圆轴以及扭矩分段变化的等截面圆轴,须分段计算相对转角,然后求代数值,即可求得全轴长度上的扭转角。

(2) 单位扭转角 扭转角 φ 与截面间的距离大小有关,即在相同的外力偶矩作用下,l 越大,产生的扭转角就越大,因而不能用扭转角来衡量扭转变形的程度。因此,工程中采用单位长度相对扭转角 θ(简称单位扭转角)来度量扭转变形程度,即

$$\theta = \frac{\varphi}{l} = \frac{T}{GI_P}$$

式中,θ 的单位为 rad/m。

由于工程中常用 (°)/m 作单位扭转角的单位,所以,上式经常写为

$$\theta = \frac{\varphi}{l} = \frac{T}{GI_P} \times \frac{180}{\pi}$$

(3) 刚度条件　工程设计中,通常限定轴的最大单位扭转角 θ_{max} 不得超过规定的许用单位扭转角 $[\theta][(°)/m]$,即

$$\theta = \frac{\varphi}{l} = \frac{T}{GI_P} \times \frac{180}{\pi} \leqslant [\theta]$$

上式为圆轴扭转时的刚度条件。许用单位扭转角 $[\theta]$ 是根据设计要求定的,可从手册中查出,也可参考下列数据

精密机械的轴　　　　　　$[\theta]=0.15\sim0.5(°)/m$
一般传动轴　　　　　　　$[\theta]=0.50\sim1.0(°)/m$
精度要求较低的轴　　　　$[\theta]=0\sim2.5(°)/m$

综上可以看出,对于工程中较为精密的机械中的轴,通常需要同时考虑强度条件和刚度条件。

2. 圆轴扭转刚度计算示例

[例 2-2-15]　如图 2-2-36 (a) 所示,传动轴直径 $d=45mm$,材料的剪切弹性模量 $G=80GPa$。试计算该轴的总扭转角。

解:
① 分段计算扭矩,作扭矩图。
　　　AB 段: $T_{AB}=1.8kN·m$
　　　BC 段: $T_{BC}=-1.2kN·m$
作扭矩图,如图 2-2-36 (b) 所示。
② 计算极惯性矩。

$$I_P = \frac{\pi d^4}{32} = \frac{\pi \times 45^4 \times 10^{-12}}{32} m^4 = 0.4 \times 10^{-6} m^4$$

③ 计算各段扭转角。

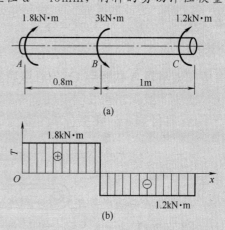

图 2-2-36　传动轴的扭转角计算

$$\varphi_{AB} = \frac{T_{AB}l_{AB}}{GI_P} = \frac{1800 \times 0.8}{80 \times 10^9 \times 0.4 \times 10^{-6}} rad$$
$$= 0.0450 rad$$

$$\varphi_{BC} = \frac{T_{BC}l_{BC}}{GI_P} = \frac{-1200 \times 1}{80 \times 10^9 \times 0.4 \times 10^{-6}} rad = -0.0375 rad$$

④ 计算总扭转角。

$$\varphi_{AC} = \varphi_{AB} + \varphi_{BC} = 0.0075 rad$$

[例 2-2-16]　已知传动轴受力,如图 2-2-37 (a) 所示,若材料选用 45 钢,$G=80GPa$,取 $[\tau]=60MPa$,$[\theta]=1.0(°)/m$。试根据强度条件和刚度条件设计轴的直径。

解:
(1) 内力计算

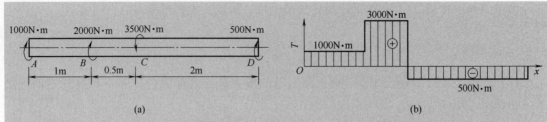

图 2-2-37 传动轴的受力分析

$$T_{AB}=1000\text{N}\cdot\text{m}$$
$$T_{BC}=3000\text{N}\cdot\text{m}$$
$$T_{CD}=-500\text{N}\cdot\text{m}$$

扭矩如图 2-2-37 (b) 所示。

(2) 危险截面分析 由于是等截面轴，扭矩最大的 BC 段，同时是强度和刚度的危险段。

(3) 由强度条件设计轴的直径

$$\tau_{\max}=\frac{T_{\max}}{W_P}=\frac{T_{\max}}{\frac{\pi d^3}{16}}\leqslant[\tau]$$

$$d_1=\sqrt[3]{\frac{16T_{\max}}{\pi[\tau]}}=\sqrt[3]{\frac{16\times 3000}{\pi\times 60\times 10^6}}\approx 0.0634(\text{m})=63.4(\text{mm})$$

(4) 由刚度条件再设计轴的直径

$$\theta_{\max}=\frac{T_{\max}}{GI_P}\times\frac{180}{\pi}=\frac{T_{\max}\times 180}{G\times\frac{\pi d^4}{32}\times\pi}\leqslant[\theta]$$

$$d_1=\sqrt[4]{\frac{32T_{\max}\times 180}{G\pi^2[\theta]}}=\sqrt[4]{\frac{32\times 3000\times 180}{80\times 10^9\times 3.14^2\times 1.0}}\approx 0.0684(\text{m})=68.4(\text{mm})$$

要同时满足强度条件和刚度条件，需 $d\geqslant d_{\max}$，取 $d=70\text{mm}$。

[例 2-2-17] 一电机的传动轴直径 $d=40\text{mm}$，最大扭矩 $T_{\max}=240\text{N}\cdot\text{m}$，容许应力 $[\theta]=40\text{MPa}$，剪切弹性模量 $G=8\times 10^4\text{MPa}$，单位长度容许扭转角 $[\theta]=2(°)/\text{m}$。试校核此轴的强度和刚度。

解：

轴的抗扭截面系数

$$W_P=\frac{\pi d^3}{16}=\frac{\pi\times 40^3}{16}=1.256\times 10^4(\text{mm}^3)$$

从而求得轴的最大剪应力为

$$\tau_{\max}=\frac{T_{\max}}{W_P}=\frac{240\times 10^3}{1.256\times 10^4}=19.1\text{MPa}<[\tau]=40\text{MPa}$$

轴满足强度条件。

轴的横截面极惯性矩为

$$I_P = \frac{\pi d^4}{32} = \frac{\pi \times 40^4}{32} = 2.51 \times 10^5 (\text{mm}^4)$$

从而求得

$$\theta_{\max} = \frac{T_{\max}}{GI_P} \times \frac{180}{\pi} = \frac{240 \times 10^3}{2.51 \times 10^5 \times 8 \times 10^4} \times \frac{180}{\pi} = 0.68[(°)/\text{m}] \leqslant [\theta] = 2(°)/\text{m}$$

所以轴也满足刚度条件。

活动 1　圆轴扭转受力分析

1. 明确工作任务

（1）任务 1

传动轴如图所示，主动轮 A 输入功率 $P_A = 36$kW，从动轮 B、C、D 输出功率分别为 $P_B = P_C = 11$kW，$P_D = 14$kW，轴的转速为 $n = 300$r/min，试画出轴的扭矩图。

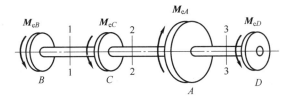

（2）任务 2

如图所示轴承受的外力偶矩为 $M_A = 0.5$kN·m，$M_B = 2$kN·m，$M_C = 1$kN·m，$M_D = 0.5$kN·m。轴由 45 钢的无缝钢管制成，外直径 $D = 90$mm，壁厚 $\delta = 2.5$mm，$[\tau] = 60$MPa，试校核轴的强度。

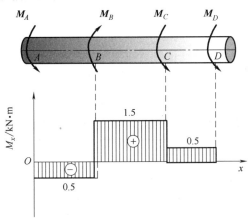

（3）任务 3

一传动轴如图所示。设材料的容许剪应力 $[\tau]$ = 40MPa，剪切弹性模量 $G = 8 \times 10^4$ MPa，杆的容许单位长度扭转角 $[\theta] = 2(°)/m$。试求轴所需的直径。

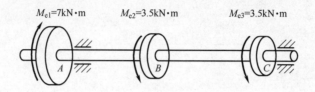

2. 组织分工

学生 2~3 人为一组，分工协作，完成工作任务。

序号	人员	职责
1		
2		
3		

活动 2　清洁教学现场

1. 物品、绘图工具分类摆放整齐，无没用的物件。
2. 清扫教学区域，保持工作场所干净、整洁。
3. 产生的废弃物品，统一回收到垃圾桶，不可随意丢弃。
4. 关闭水电气和门窗，最后离开教室的学生锁好门锁。

活动 3　撰写总结报告

回顾圆轴扭转计算过程，每人写一份总结报告，内容包括学习心得、团队完成情况、个人参与情况、做得好的地方、尚需改进的地方等。

1. 学生以小组为单位，按照任务要求，进行自查、互评与总结。
2. 教师参照评分标准进行考核评价。
3. 师生总结评价，改进不足，将来在学习或工作中做得更好。

序号	考核项目	考核内容	配分	得分
1	技能训练	扭矩计算步骤规范、扭矩图绘制正确	15	
		圆轴扭转强度计算步骤规范、结果正确	20	
		圆轴扭转刚度计算步骤规范、结果正确	15	
		实训报告诚恳、体会深刻	15	

续表

序号	考核项目	考核内容	配分	得分
2	求知态度	求真求是、主动探索	5	
		执着专注、追求卓越	5	
3	安全意识	着装和个人防护用品穿戴正确	5	
		爱护工器具、机械设备,文明操作	5	
		如发生人为的操作安全事故、设备人为损坏、伤人等情况,安全意识不得分		
4	团结协作	分工明确、团队合作能力	3	
		沟通交流恰当,文明礼貌、尊重他人	2	
		自主参与程度、主动性	2	
5	现场整理	劳动主动性、积极性	3	
		保持现场环境整齐、清洁、有序	5	

知识拓展

弯曲变形也是工程上常见的一种基本变形,如机车的轮轴(见图2-2-38)、桥式起重机的横梁(见图2-2-39)等。石油、化工设备中各种直立式反应塔[见图2-2-40(a)],底部与基础底座固定在一起,因此,可以简化为一端固定的悬臂梁。在风力载荷作用下,反应塔将发生弯曲变形,如图2-2-40(b)所示。

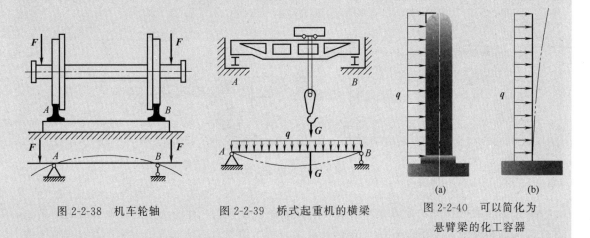

图 2-2-38 机车轮轴　　图 2-2-39 桥式起重机的横梁　　图 2-2-40 可以简化为悬臂梁的化工容器

当杆件受到垂直其轴的横向外力或外力偶作用时,杆件的轴线将由直线变为曲线,这种变形称为弯曲。凡是以弯曲为主要变形的杆件,通常称为梁。

1. 梁的弯曲强度问题

为了保证梁能安全工作,最大工作应力 σ_{max} 不得超过材料的弯曲许用应力 $[\sigma]$。按强度条件设计梁时,主要是根据梁的弯曲正应力强度条件

$$\sigma_{max} = \frac{M_{max}}{W_Z} \leqslant [\sigma]$$

由上式可见,要提高梁的弯曲强度,即降低最大正应力,可以从两方面来考虑,一是合

理安排梁的受力情况，以降低最大弯矩 M_{max} 的数值；二是采用合理的截面形状以及合理设计梁的外形，以提高弯曲截面系数 W 的数值。

2. 梁的弯曲刚度问题

工程中梁的变形和位移虽然都是弹性的，但在设计中，对于结构或构件的弹性变形和位移都有一定的限制。弹性变形和位移过大会使结构或构件丧失正常功能，即发生刚度失效。

例如，图 2-2-41 中所示机械传动机构中的齿轮轴，当变形过大时（图中双点画线所示），两齿轮的啮合处将产生较大的挠度和转角，这不仅会影响两个齿轮之间的啮合，以致不能正常工作，还会加大齿轮磨损，同时将在转动的过程中产生很大的噪声；此外，当轴的变形很大时，轴在支承处也将产生较大的转角，从而使轴和轴承的磨损大大增加，致使轴和轴承的使用寿命缩短。

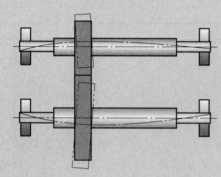

图 2-2-41 变形前后的齿轮轴

如起重机横梁的变形过大，如图 2-2-42（a）所示，将使梁上小车移动困难，出现爬坡，而且还会引起梁的严重振动。齿轮轴变形若过大，会使齿轮不能正常啮合，产生振动和噪声；机械加工中刀杆和工件的变形过大，如图 2-2-42（b）所示，将导致较大的误差。

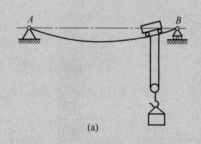 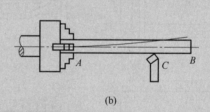

(a)　　　　　　　　　　　(b)

图 2-2-42 弯曲变形

梁发生平面弯曲时，原为直线的梁轴线将变成一条曲线，称为挠曲线。挠曲线是一条光滑连续的平面曲线，如图 2-2-43 所示的悬臂梁，变形前梁的轴线为直线 AB，变形后变为光滑的连续曲线 AB_1，此曲线即为挠曲线。梁的变形是通过梁的横截面位移来度量的，梁上任一横截面同时产生两种位移——线位移和角位移，即挠度和转角。梁横截面的形心沿垂直于梁轴方向的线位移，称为挠度，用符号 w 来表示，如图 2-2-43 中的 CC_1，不同截面的挠度一般不同。梁弯曲变形时，将梁的横截面绕其中性轴相对其原来位置转过的角度，称为该截面的转角，用符号 θ 表示，如图 2-2-43 所示。

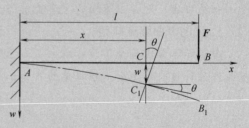

图 2-2-43 挠度和转角

在梁的设计中，通常是先根据强度条件选择梁的截面，然后再对梁进行刚度校核，限制梁的最大挠度和最大转角不能超过规定的数值，由此建立的刚度条件为

$$y_{max} \leqslant [y]$$
$$\theta_{max} \leqslant [\theta]$$

式中，$[y]$ 和 $[\theta]$ 分别为许用挠度和许用转角，其值可在有关手册和规范中查到。常见轴的许用挠度和许用转角数值分别列于表 2-2-1 及表 2-2-2 中。

表 2-2-1　常见轴的弯曲许用挠度

轴的类型	许用挠度 $[w]$	轴的类型	许用挠度 $[w]$
一般传动轴	$(0.0003 \sim 0.0005)l$	齿轮轴	$(0.01 \sim 0.03)m$
刚度要求较高的轴	$0.0002l$	涡轮轴	$(0.02 \sim 0.05)m$

表 2-2-2　常见轴的弯曲许用转角数值

轴的类型	许用转角 $[\theta]$/rad	轴的类型	许用转角 $[\theta]$/rad
滑动轴承	0.001	圆柱滚子轴承	0.0025
向心球轴承	0.005	圆锥滚子轴承	0.0016
向心球面轴承	0.005	安装齿轮的轴	0.001

提高梁的刚度主要是指减小梁的弹性位移。而弹性位移不仅与载荷有关，还与杆长和梁的弯曲刚度（EI）有关。常用的减小梁弯曲变形的措施有减小梁的跨长 l、采用合理的截面形状以增加惯性矩 I、选用弹性模量 E 较高的材料、改善结构形式等。

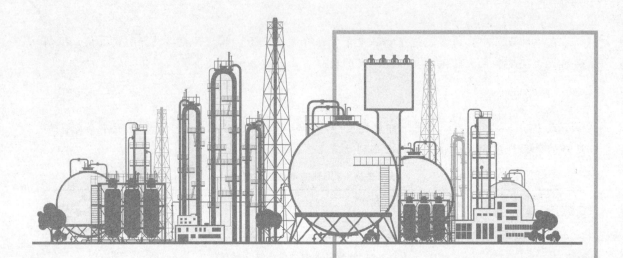

模块三

腐蚀与防护

任务一
常见腐蚀形式认知

子任务一　电偶腐蚀认知

学习目标

1. 知识目标

（1）掌握电偶腐蚀的特性与机理。
（2）掌握电偶腐蚀的影响因素与控制措施。

2. 能力目标

（1）能阐述电偶腐蚀的机理。
（2）能列举电偶腐蚀的常见控制措施。

3. 素质目标

（1）通过信息收集、小组讨论、练习、考核等教学活动，培养学生追求卓越的工匠精神、主动探索的科学精神和团结协作的职业精神。
（2）通过对教学场地的整理、整顿、清扫、清洁，培养学生的劳动精神。

任务描述

"腐蚀"意为"损坏""腐烂"。根据金属腐蚀的起因和过程，可知它是在金属材料和环境介质的相界面上反应作用的结果，因而金属腐蚀可以定义为"金属与其周围介质发生化学或电化学作用而产生的破坏"。

按照腐蚀机理可以将金属腐蚀分为化学腐蚀与电化学腐蚀两大类。化学腐蚀是指金属与非电解质直接发生化学作用而引起的破坏,例如铅在四氯化碳、三氯甲烷或乙醇中的腐蚀,镁或钛在甲醇中的腐蚀,以及金属在高温气体中刚形成膜的阶段都属于化学腐蚀;电化学腐蚀是金属与电解质溶液发生电化学作用而引起的破坏,金属在大气、海水、工业用水,各种酸、碱、盐溶液中发生的腐蚀都属于电化学腐蚀。

按照金属破坏的特征,则可分为全面腐蚀和局部腐蚀两类。常见的局部腐蚀包括电偶腐蚀、应力腐蚀、腐蚀疲劳、磨损腐蚀、小孔腐蚀、晶间腐蚀、缝隙腐蚀等。

腐蚀问题遍及各个部门及行业,对国民经济发展、人类生活和社会环境产生了巨大危害。据统计,各国由于腐蚀破坏造成的年度经济损失约占当年国民经济生产总值的 1.5%~4.2%,随各国不同的经济发达程度和腐蚀控制水平而异。

化工生产中很多机器、设备,它们的零部件出于某些特殊功能的要求或经济上的考虑,采用不同的材料组合,这样会不可避免地导致不同电位的金属接触,所以电偶腐蚀广泛存在。图 3-1-1(a)为二氧化硫石墨冷凝器,管间通冷却介质(海水),由于石墨花板、管子与碳钢壳体构成电偶腐蚀,不到半年壳体便被腐蚀穿孔;图 3-1-1(b)是镀锌钢管与黄铜阀连接,先是促使镀锌层加速腐蚀,随后碳钢管基体加速溶解;图 3-1-1(c)是维纶醛化液(含有 H_2SO_4、Na_2SO_4、HCHO)受槽,不锈钢(316L)上衬铅锑合金,由于衬里缝隙出现裂纹而引起不锈钢的强烈腐蚀;图 3-1-1(d)是石墨密封的泵,造成铜合金轴的电偶腐蚀。有时,两种金属并未直接接触,通过间接的途径也会引起电偶腐蚀,例如图 3-1-1(e)所示的碳钢换热器,由于输送介质的泵采用石墨密封,摩擦副磨削下来的石墨微粒在列管内沉积,加速了碳钢管的腐蚀。

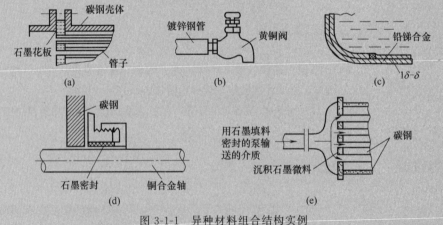

图 3-1-1 异种材料组合结构实例

作为化工厂机修车间的一名技术人员,要求小王掌握电偶腐蚀特性及腐蚀机理,并能采取正确的控制措施。

一、电偶腐蚀特性与机理分析

1. 电极电位

在大多数情况下，金属的腐蚀是按电化学机理进行的，金属电化学腐蚀的自发倾向采用电极电位来判断更为方便。

当将一种金属浸入水溶液中时，金属表面的金属离子，由于受到溶液中水的极性分子的作用，将发生水化，水化过程中放出的能量称为金属"水化能"，如果金属水化能超过金属的晶格能，并足以克服金属正离子与电子之间的引力（金属键能），则金属表面的一些正离子便脱离开金属晶格进入水溶液中形成水化离子。众所周知，金属作为一个整体是电中性的，水化的结果是：金属表面带负电，而与金属表面相接触的溶液带正电。这样就在金属-溶液界面上形成了一层由正、负电荷组成的所谓"双电层"。例如锌、镁、铁、镉等负电性的金属浸入水中或酸、碱、盐的水溶液中，就形成这种双电层，如图3-1-2（a）所示。

如果金属离子的水化能不足以克服金属晶格中金属离子与电子之间的引力，即晶格上的金属键能超过离子水化能时，把该金属浸入水溶液中，则金属表面可能从溶液中吸附一部分正离子。此时金属表面带正电，而与金属表面相接触的液层，由于负离子过剩，则带负电。例如铜、银、金浸入其相应的盐溶液中时形成的双电层，即是这类双电层，如图3-1-2（b）所示。

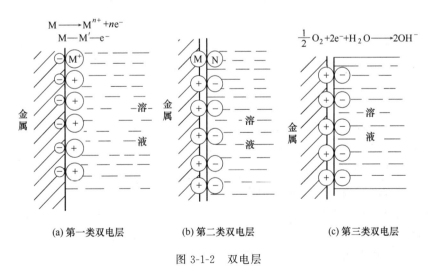

(a) 第一类双电层　　(b) 第二类双电层　　(c) 第三类双电层

图 3-1-2　双电层

此外，一些正电性金属如铂或非金属石墨，它们在溶液中不能水化，但是它们在水溶液中与氧分子作用，铂表面失去电子带正电，靠近铂的液层带负电（OH^-）。由于铂（或石墨）吸附溶液中氧分子而形成的双电层是第三类双电层，如图3-1-2（c）所示。

金属-溶液界面上双电层的建立，使得金属与溶液间产生电位（势）差，这种电势差称为电极电位。

当某种金属浸在其盐溶液中，电荷自金属移入溶液与从溶液移入金属迁移速率相等时，形成的电位就称为金属的平衡电位或可逆电位。

如果金属在溶液中除了它自己的离子外还有其他别的离子、原子或分子参加电极过程，此时电极反应不是可逆的，因而表现出来的电位，也就不能标志此电极过程的电荷与物质均达到平衡。这种电位称为非平衡电位或不可逆电位。

化工设备在绝大多数情况下都不是与含有自身金属离子的溶液接触，所以金属与溶液界面处形成的大多是非平衡电极电位，故在研究金属腐蚀时，非平衡电位有着很重要的意义。非平衡电位只能用实验的方法来测定。表 3-1-1 列出几种金属在三种介质中的非平衡电位。

表 3-1-1　几种金属的非平衡电极电位　　　　　　　　　　单位：V

金属	$w_{NaCl}=3\%$	0.05mol/L Na_2SO_4	0.05mol/L $Na_2SO_4+H_2S$	金属	$w_{NaCl}=3\%$	0.05mol/L Na_2SO_4	0.05mol/L $Na_2SO_4+H_2S$
镁	-1.6	-1.36	-1.65	镍	-0.02	+0.035	-0.21
铝	-0.60	-0.47	-0.23	铅	-0.26	-0.26	-0.29
锰	-0.91	—	—	锡	-0.25	-0.17	-0.14
锌	-0.83	-0.81	-0.84	锑	-0.09	—	—
铬	-0.23	—	—	铋	-0.18	—	—
铁	-0.50	-0.50	-0.50	铜	+0.05	+0.24	-0.51
镉	-0.52	—	—	银	+0.20	+0.31	-0.27
钴	-0.45	—	—				

2. 电偶腐蚀的特性

异种金属彼此接触或通过其他导体连通，处于同一个介质中，会造成接触部位的局部腐蚀。其中电位较低的金属，溶解速度增大，电位较高的金属，溶解速度反而减小，这种腐蚀称为电偶腐蚀，或称接触腐蚀、双金属腐蚀、异金属腐蚀，实际上这就是两种不同电极构成的宏观腐蚀电池。

电偶腐蚀实际上是宏观腐蚀电池的一种，产生电偶腐蚀应同时具备下述 3 个基本条件。

① 存在相互接触的异种材料。电偶腐蚀的驱动力是低电位金属与高电位金属或非金属之间产生的电位差。

② 存在离子导电回路。电解质溶液必须连续地存在于接触金属之间，构成电偶腐蚀电池的离子导电回路。对大气中金属构件的腐蚀而言，电解质溶液主要是指凝聚在零构件表面上的、含有某些离子（氯离子、硫酸根）的水膜。

③ 存在电子导电回路。即低电位金属与高电位金属或非金属之间要么直接接触，要么通过其他导体实现电连接，构成腐蚀电池的电子导电回路。

对金属在偶对中的极性作出判断时，以它们的腐蚀电位为判据更能符合实际情况。所以，在实际使用中常应用电偶序来判断不同金属材料接触后的电偶腐蚀倾向。

电偶序是按实用金属和合金在具体使用介质中的腐蚀电位（即非平衡电位）的相对大小排列而成的序列表。表 3-1-2 为金属与合金在海水中的电偶序。从表中可见，如电位高的金属材料与电位低的金属材料相接触，则低电位的为阳极，被加速腐蚀。若两者之间电位差越大，则低电位的更易被加速腐蚀。如果它们之间电位差很小（一般电位差小于 50mV），当它们在海水中组成偶对时，它们的腐蚀倾向小至可以忽略的程度，如碳钢和灰口铸铁、α+β

黄铜（40%Zn）和锰青铜（5%Mn）等，它们在海水中使用不必担心会引起严重的电偶腐蚀。

表 3-1-2　金属与合金在海水中的电偶序

金属	E_H/V	金属	E_H/V
镁	-1.45	镍（活态）	-0.12
镁合金(6%Al,3%Zn,0.5%Mn)	-1.20	α 黄铜(30%Zn)	-0.11
锌	-0.80	青铜(5%~10%Al)	-0.10
铝合金(10%Mg)	-0.74	铜锌合金(5%~10%Zn)	-0.10
铝合金(10%Zn)	-0.70	铜	-0.08
铝	-0.53	铜镍合金(30%Ni)	-0.02
镉	-0.52	石墨	+0.02~0.3
硬铝合金（又称杜拉铝）	-0.50	不锈钢 Cr13（钝态）	+0.03
铁	-0.50	镍（钝态）	+0.05
碳钢	-0.40	Inconel(11%~15%Cr,1%Mn,1%Fe)	+0.08
灰口铸铁	-0.36	Cr17 不锈钢（钝态）	+0.10
不锈钢 Cr13 和 Cr17（活态）	-0.32	Cr18Ni9 不锈钢（钝态）	+0.17
Ni-Cu 铸铁(12%~15%Ni,5%~7%Cu)	-0.30	Hastelloy(20%Mo,18%Cr,6%W,7%Fe)	+0.17
不锈钢 Cr19Ni9（活态）	-0.30	Monel	+0.17
不锈钢 Cr18Ni12Mo2Ti（活态）	-0.30	Cr18Ni12Mo3 不锈钢（钝态）	+0.20
铅	-0.30	银	+0.12~0.2
锡	-0.25	钛	+0.15~0.2
α+β 黄铜(40%Zn)	-0.20	铂	+0.40
锰青铜(5%Mn)	-0.20		

虽然电偶序在预测金属电偶腐蚀方面要比电动序有用，但它也只能判断金属在偶对中的极性和腐蚀倾向，不能表示出实际的腐蚀速率。

3. 电偶腐蚀的机理

电偶腐蚀的原理可用腐蚀原电池原理来分析。

将一块锌片和一块铜片插入稀硫酸溶液中，锌片和铜片之间连接上导线和电流计，如图3-1-3 所示。当电路接通时，电流计上的指针偏转，说明导线有电流通过。这是意大利物理学家伏特在公元1800年发明的伏特电池。

伏特电池之所以产生电流是由于它的两个电极锌电极与铜电极在电解质溶液中的电位彼此不同，它们之间存在一定的电位差。铜电极电位较高，锌电极电位较低，导线连接时，电极上分别发生如下反应：伏特电池的锌电极上发生氧化反应，锌不断溶解腐蚀，Zn^{2+} 进入溶液中。

$$Zn \longrightarrow Zn^{2+} + 2e^-$$

在铜电极上，酸液中的 H^+ 接受电子发生还原反应，析出氢气，其反应式为：

$$2H^+ + 2e^- \longrightarrow H_2 \uparrow$$

整个原电池反应为：

$$Zn + 2H^+ \longrightarrow Zn^{2+} + H_2 \uparrow$$

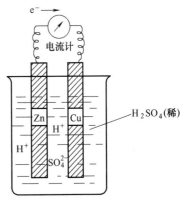

图 3-1-3　伏特电池的结构

随后，1836年英国科学家丹尼尔研制成另一种原电池，电池的装置如图 3-1-4 所示。在

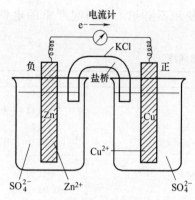

图 3-1-4 铜锌原电池的结构示意

一杯 $ZnSO_4$ 溶液中放入一块锌片,在另一杯 $CuSO_4$ 溶液中放入一块铜片,锌片和铜片用导线连接并串联上一个电流计。当盐桥把两杯溶液连通时,电流计上指针立刻摆动,从指针摆动偏转方向知道电流是从铜片处流向锌片处。

这一原电池分别发生如下反应:锌发生氧化反应,不断溶解腐蚀,Zn^{2+} 进入硫酸锌溶液中。

$$Zn \longrightarrow Zn^{2+} + 2e^-$$

电子通过外部导线流向硫酸铜溶液而产生电流,同时铜离子接受电子发生还原反应,析出铜,其反应为:

$$Cu^{2+} + 2e^- \longrightarrow Cu \downarrow$$

整个原电池反应为:

$$Zn + Cu^{2+} \longrightarrow Zn^{2+} + Cu \downarrow$$

在讨论腐蚀问题时,通常规定电位较低的电极为阳极,电位较高的电极为阴极。

在伏特电池中,锌片为阳极,由于锌不断地失去电子变为锌离子进入溶液,即锌被腐蚀溶解;作为阴极的铜片,它起着传递电子的作用,使 H^+ 在阴极上接受电子变为氢气,从它的表面析出,而铜本身没有发生什么变化。阴极是不发生腐蚀的。

如果把铜片和锌片金属直接接触在一起并浸于稀 H_2SO_4 电解质溶液中,也将发生与还原电池同样的变化,锌遭受腐蚀,氢气不断从铜片上析出。由此可见,金属在电解质溶液中的腐蚀是由于形成了原电池所引起的。类似这样的电池,我们称之为腐蚀原电池或腐蚀电池。

即使是一块金属不与其他金属相接触,浸在电解质溶液中,也会形成与上述相类似的腐蚀电池,例如工业锌中常含有少量杂质(如杂质 Fe 以 $FeZn_7$ 的形式存在),杂质的电位较锌的电位高。此时锌为阳极,杂质 $FeZn_7$ 为阴极,于是它们形成原电池,原电池工作的结果是锌不断腐蚀溶解,氢气在杂质处析出。图 3-1-5 为含杂质的工业用锌在 H_2SO_4 中的溶解情况。

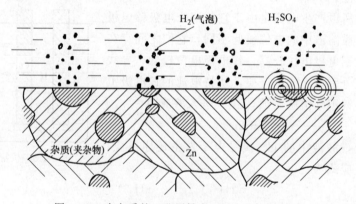

图 3-1-5 含杂质的工业用锌在 H_2SO_4 中的溶解

通常在金属表面上分布着很多杂质,当金属与电解质溶液接触时,每一颗微小杂质对于金属本身来说都成为阴极,所以在整个金属表面就必然有许多微小的阴极和阳极同时存在,金属表面上就形成许多微小原电池。这些微小的原电池称为微电池。

不难看出，微电池的腐蚀作用与上述的原电池作用并没有本质上的区别。

总结前面所述，电化学腐蚀过程看作是由下列三个基本过程组成的：

① 阳极过程。金属溶解，以离子的形式进入溶液，并把等量的电子留在金属上，即

$$M \longrightarrow M^{n+} + ne^-$$

② 阴极过程。从阳极流过来的电子被电解质溶液中能够吸收电子的氧化剂即去极剂（D）所接受，即

$$D + ne^- \longrightarrow [D \cdot ne^-]$$

在阴极接受电子的还原过程连续进行的情况下，阳极过程可不断地继续下去，使金属受到腐蚀。在阴极附近能够接受电子（与电子结合）的物质是很多的，但在大多数情况下，是溶液中的 H^+ 和 O_2，分别对应着析氢反应和吸氧反应。

a. 析氢反应（酸性溶液）。

$$2H^+ + 2e^- \longrightarrow H_2 \uparrow$$

b. 吸氧反应（中性或碱性溶液）。

$$O_2 + 2H_2O + 4e^- \longrightarrow 4OH^-$$

③ 电流的流动。在金属中电子从阳极处流向阴极处，在溶液中，阳离子从阳极处向阴极处移动，以及阴离子从阴极处向阳极处移动。

这三个环节是相互联系的，三者缺一不可，如果其中一个环节停止了，整个腐蚀过程也就停止。从以上的讨论可以很清楚地看出，金属电化学腐蚀的产生，是由于金属与电解质溶液相接触时，金属表面的各个部分的电极电位不相同，结果形成腐蚀微电池所引起的。其中电位较低的部分成为阳极，容易失去电子，遭受腐蚀；而电位较高的部分则成为阴极，只起传递电子的作用，不接受腐蚀（如果不发生二次腐蚀过程）。

二、腐蚀电池分类

腐蚀电池是只能导致金属材料破坏而不对外界做有用功的原电池，根据组成腐蚀电池的电极大小、形成腐蚀电池的主要影响因素和腐蚀破坏的特征，一般将实际中的腐蚀电池分为宏电池（宏观腐蚀电池）与微电池（微观腐蚀电池）两大类。宏电池的阴、阳极可以用肉眼或不大于10倍的放大镜分辨出来，而微电池的电极无法凭肉眼分辨。

1. 宏观腐蚀电池

宏观腐蚀电池即凭肉眼或不大于10倍的放大镜可以区分出阴极、阳极的"大电池"，常见的有以下两种类型。

（1）电偶电池　同一电解质溶液中，两种具有不同电极电位的金属或合金通过电连接形成的腐蚀电池称为电偶电池。电位较负的金属遭受腐蚀，而电位较正的金属则得到保护。例如，通有冷却水的碳钢-黄铜冷凝器及船舶中的钢壳与其铜合金推进器等均构成这类腐蚀电池。此外，化工设备上不同金属的组合中（如螺栓、螺母、焊接材料等和主体设备连接），也常出现接触腐蚀。

在这里促使形成电偶电池的最主要因素是异种金属，两种金属的电极电位相差越大电偶腐蚀越严重。另外，电池中阴极、阳极的面积比和电介质的电导率等因素对电偶腐蚀也产生一定影响。

(2) 浓差电池 同一金属的不同部位所接触的介质具有不同浓度，引起了电极电位的不同而形成的腐蚀电池称为浓差电池，常见的有以下两种。

① 金属离子浓差电池。同一种金属浸在不同金属离子浓度的溶液中构成的腐蚀电池。现以下面的试验说明，见图 3-1-6。

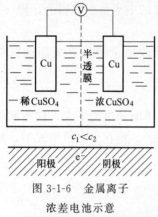

图 3-1-6 金属离子浓差电池示意

把两块面积和表面状态均相同的铜片分别浸在浓度不同的 $CuSO_4$ 溶液中，用半透膜隔开，离子可彼此通过而溶液不会混合，则两边都形成如下平衡，即

$$Cu \rightleftharpoons Cu^{2+} + 2e^-$$

不过在浓溶液中，Cu^{2+} 沉积倾向大于在稀溶液中 Cu^{2+} 沉积倾向，而稀溶液中 Cu 溶解倾向则大于浓溶液中 Cu 溶解倾向，即 Cu 在稀溶液中较易失去电子，Cu 在浓溶液中较难失去电子。由能斯特方程 $E_{e,Cu^{2+}/Cu} = +0.34 + \dfrac{0.059}{2} \lg c_{Cu^{2+}}$，可知：溶液中金属离子浓度越稀，电极电位越低，浓度越大，则电极电位越高，电子由金属离子的低浓度区（阳极区）流向高浓度区（阴极区）。

在生产过程中，例如铜或铜合金设备在流动介质中，流速较大的一端 Cu^{2+} 较易被带走，出现低浓度区域，这个部位电位较负而成为阳极，而在滞留区则 Cu^{2+} 聚积，成为阴极。

在一些设备的缝隙和疏松沉积物下部，因与外部溶液的去极剂浓度有差别，往往会形成浓差腐蚀的阳极区域而遭受腐蚀。

② 氧浓差电池。由于金属与含氧量不同的溶液相接触而引起的电位差所构成的腐蚀电池。氧浓差电池又称充气不均电池。这种腐蚀电池是造成金属缝隙腐蚀的主要因素，在自然界和工业生产中普遍存在，造成的危害很大。

金属浸入含有溶解氧的中性溶液中形成氧电极，其阴极反应过程为

$$O_2 + 2H_2O + 4e^- \longrightarrow 4OH^-$$

由能斯特方程 $E_{e,O_2/OH^-} = 0.39 - 0.015\lg(c_{OH^-})^4$ 可知，当氧的分压越高，其电极电位就越高，因此，如果介质中溶解氧含量不同，就会因氧浓度的差别产生电位差；介质中溶解氧浓度越大，氧电极电位越高，而在氧浓度较小处则电极电位较低，成为腐蚀电池的阳极，这部分金属将受到腐蚀，最常见的有水线腐蚀和缝隙腐蚀。

在生产实际工作中经常碰到这类腐蚀，例如埋于静止的水中的钢桩，如图 3-1-7 所示。常常发现其埋在砂土中的部分发生腐蚀，而上部即在水中的部分（接近水面）则不腐蚀。这是因为靠近水面的那部分钢桩，由于其周围的水含氧浓度高（氧容易从空气中扩散进来），它的电极电位较高而成为阴极；埋在砂土中的部分，氧比较不容易到达，电极电位较低而成为阳极，所以发生腐蚀。又如金属部件的各种缝隙和死角，由于氧不易到达，就成为阳极而遭受腐蚀。金属设备接触气液交界的液面，靠气相的部分，氧容易到达，氧浓度较高，成为阴极，紧靠液面下的部分就是阳极，它们之间由于氧浓差电池引起的腐蚀，就是生产上最普遍存在的所谓"水线"腐蚀，如图 3-1-8 所示。

氧的浓差电池也可在缝隙处和疏松的沉积物下面形成而引起缝隙腐蚀及垢下腐蚀。通常，电位较负的金属（如铁等）易受氧浓差电池腐蚀，而电位较正的金属（如铜等）易受金属离子浓差电池腐蚀。

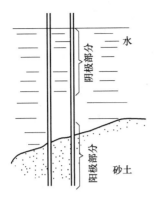
图 3-1-7 钢桩上因充气不均形成腐蚀电池

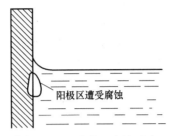
图 3-1-8 "水线"腐蚀示意

2. 微观腐蚀电池

在金属表面上由于存在许多极微小的电极而形成的电池称为"微电池"。微电池腐蚀是由于金属表面的电化学不均匀性所引起的腐蚀；不均匀性的原因主要有以下几个方面。

① 金属化学成分的不均匀形成的腐蚀电池。工业上使用的金属常含一些杂质，因而当金属与电解质溶液接触时，这些杂质与基体金属构成了许多短路了的微电池系统，其中电极电位低的组分遭受腐蚀。

例如锌中含有杂质元素铁、锑、铜等，由于它们的电位较高，成为微电池中的阴极，而锌本身则为阳极，因而加速了锌在 H_2SO_4 中的溶解（腐蚀），见图 3-1-9。显然，锌中含阴极组分的杂质越少，阴极面积越小，整个反应速度就越慢，锌的腐蚀也越小；因此，不含杂质的锌在酸中较稳定。

碳钢和铸铁是工业上最常用的材料，由于它们的金相组织中含有 Fe_3C 及石墨，当与电解质溶液接触时，由于 Fe_3C 及石墨的电位比铁正，构成了无数个微阴极，从而加速了铁的腐蚀。

② 金属组织结构的不均匀形成的腐蚀电池。例如在工业纯铝的组织中，晶粒电位比晶界电位正，因而晶界成为微电池中的阳极，见图 3-1-10，腐蚀首先从晶界开始。

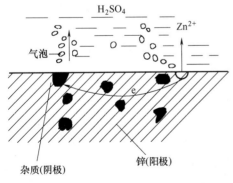
图 3-1-9 锌与杂质形成微电池示意

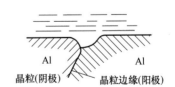
图 3-1-10 金属晶粒与晶粒边缘形成的微电池

液态合金凝固时常发生偏析现象，这种偏析也是引起金属组织不均匀性的原因之一。例如当 α 黄铜结晶时产生偏析，先结晶的部分含 Cu 较多，电位较高成为阴极，而后结晶的部分含 Cu 较少，电位较低成为阳极，在电解质溶液中后结晶部分的 α 黄铜易发生腐蚀。

③ 金属物理状态的不均匀形成的腐蚀电池。金属在机械加工过程中常常造成金属各部分变形不均匀及内应力的不均匀，一般情况下是变形较大和应力集中的部位成为阳极。例如在钢板弯曲处及铆钉头部的易腐蚀，就是由于这个原因引起的，见图3-1-11。此外，金属表面温度的差异、光照不均匀也会使各部分的电位发生差异，引起腐蚀。

④ 金属表面膜的不完整形成的腐蚀电池。金属表面上生成的膜如果不完整，有孔隙或有破损，则孔隙下或破损处相对于表面膜来说，在接触电解质时具有较负的电极电位，成为微电池的阳极，腐蚀由此开始，见图3-1-12。

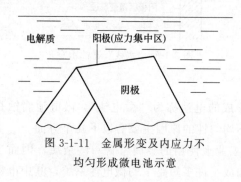

图3-1-11 金属形变及内应力不均匀形成微电池示意

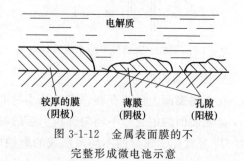

图3-1-12 金属表面膜的不完整形成微电池示意

实际上要使整个金属表面上的物理和化学性质、金属各部位所接触的介质的物理和化学性质完全相同，使金属表面各部分的电极电位完全相等是不可能的。由于上述各种因素，使金属表面的物理和化学性质存在差别而使金属表面各部位的电位不相等，这统称为电化学不均匀，它是形成微电池的基本原因。

三、电偶腐蚀影响因素与控制

1. 电偶腐蚀的影响因素

① 材料的影响。异种金属组成电偶时，它们在电偶序中的上下位置相距越远，电偶腐蚀越严重；而同组金属之间的电位差小于50mV，组成电偶时腐蚀不严重。因此在设计设备或构件时，尽量选用同种或同组金属，不用电位相差大的金属。若在特殊情况下一定要选用电位相差大的金属，两种金属的接触面之间应加绝缘处理，如加绝缘垫片或者在金属表面施加非金属保护层。

② 阴阳极面积比的影响。研究表明，阴极与阳极相对面积比对电偶腐蚀速率有重要的影响。阴阳极面积比的比值越大，阳极电流密度越大，金属腐蚀速率越大。图3-1-13为腐蚀速率随阴极面积S_k与阳极面积S_a之比的变化情况，由图可知，电偶腐蚀速率与阴阳极面积比呈线性关系。因此为了减少电偶腐蚀，在结构设计时切忌形成大阴极小阳极的面积比。

例如在航空结构设计中，如果钛合金板用铝合金铆钉铆接，就属于小阳极大阴极；铝合金铆钉会迅速破坏，如图3-1-14（a）所示。反之，如果用钛铆、钉铆接铝合金板，铝合金板结构组成了大阳极小阴极

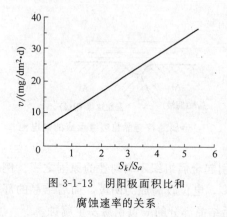

图3-1-13 阴阳极面积比和腐蚀速率的关系

结构，尽管铝合金板受到腐蚀［图 3-1-14（b）］，但是整个结构破坏的速率和危险性较前者小。由于钛合金与铝合金在电偶序中相距较远，因此飞机结构设计中即使对于小阴极（钛合金）大阳极（铝合金）的情况也力求避免。新型飞机结构中已采用钛合金紧固件真空离子镀铝的方法，使钛铝结构电位一致，避免了电偶腐蚀。

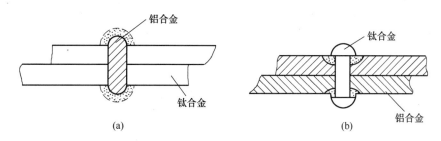

图 3-1-14 钛和铝形成的电偶腐蚀

③ 介质的影响。介质的组成、温度、电解质溶液的电阻、溶液的 pH、环境条件的变化等因素均对电偶腐蚀有重要的影响，不仅影响腐蚀速率，同一电偶对在不同环境条件下有时甚至会出现电偶电极极性的逆转现象。例如在水中金属锡相对于铁来说为阴极，而在大多数有机酸中，锡对于铁来说为阳极。温度变化可能改变金属表面膜或腐蚀产物的结构，也可能导致电偶电池极性发生逆转，例如在一些水溶液中，钢与锌偶接时锌为阳极受到加速腐蚀，钢得到了保护，当水的温度高于 80℃时，电偶的极性就发生逆转，钢成为阳极而被腐蚀，而锌上的腐蚀产物使锌的电位提高成为阴极。溶液 pH 的变化也会影响电极反应，甚至也会改变电偶电池的极性，例如镁与铝偶接在稀的中性或弱酸性氯化钠水溶液中，铝是阴极，但随着镁阳极的溶解，溶液变为碱性，导致两性金属铝成为阳极。

由于在电偶腐蚀中阳极金属的腐蚀电流分布的不均匀性，造成电偶腐蚀的典型特征是腐蚀主要发生在两种不同的金属或金属与非金属导体相互接触的边沿附近，而在远离接触边沿的区域其腐蚀程度通常要轻得多，因此很容易识别电偶腐蚀。电偶腐蚀影响的空间范围与电解质溶液的电阻大小有关，在高电导的电解质溶液中，电偶电流在阳极上的分布比较均匀，总的腐蚀量和影响的空间范围也较大；在低电导的介质中，电偶电流主要集中在接触边沿附近，总的腐蚀量也较小。

2. 电偶腐蚀的控制

① 在设计设备或部件时，在选材方面尽量避免异种金属（或合金）相互接触。若不可避免时，应尽量选取在电偶序中位于同组或位置相近的金属（或合金）。

② 在设备的结构上，切忌形成大阴极小阳极的不利于防腐的面积比。若已采用不同腐蚀电位的金属材料相接触的情况下，必须设法对接触面采取绝缘措施，但一定要仔细检查是否已真正绝缘。例如采用螺杆连接的装配中，往往忽略螺杆与螺孔的绝缘，这样就不能做到真正的绝缘，电偶腐蚀的效应依然存在。

③ 对于不允许接触的小零件，必须装配在一起时，还可以采用表面处理的方法，如对钢零件的"发蓝"处理、表面镀锌、对铝合金表面进行阳极氧化，这些表面膜在大气中电阻较大，可起减轻电偶腐蚀的作用。

活动 1 分析电偶腐蚀

1. 明确工作任务

(1) 解释铜锌原电池腐蚀机理。

(2) 不锈钢管法兰选用碳钢螺栓连接,合理吗?如不合理,请解释原因。

2. 组织分工

学生 2~3 人为一组,分工协作,完成工作任务。

序号	人员	职责
1		
2		
3		

活动 2 清洁教学现场

1. 物品、器具分类摆放整齐。
2. 清扫教学区域,保持工作场所干净、整洁。
3. 产生的废弃物品,统一回收到垃圾桶,不可随意丢弃。
4. 关闭水电气和门窗,最后离开教室的学生锁好门锁。

活动 3 撰写总结报告

回顾电偶腐蚀认知过程,每人写一份总结报告,内容包括学习心得、团队完成情况、个人参与情况、做得好的地方、尚需改进的地方等。

1. 学生以小组为单位,按照任务要求,进行自查、互评与总结。
2. 教师参照评分标准进行考核评价。
3. 师生总结评价,改进不足,将来在学习或工作中做得更好。

序号	考核项目	考核内容	配分	得分
1	技能训练	铜锌原电池机理解释准确	20	
		"不锈钢管法兰选用碳钢螺栓连接"解答正确	30	
		实训报告诚恳、体会深刻	15	
2	求知态度	求真求是、主动探索	5	
		执着专注、追求卓越	5	
3	安全意识	着装和个人防护用品穿戴正确	5	
		爱护工器具、机械设备,文明操作	5	
		如发生人为的操作安全事故、设备人为损坏、伤人等情况,安全意识不得分		
4	团结协作	分工明确、团队合作能力	3	
		沟通交流恰当,文明礼貌、尊重他人	2	
		自主参与程度、主动性	2	
5	现场整理	劳动主动性、积极性	3	
		保持现场环境整齐、清洁、有序	5	

子任务二 点蚀认知

学习目标

1. 知识目标

(1)掌握点蚀的特性与机理。
(2)掌握点蚀的影响因素与控制措施。

2. 能力目标

(1)能阐述点蚀机理。
(2)能列举常用的点蚀控制措施。

3. 素质目标

(1)通过信息收集、小组讨论、练习、考核等教学活动,培养学生追求卓越的工匠精神、主动探索的科学精神和团结协作的职业精神。
(2)通过对教学场地的整理、整顿、清扫、清洁,培养学生的劳动精神。

任务描述

点蚀是一种从金属表面向内部扩展形成空穴或蚀坑状的局部腐蚀形态。虽然点蚀的质量损失很小,却能导致设备腐蚀穿孔泄漏,突发灾害,是破坏性和隐患较大的腐蚀形态之一,是化工生产及海洋工程设施中经常遇到的问题。点蚀形貌是多种多样的，如图 3-1-15 所示。

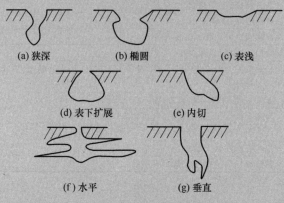

图 3-1-15　各种点蚀形状类型

作为机修车间的技术人员，要求小王掌握点蚀的特性与机理，并能采取正确的防腐措施。

一、点蚀特性与机理分析

1. 点蚀的特性

① 点蚀（又称孔蚀）是一种隐蔽性强、破坏性大的局部腐蚀形式。通常因点蚀造成的金属质量损失很小，但设备常常由于发生点蚀而出现穿孔破坏，造成介质泄漏，甚至导致重大危害性事故发生。

② 点蚀通常发生在易钝化金属或合金表面，并且腐蚀环境中往往有侵蚀性阴离子（最常见的是氯离子）和氧化剂同时存在。例如，由不锈钢或铝、钛及其合金制成的设备，在含有氯离子及其他一些特定离子的介质环境中，很容易产生点蚀破坏；碳钢在含氯离子的水中由于表面氧化皮或锈层存在孔隙，也会发生点蚀；另外，当金属材料表面镀上阴极性防护镀层时（如钢上镀铬、镍、锡和铜等），如果镀层上出现孔隙或其他缺陷而使基材露出，则大阴极（镀层）小阳极（孔隙处裸露的基体金属）腐蚀电池将导致基体金属上点蚀的发生。

③ 蚀孔有大有小，在多数情况下为小孔。一般说来，蚀孔表面直径尺寸等于或小于它的深度尺寸，只有几十微米。蚀孔的形状往往不规则，在金属表面的分布也往往不均匀。大多数蚀孔有腐蚀产物覆盖，但也有少量蚀孔无腐蚀产物覆盖而呈现开放式状态，如图 3-1-15 所示。

④ 点蚀孕育（或诱导）期长短不一，有的情况需要几个月，有的情况则达数年之久。有时因环境条件的改变，已生成的点蚀坑会停止长大，当环境条件进一步变化时，可能又会重新发展。

2. 点蚀机理

点蚀机理可分为两个阶段，即蚀孔成核（发生）和蚀孔生长（发展）。

(1) 蚀孔成核　虽然处于钝态的金属腐蚀速率比处于活态时小得多，但仍有一定的反应能力。钝化膜在不断溶解和修复。若整个表面膜的修复能力大于溶解能力，金属就不会发生严重腐蚀，也不会出现点蚀。当介质中含有活性阴离子（常见的如氯离子）时，平衡便受到破坏，溶解占了优势。其原因是氯离子能优先地有选择地吸附在钝化膜上，把氧原子排挤掉，然后和钝化膜中的阳离子结合成可溶性氯化物，结果在新露出基底金属的特定点上生成小蚀坑（孔径多数在 $20\sim30\mu m$），这些小蚀坑便称为点蚀核，亦可理解为蚀孔生成的活性中心。

从理论上讲，点蚀核可在钝化金属的光滑表面上任何地点形成，随机分布。但当钝化膜局部有缺陷（金属表面有伤痕、露头位错等），内部有硫化物夹杂，晶界上有碳化物沉积等时，点蚀核将在这些特定点上优先形成。

(2) 蚀孔长大　在大多数情况下，点蚀核将继续长大。当点蚀核长大至一定的临界尺寸时（一般孔径大于 $30\mu m$），金属表面出现宏观可见的蚀孔，蚀孔出现的特定点称为点蚀源。在外加阳极极化的条件下，介质中只要含有一定量氯离子便可能使蚀核发展为蚀孔。在自然腐蚀的条件下，含氯离子的介质中有溶解氧或阳离子氧化剂（如 $FeCl_3$）时，亦能促使蚀核长大成蚀孔。

蚀孔一旦生成，就会继续"深挖"发展，点蚀的发展过程可以通过不锈钢在含氯离子的介质中的腐蚀过程为例加以说明，如图 3-1-16 所示。

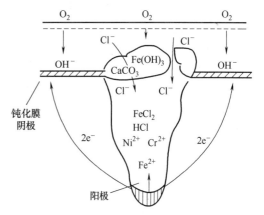

图 3-1-16　不锈钢在氯化钠溶液中点蚀的闭塞电池示意

蚀孔内的金属表面处于活态，电位较负，蚀孔外的金属表面处于钝态，电位较正，于是孔内和孔外构成一个活态和钝态微电偶腐蚀电池，电池具有大阴极和小阳极的面积比结构，阳极电流密度很大，蚀孔加深很快。孔外金属表面同时将受到阴极保护，可继续维持钝态。

蚀孔内主要发生阳极溶解，除反应 $Fe \longrightarrow Fe^{2+}+2e^-$ 之外，还有反应 $Cr \longrightarrow Cr^{3+}+3e^-$ 和 $Ni \longrightarrow Ni^{2+}+2e^-$ 等发生。若介质呈中性或弱碱性，孔外的主要反应为 $\frac{1}{2}O_2+H_2O+2e^- \longrightarrow 2OH^-$。

由图 3-1-16 可见，阴阳极彼此分离，二次腐蚀产物将在孔口形成，没有多大的保护作用。孔内介质相对于孔外介质呈滞流状态，溶解的金属阳离子不易往外扩散，溶解氧亦不易扩散进来。由于孔内金属阳离子浓度的增加，氯离子迁入以维持电中性。这样就使孔内形成金属氯化物（如 $FeCl_2$ 等）的浓溶液。这种浓溶液可使孔内金属表面继续维持活态。又由于氯化物水解的结果，孔内介质酸度增加。酸度的增加使阳极溶解速率加快，加上受介质重力的影响，蚀孔便进一步向深处发展。

随着腐蚀的进行，孔口介质的 pH 逐渐升高，水中的可溶性盐如 $Ca(HCO_3)_2$ 将转化为 $CaCO_3$ 沉淀。结果锈层与垢层一起在孔口沉积形成一个闭塞电池。闭塞电池形成后，孔内外物质交换更困难，使孔内金属氯化物将更加浓缩，氯化物的水解使介质酸度进一步增加（如不锈钢，孔内 Cl^- 浓度达 6~12mol/L，pH 接近于零），酸度的增加促使阳极溶解速率进一步加快，最终蚀孔的高速率深化可把金属断面蚀穿。这种由闭塞电池引起孔内酸化从而加速腐蚀的作用，称为"自催化酸化作用"。自催化作用可使电池电动势达几百毫伏至 1V，加上重力的控制方向作用构成了蚀孔具有深挖的动力。因此不难理解一台不锈钢设备一旦出现蚀孔，在短期内就可以穿孔的事实。

综上所述可以看出，特定阴离子的优先吸附、钝化膜的局部破裂提供了点蚀萌生的条件；大阴极小阳极电池、孔内外氧浓差电池、闭塞电池自催化酸化作用等构成了点蚀发展的推动力。

二、点蚀的影响因素与控制

1. 点蚀的影响因素

金属或合金的性质、表面状态、介质的性质、pH、温度和流速等都是影响点蚀的主要因素。具有自钝化特性的金属或合金对点蚀的敏感性较高，钝化能力越强则敏感性越高。点蚀的发生和介质中含有活性阴离子或氧化性阳离子有很大关系。

① 材料因素。金属本性与合金元素均对点蚀有影响。金属的本性对其点蚀敏感性有着重要的影响，通常具有自钝化特性的金属或合金对点蚀的敏感性较高。表 3-1-3 列出了几种常见金属在 25℃ 0.1mol/L 氯化钠水溶液中的点蚀电位。材料的点蚀电位越高，说明耐点蚀能力越强。从表 3-1-3 中可以看出，对点蚀最为敏感的是铝，抗点蚀能力最强的是钛。对于合金钢，抗点蚀能力随含铬量的增大而提高。

表 3-1-3 几种常见金属在 25℃ 0.1mol/L 氯化钠水溶液中的点蚀电位

金属	Al	Fe	Ni	Zr	Cr	Ti	Fe-Cr 12%Cr	Cr-Ni	Fe-Cr 30%Cr
φ_b/V	−0.45	0.23	0.28	0.46	1.0	1.2	0.20	0.26	0.62

② 介质因素。大多数的点蚀都是在含氯离子或氯化物介质中发生的。研究表明，在阳极极化条件下，介质中只要含有氯离子便可使金属发生点蚀。所以氯离子又称为点蚀的激发剂。随着介质中氯离子浓度的增加，点蚀电位下降，使点蚀容易发生，而且容易加速进行。在氯化物中，含有氧化性金属阳离子的氯化物如 $FeCl_3$、$CuCl_2$、$HgCl_2$ 等属于强烈的点蚀促进剂。

③ 溶液流速因素。介质处于静止状态，金属的点蚀速率比介质处于流动状态时的大。介质的流速对点蚀的减缓起双重作用。加大流速（但仍处于层流状态），一方面有利于溶解氧向金属表面的输送，使钝化膜容易形成，另一方面可以减少沉积物在金属表面沉积的机会，从而减少发生点蚀的机会。

一台不锈钢泵，经常运转则点蚀程度较轻，长期不使用则很快出现蚀孔，这可由下述试验得到证明。将 1Cr13 不锈钢试片置于 50℃、流速为 0.13m/s 的海水中，1 个月便穿孔；

当流速增加到 2.5m/s 时，13 个月后仍无蚀孔。但当把流速增加到出现湍流时，钝化膜经不起冲刷破坏，便会引起另一类型的腐蚀，即磨损或者空化腐蚀。

④ 金属的表面状态。金属的表面状态对点蚀亦有一定的影响，光滑的和清洁的表面不易发生点蚀，积有灰尘或各种金属的和非金属的杂物的表面，则容易引起点蚀。经冷加工的粗糙表面或加工后残留有焊流、焊渣飞溅等的表面，往往容易引起点蚀。

2. 点蚀的控制

① 合理选择耐蚀材料。钛及其合金在通常环境中具有优异的抗点蚀性能，在其他性能和经济条件许可的情况下应尽可能选用。对于不锈钢材料，适当增加抗点蚀有效的合金元素如 Cr、Mo、N 等，而降低 S 等有害杂质元素，可以显著提高其抗点蚀性能。对于铝合金，降低那些能生成沉淀相的金属元素（如 Fe、Cu 等），以减少局部阴极，或加入 Mn、Mg 等合金元素，能与 Si、Fe 等形成电位较负的活泼相，均能起到提高抗点蚀能力的效果。

② 降低环境的侵蚀性。降低环境中的卤素等侵蚀性阴离子浓度，尤其是避免其局部浓缩；避免氧化性阳离子；降低环境温度；使溶液处于一定速率的流动状态。对于循环体系添加合适的缓蚀剂是十分有效的方法，如对于不锈钢可以选硫酸盐、硝酸盐、钼酸盐、铬酸盐、磷酸盐等缓蚀剂。需要注意的是，铬酸盐、亚硝酸盐等阳极钝化型缓蚀剂用于控制点蚀时是危险型缓蚀剂，其用量应严格控制，或应与其他缓蚀剂复配。

③ 电化学保护。对于金属设备、装置采用电化学保护措施，将电位降低到保护电位以下，使设备金属材料处于稳定的钝化区或阴极保护电位区。

④ 表面处理。使用钝化处理和表面镀镍可以提高不锈钢的抗点蚀性能；包覆纯铝可以提高铝合金的抗点蚀性能；在金属表面注入铬、氮离子也能明显改善合金抗点蚀的能力；对于不锈钢应避免敏化热处理。

活动 1　分析点蚀

1. 明确工作任务

（1）解释输送 $CuCl_2$ 溶液的不锈钢离心泵的点蚀机理。

（2）列举点蚀的常见防护措施。

2. 组织分工

学生 2~3 人为一组，分工协作，完成工作任务。

序号	人员	职责
1		
2		
3		

活动2 清洁教学现场

1. 清扫教学区域,保持工作场所干净、整洁。
2. 产生的废弃物品,统一回收到垃圾桶,不可随意丢弃。
3. 关闭水电气和门窗,最后离开教室的学生锁好门锁。

活动3 撰写总结报告

回顾点蚀认知过程,每人写一份总结报告,内容包括心得体会、团队完成情况、个人参与情况、做得好的地方、尚需改进的地方等。

考核评价

1. 学生以小组为单位,按照任务要求,进行自查、互评与总结。
2. 教师参照评分标准进行考核评价。
3. 师生总结评价,改进不足,将来在学习或工作中做得更好。

序号	考核项目	考核内容	配分	得分
1	技能训练	不锈钢离心泵点蚀机理阐述准确	30	
		点蚀的常见防腐措施列举全面	20	
		实训报告诚恳、体会深刻	15	
2	求知态度	求真求是、主动探索	5	
		执着专注、追求卓越	5	
3	安全意识	着装和个人防护用品穿戴正确	5	
		爱护工器具、机械设备,文明操作	5	
		如发生人为的操作安全事故、设备人为损坏、伤人等情况,安全意识不得分		
4	团结协作	分工明确、团队合作能力	3	
		沟通交流恰当,文明礼貌、尊重他人	2	
		自主参与程度、主动性	2	
5	现场整理	劳动主动性、积极性	3	
		保持现场环境整齐、清洁、有序	5	

子任务三　缝隙腐蚀认知

学习目标

1. 知识目标

（1）掌握缝隙腐蚀的特性与机理。
（2）掌握缝隙腐蚀的影响因素与控制措施。

2. 能力目标

（1）能阐述缝隙腐蚀机理。
（2）能列举常用的缝隙腐蚀控制措施。

3. 素质目标

（1）通过信息收集、小组讨论、练习、考核等教学活动，培养学生追求卓越的工匠精神、主动探索的科学精神和团结协作的职业精神。
（2）通过对教学场地的整理、整顿、清扫、清洁，培养学生的劳动精神。

任务描述

化工设备常常是由许多零件或部件构成的，如法兰、接管、螺母、螺栓、垫片等，这些零部件接触面之间会留下或大或小的缝隙；泥沙、积垢、杂屑等沉积于金属表面也可能形成缝隙。金属部件在介质中，由于金属与金属或金属与非金属之间形成特别小的缝隙，使缝隙内介质处于滞留状态，引起缝内金属加速腐蚀，这种腐蚀称为缝隙腐蚀，如图 3-1-17 所示。

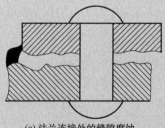
(a) 法兰连接处的缝隙腐蚀

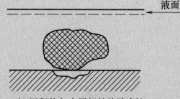
(b) 沉积物与金属间的缝隙腐蚀

图 3-1-17　缝隙腐蚀示意

作为机修车间的技术人员，要求小王掌握缝隙腐蚀的特性与机理，并能采取正确的防腐措施。

必备知识

一、缝隙腐蚀的特性与机理分析

1. 缝隙腐蚀的特性

能引起缝隙腐蚀的缝宽一般为 0.02～0.1mm，宽度大于 0.1mm 的缝隙内介质不会形成滞流，故不会产生缝隙腐蚀，缝若过窄，介质进不去，也不会形成缝隙腐蚀。

不论是同种或异种金属的接触还是金属同非金属（如塑料、橡胶、玻璃、陶瓷等）之间的接触，只要存在满足缝隙腐蚀的狭缝和腐蚀介质，都会发生缝隙腐蚀，其中以依赖钝化而耐蚀的金属材料更容易发生。几乎所有的腐蚀介质（包括淡水）都能引起金属的缝隙腐蚀，而含有氯离子的溶液通常是缝隙腐蚀最为敏感的介质。与点蚀相比，对同一种金属或合金而言，缝隙腐蚀更易发生。通常缝隙腐蚀的电位比点蚀电位低。

缝隙腐蚀存在孕育期，其长短因材料、缝隙结构和环境因素的不同而不同。缝隙腐蚀的缝口常常为腐蚀产物所覆盖。缝隙腐蚀的结果会导致部件强度的降低，配合的吻合程度变差。缝隙内腐蚀产物体积的增大会引起局部附加应力，不仅使装配困难，而且可能使构件的承载能力降低。

2. 缝隙腐蚀的机理

目前普遍为大家所接受的缝隙腐蚀机理是氧浓差电池和闭塞电池自催化效应共同作用的结果。

在含氯离子水中的腐蚀，刚开始时，氧去极化腐蚀在缝内外均匀进行。因滞流关系，氧只能以扩散方式向缝内迁移，使缝内的氧消耗后难以得到补充，氧的还原反应很快便终止。而缝隙外的氧可以连续得到补充，于是缝内金属表面和缝外金属表面之间组成了氧浓差电池，缝内电位低的是阳极，缝外电位高的是阴极，这个电池具有大阴极小阳极的面积比，结果缝内金属发生强烈溶解。在缝口处腐蚀产物逐步沉积，使缝隙发展为闭塞电池。

缝内 Fe^{2+} 不断增多，缝外 Cl^- 在电场力作用下移向缝内（图 3-1-18），它与 Fe^{2+} 生成的 $FeCl_2$ 的水解

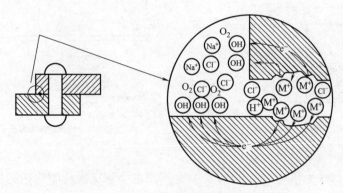

图 3-1-18 缝隙腐蚀示意

$$FeCl_2 + 2H_2O \longrightarrow Fe(OH)_2 \downarrow + 2HCl$$

及 Fe^{2+} 的水解

$$3Fe^{2+} + 4H_2O \longrightarrow Fe_3O_4 \downarrow + 8H^+ + 2e^-$$

使缝内酸度增加。与点蚀的自催化扩展过程相似，会加速腐蚀。

在无氯离子情况下，如上所述的氧的浓差电池和缝隙内铁离子的水解会使缝内碳钢加速腐蚀。

二、缝隙腐蚀的影响因素与控制

1. 影响缝隙腐蚀的因素

① 缝隙的几何因素。缝隙的几何形状、宽度和深度，以及缝隙内、外面积比等决定着缝内、外腐蚀介质及产物交换或转移的难易程度、电位的分布和宏观电池性能的有效性等。

图 3-1-19 所示为不锈钢在 0.5mol/L 氯化钠水溶液中缝隙腐蚀宽度与腐蚀深度和腐蚀速率的关系。图中曲线 1 代表总腐蚀速率，曲线 2 代表腐蚀深度。可以看出，缝隙宽度增大，腐蚀深度降低，但在缝隙宽度为 0.10～0.12mm 时，腐蚀深度最大，即此时缝隙腐蚀的敏感性最高。缝隙的宽度和深度是影响闭塞电池效应的主要因素。缝外面积/缝内面积增大，促进大阴极小阳极效应，因此增大缝隙腐蚀的倾向。

② 环境因素。影响缝隙腐蚀的环境因素包括溶液中的溶解氧量，电解质溶液的流速、温度、pH 和氯离子浓度等。通常随溶液中 pH 的降低，氯离子浓度和氧浓度增大，缝隙腐蚀加重。溴离子、碘离子等卤素离子也会引起缝隙腐蚀，但其作用均不及氯离子的作用强。流速增大，缝外溶液的溶解氧量增加，使缝隙腐蚀增大。但是，当由沉积物引起缝隙腐蚀时，情况则不同，流速增大，沉积物的形成难度增加，因此，使缝隙腐蚀的倾向降低。通常温度升高，缝隙腐蚀加速；但对于开放系统，当温度高于 80℃ 时，溶液中的溶解氧量明显降低，结果会导致缝隙腐蚀速率下降。

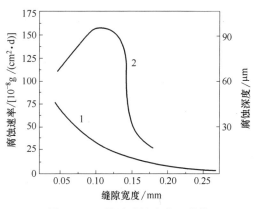

图 3-1-19 缝隙腐蚀宽度、腐蚀深度和腐蚀速率的关系
1—总腐蚀速率；2—腐蚀深度

③ 材料因素。合金成分对缝隙腐蚀有重要影响，对于不锈钢材料，Cr、Ni、Mo、Cu、Si、N 等元素对提高其抗缝隙腐蚀是有效的，而 Ru 和 Pd 则是有害元素。

2. 缝隙腐蚀的控制

根据缝隙腐蚀产生的条件、机理及其影响因素，常采用如下措施来控制缝隙腐蚀。

① 合理设计。在设计和制造工艺上应尽可能避免造成缝隙结构。例如尽量用焊接取代铆接或螺栓连接，采用连续焊取代点焊，并且在接触腐蚀介质的一侧避免孔洞和缝隙。设计容器时，应保证容器在排空时无残留溶液存在。连接部件的法兰盘垫圈要采用非吸水性材料（如聚四氟乙烯等）。

② 合理选择耐蚀性材料。选择合适的耐缝隙腐蚀材料是控制缝隙腐蚀的有效方法之一。例如，含 Cr、Mo、Ni、N 量较高的不锈钢和镍基合金，钛及钛合金，某些铜合金等具有较好的抗缝隙腐蚀性能。

③ 采取电化学保护措施。例如，对不锈钢等钝化性金属材料，将其电位降低到保护电位以下，而高于 Flade 电位（活化态时的电位）区间，这样既保证不产生点蚀，也不致引起缝隙腐蚀。

此外，采用缓蚀剂控制缝隙腐蚀时要谨慎，通常需要采用高浓度的缓蚀剂才能有效，因为缓蚀剂进入缝隙时常受阻，其消耗量较大。若缓蚀剂用量不当，很可能会加速腐蚀。

活动 1　分析缝隙腐蚀

1. 明确工作任务

（1）管壳式热交换器在管子与管板连接中有着难以避免的缝隙（尤其在管板壳程的一侧更是如此），解释此处最有可能的腐蚀类型，并阐述其腐蚀机理。

（2）列举缝隙腐蚀的常见防腐措施。

2. 组织分工

学生 2~3 人为一组，分工协作，完成工作任务。

序号	人员	职责
1		
2		
3		

活动 2　清洁教学现场

1. 清扫教学区域，保持工作场所干净、整洁。
2. 产生的废弃物品，统一回收到垃圾桶，不可随意丢弃。
3. 关闭水电气和门窗，最后离开教室的学生锁好门锁。

活动 3　撰写总结报告

回顾缝隙腐蚀认知过程，每人写一份总结报告，内容包括学习心得、团队完成情况、个人参与情况、做得好的地方、尚需改进的地方等。

1. 学生以小组为单位，按照任务要求，进行自查、互评与总结。
2. 教师参照评分标准进行考核评价。
3. 师生总结评价，改进不足，将来在学习或工作中做得更好。

序号	考核项目	考核内容	配分	得分
1	技能训练	缝隙腐蚀机理阐述准确	30	
		缝隙腐蚀常见防腐措施列举全面	20	
		实训报告诚恳、体会深刻	15	
2	求知态度	求真求是、主动探索	5	
		执着专注、追求卓越	5	
3	安全意识	着装和个人防护用品穿戴正确	5	
		爱护工器具、机械设备，文明操作	5	
		如发生人为的操作安全事故、设备人为损坏、伤人等情况，安全意识不得分		
4	团结协作	分工明确、团队合作能力	3	
		沟通交流恰当，文明礼貌、尊重他人	2	
		自主参与程度、主动性	2	
5	现场整理	劳动主动性、积极性	3	
		保持现场环境整齐、清洁、有序	5	

子任务四　应力腐蚀开裂认知

学习目标

 1. 知识目标

（1）掌握应力腐蚀开裂的特性与机理。
（2）掌握应力腐蚀开裂的影响因素与控制措施。

 2. 能力目标

（1）能阐述应力腐蚀开裂机理。
（2）能列举常用的应力腐蚀开裂控制措施。

3. 素质目标

（1）通过信息收集、小组讨论、练习、考核等教学活动，培养学生追求卓越的工匠精神、主动探索的科学精神和团结协作的职业精神。

（2）通过对教学场地的整理、整顿、清扫、清洁，培养学生的劳动精神。

任务描述

应力腐蚀开裂（SCC）是指受拉伸应力作用的金属材料在某些特定介质中，由于腐蚀介质与应力的协同作用而发生的脆性断裂现象。应力腐蚀波及范围很广，各种石油、化工等管路设备、建筑物、储罐都受到应力腐蚀开裂的威胁。由于应力腐蚀开裂事先常常没有明显征兆，所以往往会造成灾难性后果。

作为机修车间的技术人员，要求小王掌握应力腐蚀开裂的特性与机理，并能采取正确的防腐措施。

一、应力腐蚀开裂条件与特性分析

1. 应力腐蚀开裂的条件

一般认为发生应力腐蚀开裂需要同时满足 3 个方面的条件：拉伸应力、敏感材料和特定介质。

① 引起应力腐蚀开裂的往往是拉应力。这种拉应力的来源可以是：工作状态下构件所承受外加载荷形成的拉应力；加工、制造、热处理引起的内应力；装配、安装形成的内应力；温差引起的热应力；裂纹内因腐蚀产物的体积效应造成的楔入作用。

② 每种合金的应力腐蚀开裂只对某些特殊介质敏感。一般认为纯金属不易发生应力腐蚀开裂，合金比纯金属更易发生应力腐蚀开裂。表 3-1-4 列出了各种合金对应力腐蚀开裂的环境介质体系。

表 3-1-4 不同合金对应力腐蚀开裂的环境介质体系

合金	腐蚀介质
碳钢和低合金钢	碱性溶液,酸性溶液,海水,工业大气,三氯化铁溶液,湿的 CO-CO_2,空气
高强度钢	蒸馏水,湿大气,氯化物溶液,硫化氢
奥氏体不锈钢	高温碱液,高温高压含氧纯水,氯化物水溶液,海水,浓缩锅炉水,水蒸气($260℃$),湿润空气(湿度 90%),硫化氢水溶液,$NaCl$-H_2O_2 水溶液

续表

合金	腐蚀介质
铜合金	氨蒸气,氨溶液,汞盐溶液,含 SO_2 的大气,三氯化铁,硝酸溶液
钛合金	发烟硝酸,海水,盐酸,含 Cl^-、Br^-、I^- 的水溶液,甲醇,三氯乙烯,CCl_4,氟利昂
铝合金	NaCl 水溶液,海水,水蒸气,含二氧化硫的大气,含 Br^-、I^- 的水溶液,汞

③ 介质中的有害物质浓度往往很低,如大气中微量的 H_2S 和 NH_3 可分别引起钢和铜合金的应力腐蚀开裂,H_2S 引起高强度钢的开裂称为氢脆;空气中少量的 NH_3 能引起黄铜的氨脆。此外,氯离子能引起奥氏体不锈钢的应力腐蚀开裂,称为氯脆。低碳钢在硝酸盐溶液中可以发生硝脆。碳钢在强碱溶液中的碱脆等。这些都是给定材料和特定环境介质结合后发生的破坏。氯离子能引起不锈钢的应力腐蚀开裂,而硝酸根离子对不锈钢则不起作用,反之,硝酸根离子能引起低碳钢的应力腐蚀开裂,而氯离子对低碳钢则不起作用。

2. 应力腐蚀开裂的特征

应力腐蚀开裂是一种典型的滞后破坏,即材料在应力和环境介质共同作用下经过一段时间后,才萌生裂纹。当裂纹扩展到临界尺寸时,裂纹尖端的应力强度达到材料的断裂韧性,继而发生失稳断裂。应力腐蚀开裂过程分为 3 个阶段:裂纹萌生、裂纹扩展、失稳断裂。

① 裂纹萌生。裂纹源多在保护膜破裂处,而膜的破裂可能与金属受力时应力集中与应变集中有关。此外,点蚀、缝隙腐蚀和晶间腐蚀的区域也往往是应力腐蚀开裂裂纹的萌生处。萌生期少则几天,多则长达几年、几十年,主要取决于环境特征与应力大小。

② 裂纹扩展。应力腐蚀开裂裂纹的扩展速率 da/dt 与裂纹尖端的应力强度因子 K_I 的关系如图 3-1-20 所示。裂纹扩展包括 3 个阶段,在第一阶段 da/dt 随 K_I 增加而急剧增大。

当 K_I 达到临界应力强度因子 K_{ISCC} 以上时,应力腐蚀开裂裂纹不再扩展,K_{ISCC} 可作为评定材料应力腐蚀开裂倾向的指标之一。在第二阶段,裂纹扩展与应力

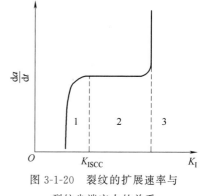

图 3-1-20 裂纹的扩展速率与裂纹尖端应力的关系

强度因子 K_I 大小无关,主要受介质控制。第三阶段为失稳断裂,完全由力学因素 K_I 控制,da/dt 随 K_I 增大而迅速增加直至断裂。

③ 失稳断裂。当裂纹扩展达到临界尺寸时,裂纹失稳迅速,导致纯机械断裂。

二、应力腐蚀开裂机理分析

应力腐蚀开裂机理可以分为两大类,即阳极溶解机理和氢致开裂机理。一般认为,黄铜的氨脆和奥氏体不锈钢的氯脆属于阳极溶解型;H_2S 引起高强度钢的开裂属于氢致开裂型。阳极溶解机理包括活性通道理论、快速溶解理论、膜破裂理论和闭塞电池理论。

① 活性通道理论。活性通道理论认为,在金属或合金中有一条易于腐蚀的连续通道,沿着这条活性通道,优先发生阳极溶解。活性通道可以是晶界、亚晶界或由于塑性变形引起的阳极区等。电化学腐蚀就沿着这条通道进行,形成很窄的裂缝裂纹,而外加应力使裂纹尖端发生应力集中,引起表面膜破裂,裸露的金属成为新的阳极,而裂纹两侧仍有保护膜为阴

极,电解质靠毛细管作用渗入裂纹尖端,使其在高电流密度下加速裂尖阳极溶解。该理论强调了在拉应力作用下保护膜的破裂与电化学活化溶解的联合作用。

② 快速溶解理论。快速溶解理论认为,在金属或合金表面的点蚀坑、沟等缺陷,由于应力集中形成裂纹。裂纹一旦形成,其尖端的应力集中很大,足以使其裂纹尖端发生塑性变形,塑性导致了裂纹尖端具有很大的溶解速率(图3-1-21)。这种理论适用于自钝化金属,由于裂纹两侧存在钝化膜,更显示出了裂纹尖端的快速溶解,随着裂纹向前发展,裂纹两侧的金属重新发生钝化(再钝化),当裂纹中钝化膜的破裂和再钝化过程处于某种同步条件下时裂纹向前发展。

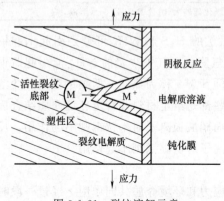

图 3-1-21 裂纹溶解示意

③ 膜破裂理论。膜破裂理论认为金属表面有一层保护膜[吸附膜、氧化膜、腐蚀产物膜,如图3-1-22(a)所示,图中的P指图中的虚线部分],在应力作用下,保护膜发生破裂[图3-1-22(b)],局部暴露出活性裸金属,发生阳极溶解,形成裂纹[图3-1-22(c)]。同时外部保护膜得到修补,对于自钝化金属裂纹两侧金属发生再钝化[图3-1-22(d)],这种再钝化一方面使裂纹扩展减慢,一方面阻止裂纹向横向发展,只有在应力作用下才能向前发展。

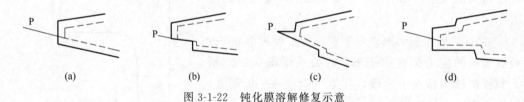

图 3-1-22 钝化膜溶解修复示意

④ 闭塞电池理论。闭塞电池理论是在活性通道理论的基础上发展起来的。腐蚀预先沿着这些活性通道进行,应力的作用在于将裂纹拉开,而后形成腐蚀产物堵塞裂纹,出现闭塞电池。在闭塞区内,金属发生水解,使pH下降,甚至可能产生氢气,外部氢扩散到金属内部引起脆化。闭塞电池起了一个自催化腐蚀作用,在拉应力的作用下使裂纹不断扩展直至断裂。

三、应力腐蚀开裂的影响因素与控制

1. 影响应力腐蚀开裂的因素

影响应力腐蚀开裂的因素主要包括环境、电化学、力学、冶金等方面,这些因素与应力腐蚀的关系较为复杂,如图3-1-23所示。奥氏体不锈钢在氯化物中的应力腐蚀开裂就是典型的例子。氯化物遇水生成酸性的氯化氢均可能引起应力腐蚀开裂,其影响程度为 $MgCl_2 > FeCl_3 > CaCl_2 > LiCl > NaCl$。奥氏体不锈钢的应力腐蚀开裂多发生在50~300℃范围内,氯化物的浓度上升,应力腐蚀开裂的敏感性增大。溶液的pH越低,奥氏体不锈钢发生应力腐蚀开裂的时间越短。阳极极化使断裂的时间缩短,阴极极化可以抑制应力腐蚀开裂。

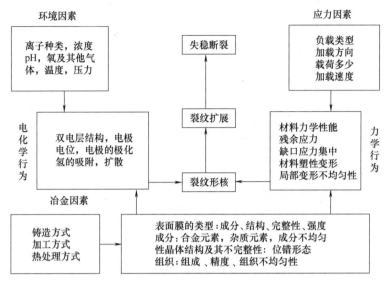

图 3-1-23 应力腐蚀开裂的影响因素及其关系

2. 应力腐蚀开裂的控制

防止应力腐蚀开裂可从环境介质、应力、材料3个方面入手。

① 改进结构设计：降低和消除应力。应力腐蚀开裂常发生在应力集中处，在结构设计时应减少应力集中。

② 涂层保护：主要是有机高分子涂层，如环氧树脂涂层、有机硅涂层，从而使金属表面和环境隔离开，避免产生应力腐蚀。

③ 合理选材和改善材质：选材应避免金属或合金在易发生应力腐蚀的环境中使用。减少材料中的杂质，提高纯度对减少应力腐蚀开裂也有好处。

④ 改善介质环境：控制和降低有害的成分，在腐蚀介质中加入缓蚀剂，促进成膜，阻止氢或者有害物质的吸附，改变环境的敏感性质。

⑤ 电化学保护：由于应力腐蚀开裂发生在活化-钝化和钝化-过钝化两个敏感电位区间，因此可以通过控制电位进行阴极保护或阳极保护防止应力腐蚀开裂。

活动1 分析应力腐蚀开裂

1. 明确工作任务

（1）阐述奥氏体不锈钢的氯脆机理。

（2）列举应力腐蚀开裂的常见防腐措施。

2. 组织分工

学生2~3人为一组，分工协作，完成工作任务。

序号	人员	职责
1		
2		
3		

活动 2　清洁教学现场

1. 清扫教学区域，保持工作场所干净、整洁。
2. 产生的废弃物品，统一回收到垃圾桶，不可随意丢弃。
3. 关闭水电气和门窗，最后离开教室的学生锁好门锁。

活动 3　撰写总结报告

回顾应力腐蚀开裂认知过程，每人写一份总结报告，内容包括心得体会、团队完成情况、个人参与情况、做得好的地方、尚需改进的地方等。

1. 学生以小组为单位，按照任务要求，进行自查、互评与总结。
2. 教师参照评分标准进行考核评价。
3. 师生总结评价，改进不足，将来在学习或工作中做得更好。

序号	考核项目	考核内容	配分	得分
1	技能训练	奥氏体不锈钢的氯脆机理阐述全面	30	
		应力腐蚀开裂的常见防腐措施合理	20	
		实训报告诚恳、体会深刻	15	
2	求知态度	求真求是、主动探索	5	
		执着专注、追求卓越	5	
3	安全意识	着装和个人防护用品穿戴正确	5	
		爱护工器具、机械设备，文明操作	5	
		如发生人为的操作安全事故、设备人为损坏、伤人等情况，安全意识不得分		
4	团结协作	分工明确、团队合作能力	3	
		沟通交流恰当，文明礼貌、尊重他人	2	
		自主参与程度、主动性	2	
5	现场整理	劳动主动性、积极性	3	
		保持现场环境整齐、清洁、有序	5	

子任务五 晶间腐蚀认知

学习目标

1. 知识目标

（1）掌握晶间腐蚀的特性与机理。
（2）掌握晶间腐蚀的影响因素与控制措施。

2. 能力目标

（1）能阐述晶间腐蚀的机理。
（2）能列举常用的晶间腐蚀控制措施。

3. 素质目标

（1）通过信息收集、小组讨论、练习、考核等教学活动，培养学生追求卓越的工匠精神、主动探索的科学精神和团结协作的职业精神。
（2）通过对教学场地的整理、整顿、清扫、清洁，培养学生的劳动精神。

任务描述

晶间腐蚀是金属在特定的腐蚀介质中，沿着材料的晶界出现腐蚀，使晶粒之间丧失结合力的一种局部破坏现象。奥氏体不锈钢是产量最多、应用最广的不锈钢，晶间腐蚀是其常见的腐蚀形态。晶间腐蚀降低了化工设备承压能力，造成了安全隐患。

作为机修车间的技术人员，要求小王掌握晶间腐蚀破裂的特性与机理，并能采取正确的防腐措施。

一、晶间腐蚀特性与机理分析

1. 晶间腐蚀的特性

腐蚀沿着晶界向内部发展，使晶粒间的结合力大大丧失，以致材料的强度几乎完全消失。

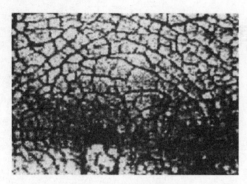

图 3-1-24 晶间腐蚀

发生晶间腐蚀的构件，表面腐蚀得很轻微，而内部因腐蚀已形成了沿晶界的网络状裂纹（图3-1-24），使金属的强度大大下降，轻轻敲击便破碎，如果该构件承担受力的作用，将会造成灾难性破坏事故。

大多数金属在特定的环境中都具有晶间腐蚀的倾向。不锈钢、镍基合金、铝合金、镁合金等都是晶间腐蚀敏感性高的材料。研究表明，金属产生晶间腐蚀的内在原因是晶界的物理化学状态与晶内金属的不同，致使晶界及晶内的电极电位、电化学反应程度不同，从而引起了晶界的加速腐蚀。而晶界与晶内的物理化学状态的不同是由于在晶间及其附近析出了碳化物、氮化物或其他相，或者由于杂质、合金元素在晶界的偏聚，导致晶间区成为阳极，晶粒区成为阴极。

热处理温度控制不当、在受热情况下使用或焊接过程都会引起晶间腐蚀。在有拉应力的情况下，晶间腐蚀又可诱发晶间应力腐蚀。晶间腐蚀有时会作为应力腐蚀的先导，所以晶间腐蚀也是常见且危害性大的腐蚀形态之一。

2. 晶间腐蚀的机理

解释晶间腐蚀的理论模型很多，各种模型均认为晶界区存在局部微观阳极。贫化理论是被最早提出的，在实践中已得到了证实，因此目前被广泛接受的理论。对于不锈钢来说，是贫铬；对于镍钼合金，是贫钼；对于铝铜合金，则是贫铜。下面以奥氏体不锈钢为例，介绍晶间腐蚀的贫化理论。

奥氏体不锈钢在氧化性或弱氧化性介质中产生晶间腐蚀，多数是由于热处理不当而造成的。奥氏体不锈钢在 450～850℃（此区间常称为敏化温度）短时间加热，使得晶间产生了腐蚀倾向，这在热处理上称为敏化处理。这是因为碳在奥氏体不锈钢中的溶解度与温度有很大影响。奥氏体不锈钢在 450～850℃ 的温度范围内（敏化温度区域）时，会有高铬碳化物（$Cr_{23}C_6$）析出，降低了晶界区的铬含量，当铬含量降至耐腐蚀性界限（11%）之下时，形成了晶界贫铬区，如图 3-1-25 所示。晶粒与晶界及其附近区域构成大阴极（钝化）小阳极（活化）的微电池，从而加速了晶界区的腐蚀，严重时材料能变成粉末。晶界及其附近贫铬已经被多数实验数据证实，有人对贫铬区域的大小进行了测量，

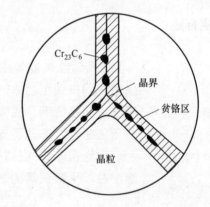

图 3-1-25 不锈钢敏化态晶界析出示意

例如对于 18-8 不锈钢，经 650℃ 敏化处理，贫铬区宽度约为 150～200nm。奥氏体不锈钢焊接时，靠近焊缝处均有被加热到敏化处理温度的区域，因此焊接结构都有受晶间腐蚀而发生破坏的可能。

二、晶间腐蚀影响因素与控制

1. 晶间腐蚀的影响因素

① 材料成分和组织的影响。合金成分是影响晶间腐蚀的重要因素。以不锈钢为例，无

论是奥氏体不锈钢还是铁素体不锈钢，晶间腐蚀的倾向均随碳含量的增加而增大，其原因是，碳含量越高，晶间沉淀的碳化物越多，晶间贫铬程度越严重。Cr 和 Mo 含量增大，可降低碳的活度，从而降低不锈钢的晶间腐蚀倾向。不锈钢中加入与 C 亲和力强的 Ti 和 Nb，能够优先于 Cr 与 C 结合成碳化物 TiC 和 NbC，从而减少奥氏体中的固溶碳量，使钢在敏化温度加热时避免铬的碳化物在晶界沉淀，从而降低产生晶间腐蚀的倾向。材料组织对晶间腐蚀同样有重要影响，如奥氏体不锈钢中含 δ 铁素体的质量分数为 0.05～0.1 时，可减轻晶间腐蚀倾向，其原因是降低了奥氏体晶界的碳化铬析出量。粗晶较细晶组织的晶间腐蚀倾向大，原因是粗晶晶界部位的碳化物密度比细晶大。

② 热处理因素的影响。从晶间腐蚀的机理看，晶间腐蚀的敏感性与合金材料的热处理（加热温度、加热时间、温度变化速率）有直接的关系。热处理过程影响晶间碳化物的沉淀，进而影响晶间腐蚀的倾向性。不过晶界沉淀的开始并不意味着晶间腐蚀敏感性的开始，而是存在图 3-1-26 所示的关系。

高温敏化，虽然已开始晶界沉淀，但晶界铬的碳化物是孤立的颗粒，晶间腐蚀趋势较小，甚至没有晶间腐蚀；低温敏化，晶间的碳化铬在晶界面上形成连续的片状，晶间腐蚀趋势增大，温度低到一定程度时，开始晶界沉淀与开始有晶间腐蚀的曲线趋于一致。

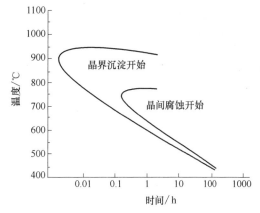

图 3-1-26　不锈钢晶间沉淀与晶间腐蚀的关系

③ 环境因素的影响。由于晶间腐蚀是晶界区或晶界沉淀相选择性腐蚀的结果，因此，凡是能促使晶粒表面钝化，同时又使晶界表面活化的介质，或者可使晶界处的沉淀相发生严重的阳极溶解的介质，均为诱发晶间腐蚀的介质。例如不仅强氧化性的浓硝酸溶液能引起铬镍不锈钢的晶间腐蚀，而且稀硫酸、甚至海水也能引起晶间腐蚀。工业大气、海洋大气或海水则可引起铜铝合金的晶间腐蚀。那些可使晶粒、晶界都处于钝化状态或活化状态的介质，因为晶粒与晶界的腐蚀速率无太大差异，不会导致晶间腐蚀的发生。温度等因素的影响主要是通过晶粒、晶界或沉淀相的极化行为的差异来显示的。

2. 晶间腐蚀的控制

① 降低钢中的碳含量，即将钢中的碳含量降低到固溶度以下，使碳化物无法析出，或者只有微量的碳化物析出，不足以引起晶间腐蚀破坏的危险。

② 加入合金元素，即为了避免碳化铬在晶界处析出，可在钢中加入一些能形成稳定碳化物的元素，最常用的是钛和铌；另外，由于硼原子受尺寸因素的影响，通常会在晶界上偏析，因此可抑制碳化铬在晶界的析出，从而可减轻发生晶间腐蚀的倾向。

③ 通过一些工艺措施来控制碳化铬析出的部位和数量，来改善晶间腐蚀趋势。如进行冷加工使碳化物在孪晶界上析出，或者通过细化不锈钢的晶粒降低碳化物在晶界上的平均析出量。

④ 通过调整不锈钢的化学成分，使钢中含有 5%～10% 的 δ 铁素体，也可降低晶间腐蚀倾向。

⑤ 通过固溶处理使在晶界上析出的碳化铬重新溶解,并在固溶处理后直接水冷,从而消除因敏化而造成的晶间腐蚀倾向。

活动1　分析晶间腐蚀

1. 明确工作任务

(1) 阐述奥氏体不锈钢的贫铬机理。

(2) 列举晶间腐蚀的常见防腐措施。

2. 组织分工

学生2~3人为一组,分工协作,完成工作任务。

序号	人员	职责
1		
2		
3		

活动2　清洁教学现场

1. 清扫教学区域,保持工作场所干净、整洁。

2. 产生的废弃物品,统一回收到垃圾桶,不可随意丢弃。

3. 关闭水电气和门窗,最后离开教室的学生锁好门锁。

活动3　撰写总结报告

回顾晶间腐蚀认知过程,每人写一份总结报告,内容包括心得体会、团队完成情况、个人参与情况、做得好的地方、尚需改进的地方等。

1. 学生以小组为单位,按照任务要求,进行自查、互评与总结。

2. 教师参照评分标准进行考核评价。

3. 师生总结评价,改进不足,将来在学习或工作中做得更好。

序号	考核项目	考核内容	配分	得分
1	技能训练	奥氏体不锈钢的贫铬机理阐述全面	30	
		晶间腐蚀的常见防腐措施合理	20	
		实训报告诚恳、体会深刻	15	
2	求知态度	求真求是、主动探索	5	
		执着专注、追求卓越	5	
3	安全意识	着装和个人防护用品穿戴正确	5	
		爱护工器具、机械设备,文明操作	5	
		如发生人为的操作安全事故、设备人为损坏、伤人等情况,安全意识不得分		
4	团结协作	分工明确、团队合作能力	3	
		沟通交流恰当,文明礼貌、尊重他人	2	
		自主参与程度、主动性	2	
5	现场整理	劳动主动性、积极性	3	
		保持现场环境整齐、清洁、有序	5	

任务二
熟知常见防腐技术

子任务一　学习表面清理

学习目标

1. 知识目标

（1）掌握零件的常用机械清理技术。
（2）掌握零件表面的化学、电化学清理技术。

2. 能力目标

（1）能选用除锈工具进行零件表面除锈。
（2）能对机器零件进行化学除油。

3. 素质目标

（1）通过规范学生的着装、工具使用、文明操作等，培养学生的安全意识。
（2）通过信息收集、小组讨论、练习、考核等教学活动，培养学生追求卓越的工匠精神、主动探索的科学精神和团结协作的职业精神。
（3）通过对教学场地的整理、整顿、清扫、清洁，培养学生的劳动精神。

任务描述

不论采用金属的还是非金属的覆盖层，也不论被保护的表面是金属还是非金属，在施工前均应进行表面清理，以保证覆盖层与基底金属的良好结合力。表面清理包括采用机械或化学、电化学方法清理金属表面的氧化皮、锈蚀、油污、灰尘等污染物，也包括防腐施工前的水泥混凝土设备的表面清理。

作为机修车间技术人员，要求小王掌握常用的表面清理技术。

一、机械清理

机械清理是广泛采用的较为有效的表面清理技术，一般可分为两种方式。一种方式是由机械力或风力带动各种工具敲打、打磨金属表面来达到除锈的目的。另一种方式是用压缩空气带动固体磨料直接喷射到金属表面，用冲击力和摩擦方式来达到除锈的目的。

1. 手工除锈

手工除锈是用钢丝刷、锤、铲等工具除锈。为了减轻劳动强度、提高效率，发展了多种风动、电动的除锈工具，在大型的比较平坦的金属表面，还可采用遥控式自动除锈机。手动钢丝刷见图 3-2-1，电动钢丝刷见图 3-2-2。

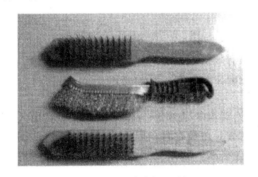
图 3-2-1　手动钢丝刷

图 3-2-2　电动钢丝刷

手工除锈方法劳动强度大、效率低，除锈效果适用于覆盖层对金属表面要求不太高时，或其他方法不方便应用时的场合。

2. 气动除锈

对于局部破坏的搪玻璃设备，现场修复时对表面要求非常高，不但锈要除得干净，还要有很好的粗糙度，气动除锈器即可满足上述要求。气动除锈器的除锈头为一錾子，錾子有直头和弯头两种，所用的气压为 0.4～0.6MPa，现场用氧气瓶即可满足动力要求，振动频率为 70Hz，装置重 1.9kg，小巧灵活，便于携带。气动除锈工具见图 3-2-3。

3. 喷射除锈

喷射除锈是以压缩空气为动力，带动磨料通过专用的喷嘴，高速喷射到金属表面，靠冲

(a) 直头气动除锈器　　　　　　　(b) 弯头气动除锈器

图 3-2-3　气动除锈工具

击与摩擦力除去锈层和污物。喷射除锈所用的磨料有激冷铁砂、铸钢碎砂、铜矿砂、铁丸或钢丸、金刚砂、硅质河砂、石英砂等，因为多数磨料都叫砂，所以也习惯把这种除锈方法称为喷砂除锈。

喷砂装置由空气压缩机、喷砂罐、喷嘴等组成。移动式的喷砂设备还便于现场施工。吸入式喷砂不需砂罐，砂粒被压缩空气的气流在喷嘴处吸入，然后由喷嘴喷出，但效率较低。喷砂机见图 3-2-4，各种硬质合金喷砂枪见图 3-2-5。

图 3-2-4　喷砂机　　　　　　　图 3-2-5　各种硬质合金喷砂枪

喷砂除锈中最大的问题是粉尘问题，必须采取有效措施以保护操作人员的身体健康。除操作人员自身防护外，还可以采用下列方法以避免硅尘的危害。

① 采用铁丸代替石英砂，可避免硅尘。

② 采用湿法喷砂，即将砂与水在罐中混合，然后像干法喷砂一样操作。水中要加入一定量的亚硝酸钠，以防止钢铁生锈。但是由于亚硝酸对环境有害，因此这种方法在有些场合不适用，并且大量的水和湿砂都要处理，冬天还会结冰，所以受到一定限制，化工厂用得不多。

③ 采用密闭喷砂，即将喷砂的地点密闭起来，操作人员不与粉尘接触，这是一种较为有效的劳动保护方法，但对大型设备不适用。

喷砂后应用压缩空气将金属表面的灰尘吹净，并在规定的时间内涂上底漆或采用其他措施防止再生锈。在潮湿的天气，喷砂后要在 2h 内涂上底漆。喷砂除锈法不仅清理迅速、干净，并且还使金属表面产生一定的粗糙度，使覆盖层与基底金属能更好地结合，是目前广为采用的表面清理方法。

除上述 3 种常用的机械清理方法外，还有抛丸清理法、高压水除锈、抛光、滚光、火焰清理等方法，可根据具体情况选用。

二、化学、电化学清理

1. 化学除油

沾在金属表面的油污，影响表面覆盖层与基底金属的结合力，因此，不论是金属的还是非金属的覆盖层,施工前均要除油。尤其是电镀,微小的油污都会严重影响到镀层的质量。对于酸洗除锈的工件,如有油污,酸洗前也应除油。

化学除油方法有多种,最简单的是用有机溶剂清洗,常用的溶剂有汽油、煤油、三氯乙烯、四氯化碳、酒精等。其中以汽油用得较多。清理时可将工件浸在溶剂中,或用干净的棉、纱(布)浸透溶剂后擦洗。由于溶剂多数对人体有害,所以应注意安全。

除用溶剂清洗外,还可用碱液清洗。一般用氢氧化钠及其他化学药剂配成溶液,在加热的条件下进行除油处理。

对于小批量的电镀工件,油污不很严重时可用合成洗涤剂清洗。

2. 电化学除油

电化学除油法是将金属置于一定配方的碱溶液中作为阴极(阴极除油法)或阳极(阳极除油法),配以相应的辅助电极,通一段时间的直流电,以除去油污。电化学除油效果好,速度快,主要用于一些对表面处理有较高要求而工件形状又不太复杂的场合。

3. 酸洗除锈

酸洗除锈是一种常用的化学清理方法,这种方法就是将金属在无机酸中浸泡一段时间以清除其表面的氧化物。常用的酸洗液有硫酸、盐酸或硫酸与盐酸的混合酸。为防止酸对基体金属的腐蚀,常在酸中按一定比例加入缓蚀剂。升高酸温可提高酸洗效率。酸洗操作必须注意安全,尤其是在高温条件下,更要加强安全与劳动保护措施。酸洗可采用浸泡法、淋洗法及循环清洗法等。酸洗后先用水洗净,然后用稀碱液中和,再用热水冲洗和低压蒸汽吹干。

有些场合不宜喷砂,而又有条件采用酸洗膏时,还可采用酸洗膏除锈。酸洗膏实际上就是用酸洗的酸加上缓蚀剂和填料制成膏状物,用它涂在被处理的金属表面上,待锈除掉后,用水冲洗干净,再涂以钝化膏(重铬酸盐加填料等),使金属钝化以防再生锈。另一种酸洗膏含有磷酸,可起磷化作用,酸洗后不必进行钝化处理,可以保持数小时不锈。

4. 锈转化剂清理

锈转化剂清理法是一种新型的钢铁表面清理方法。这种方法就是将锈转化剂的两种组分按一定比例混合后经 1h,采用刷涂、辊涂等方法涂于钢铁表面(表面带有一定水分也可施工),利用锈转化剂与锈层反应,在钢铁表面形成一层附着紧密、牢固的黑色的转化膜层,这层膜具有一定的保护作用,可暴露在大气中 10~15 天而不再生锈;同时转化膜与各种涂料及合成树脂均有良好的结合力,适用于各种防腐涂料工程及以合成树脂为胶黏剂的防腐衬里工程。应用锈转化剂进行钢铁表面清理具有施工周期短、工作效率高、劳动强度低、工程费用省、无环境污染等特点,是一种高效、经济的清理方法。

活动 1　表面清理练习

1. 明确工作任务

(1)使用电动毛刷清除钢板上的铁锈。

（2）使用煤油去除离心泵叶轮表面的油污。

2. 组织分工

学生2~3人为一组，分工协作，完成工作任务。

序号	人员	职责
1		
2		
3		

活动2　清洁教学现场

1. 设备、容器分类摆放整齐，无没用的物件。
2. 清扫操作区域，保持工作场所干净、整洁。
3. 产生的废弃物品，统一回收到垃圾桶，不可随意丢弃。
4. 关闭水电气和门窗，最后离开教室的学生锁好门锁。

活动3　撰写总结报告

回顾表面清理认知过程，每人写一份总结报告，内容包括心得体会、团队完成情况、个人参与情况、做得好的地方、尚需改进的地方等。

1. 学生以小组为单位，按照任务要求，进行自查、互评与总结。
2. 教师参照评分标准进行考核评价。
3. 师生总结评价，改进不足，将来在学习或工作中做得更好。

序号	考核项目	考核内容	配分	得分
1	技能训练	电动毛刷使用正确、钢板铁锈清理干净	30	
		煤油清洗方法正确、叶轮表面油污清洗干净	20	
		实训报告诚恳、体会深刻	15	
2	求知态度	求真求是、主动探索	5	
		执着专注、追求卓越	5	
3	安全意识	着装和个人防护用品穿戴正确	5	
		爱护工器具、机械设备，文明操作	5	
		如发生人为的操作安全事故、设备人为损坏、伤人等情况，安全意识不得分		

续表

序号	考核项目	考核内容	配分	得分
4	团结协作	分工明确、团队合作能力	3	
		沟通交流恰当,文明礼貌、尊重他人	2	
		自主参与程度、主动性	2	
5	现场整理	劳动主动性、积极性	3	
		保持现场环境整齐、清洁、有序	5	

子任务二　学习电化学保护

学习目标

1. 知识目标

（1）掌握电化学常用方法和防护机理。
（2）掌握金属化学和电化学钝化过程。

2. 能力目标

（1）能阐述常用的阴极防护方法及防护机理。
（2）能阐述金属电化学钝化过程。

3. 素质目标

（1）通过信息收集、小组讨论、练习、考核等教学活动，培养学生追求卓越的工匠精神、主动探索的科学精神和团结协作的职业精神。
（2）通过对教学场地的整理、整顿、清扫、清洁，培养学生的劳动精神。

任务描述

根据金属电化学腐蚀理论，如果把处于电解质溶液中的某些金属的电位降低，可以使金属难以失去电子，从而大大降低金属的腐蚀速率，甚至可使腐蚀完全停止。也可以把金属的电位提高，使金属钝化，人为地使金属表面形成致密的氧化膜，降低金属的腐蚀速率。这种通过改变金属/电解质溶液的电极电位从而控制金属腐蚀的方法称为电化学保护。电化学保护分为阴极保护和阳极保护两种。

电化学保护虽有其局限性，但在一定条件下使用适当，则能获得良好的保护效果，且比较经济。

作为机修车间技术人员，要求小王掌握电化学保护技术。

一、阴极保护

将被保护的金属进行外加阴极极化以减小或防止金属腐蚀的方法叫作阴极保护。外加阴极极化常采用外加电流阴极保护和牺牲阳极保护来实现。

1. 外加电流阴极保护

将被保护的金属与直流电源的负极相连,利用外加阴极电流进行阴极极化,如图 3-2-6 所示。这种方法称为外加电流阴极保护法。

阴极外加电流将处于腐蚀区的金属进行阴极极化,使其电位向负移至稳定区,则金属可由腐蚀状态进入热力学稳定状态,使金属腐蚀停止而得到保护。或者将处于过钝化区的金属进行阴极极化,使其电位向负移至钝化区,则金属可由过钝化状态进入钝化状态而得到保护。

2. 牺牲阳极保护

在被保护设备上连接一个电位更负的金属作阳极(例如在钢设备上连接锌),它与被保护金属在电解质溶液中形成大电池,而使设备进行阴极极化,这种方法称为牺牲阳极保护法,如图 3-2-7 所示。

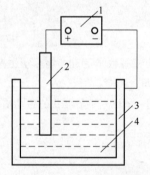

图 3-2-6 外加电流阴极保护示意
1—直流电源;2—辅助阳极;
3—被保护设备;4—腐蚀介质

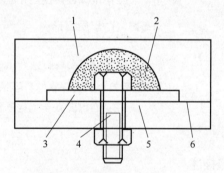

图 3-2-7 牺牲阳极保护示意
1—腐蚀介质;2—牺牲阳极;3—绝缘垫;
4—螺栓;5—被保护设备;6—屏蔽层

牺牲阳极保护是借助于牺牲阳极与被保护金属之间有较大的电位差所产生的电流来达到极化的目的。牺牲阳极保护由于不需要外加电源,不会干扰邻近设施,电流的分散能力好,设备简单,施工方便,不需要经常的维护检修等特点,已经广泛用于舰船、海上设备、水下设备、地下输油输气管线、地下电缆以及海水冷却系统等的保护。

(1)牺牲阳极材料 作为牺牲阳极材料,应该具备下列条件。

① 阳极的电位要负,即它与被保护金属之间的有效电位差(即驱动电位)要大;电位比铁负而适合作牺牲阳极的材料有锌基(包括纯锌与锌合金)、铝基及镁基三大类合金。

② 在使用过程中电位要稳定，阳极极化要小，表面不产生高电阻的硬壳，溶解均匀。

③ 单位质量阳极产生的电量要大，即产生 $1A \cdot h$ 电量损失的阳极质量要小。3 种常用阳极材料的理论消耗量为：镁 $0.453g/(A \cdot h)$，铝 $0.335g/(A \cdot h)$，锌 $1.225g/(A \cdot h)$。

④ 阳极的自溶量小，电流效率高。由于阳极本身的局部腐蚀，产生的电流并不能全部用于保护作用。有效电量在理论产生电量中所占的百分数称为电流效率。3 种常用阳极材料的电流效率为：镁 50%～55%，铝 80%～85%，锌 90%～95%。

⑤ 价格低廉，来源充分，无公害，加工方便。

（2）牺牲阳极安装　对于水中结构如热交换器、储罐、大口径管道内部、船壳、闸门等的保护，阳极可直接安装在被保护结构的本体上。安装方法是将牺牲阳极内部的钢质芯棒焊在被保护结构本体上，也可以用螺栓固定在金属上（图 3-2-7）。阳极用螺钉直接固定在被保护金属本体上时，必须注意阳极与金属本体间应有良好的绝缘，一般采用橡胶垫、尼龙垫等。如果阳极芯棒直接焊在被保护设备上，则必须注意阳极本身与被保护设备之间有一定距离，而不能直接接触。另外，为了改善分散能力，使电位分布均匀，应在阳极周围的阴极表面上加涂绝缘涂层作为屏蔽层。屏蔽层的大小视被保护结构的情况而定，对于海船、闸门等大型结构，可在阳极周围 1m 的半径范围内涂屏蔽层，对于较小的设备，屏蔽层则可小一些。总之，阳极屏蔽层越大，则电流分散能力越好，电位分布越均匀。但屏蔽层大，施工麻烦，成本增高。

地下管道保护时，为了使阳极的电位分布较均匀，应增加每一阳极站的保护长度，阳极应离管道一定距离，一般为 2～8m。阳极与管道用导线连接。为了调节阳极输出电流，可在阳极与管道之间串联一个可调电阻（图 3-2-8）。如果管子直径较大，阳极应装在管子两侧或埋设在较深的部位（低于管道的中心线），以减少遮蔽作用。

牺牲阳极不能直接埋入土壤中，而要埋在导电性较好的化学回填物（填包料）中，导电性回填物的作用是降低电阻率，增加阳极输出电流，同时起到活化表面、破坏腐蚀产物的结痂，以便维持较高、较稳定的阳极输出电流，减少不希望有的极化效应的作用。

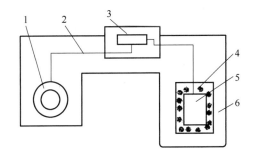

图 3-2-8　地下管道牺牲阳极保护示意
1—被保护管道；2—导线；3—可调电阻；
4—回填物；5—牺牲阳极；6—土壤

地下管道以牺牲阳极保护时，牺牲阳极的现场安装方法如下：在阳极埋设处挖一个比阳极直径大 200mm 的坑，底部放入 100mm 厚的搅拌好的填包料，把处理好的阳极放在填包料上（例如铝阳极要用 10%NaOH 溶液浸泡数分钟以除去表面氧化膜，再用清水冲洗或用砂纸磨光），再在阳极周围和上部各加 100mm 厚的细土，并均匀浇水，使之湿透，最后覆土填平。

3. 阴极保护的应用范围

阴极保护简单易行，且有好的保护效果。地下输油及输气管线、地下电缆、舰船、海上采油平台、水闸、码头等场所已广泛采用。近年来在石油化工机械上应用也很普遍。阴极保护不仅能减小溶解型腐蚀速率，而且能控制应力腐蚀和腐蚀疲劳。但是在应用阴极保护时，要考虑到以下几方面的因素。

① 腐蚀介质必须是能够导电的，并且介质有足够的量以便能建立连续的电路。例如在中性盐溶液、土壤、海水等介质中宜于进行阴极保护，而气体介质、大气及其他不导电的介质中，则不能应用阴极保护。

② 金属材料在所处的介质中要容易进行阴极极化，否则耗电量过大，不宜进行阴极保护。如常用金属材料中的碳钢、不锈钢、铜及铜合金等都可采用阴极保护。在阴极保护中，不论在阴极上进行的是氧去极化反应还是氢去极化反应，都会使阴极附近溶液的 pH 增加。对于碱性较差的两性金属，如铝、铅可能会使腐蚀加快。因此两性金属采用阴极保护受到限制。但两性金属在酸性介质中是可以用阴极保护的。另外如果金属在介质中原来处于钝态，若外加阴极极化后可能将其活化时，采用阴极保护将反而会加速腐蚀，这种情况下不宜采用阴极保护。

③ 被保护设备的形状、结构不能太复杂，否则可能产生"遮蔽现象"，使金属表面电流不均匀，造成有的地方起不到保护作用，而另一些地方由于电流集中而造成"过保护"。

④ 对氢脆敏感的金属施加阴极保护时要特别注意氢脆问题。为消除氢脆隐患，阴极保护施工后，应对关键部件或部位施加去氢处理。

4. 牺牲阳极保护法与外加电流阴极保护法的比较

外加电流阴极保护法的优点是可以调节电流和电压，适用范围广，可用于要求大电流的情况，在使用不溶性阳极时装置耐久。其缺点是需要经常的操作费用，必须经常维护检修，要有直流电源设备，当附近有其他结构时（地下结构阴极保护时）可能产生干扰腐蚀。

牺牲阳极保护的优点是不用外加电流，故适用于电源困难的场合，施工简单，管理方便，对附近设备没有干扰，适用于需要局部保护的场合。其缺点是能产生的有效电位差及输出电流量都是有限的，只适用于需要小电流的场合；调节电流困难，阳极消耗大，需定期更换。

阴极保护的两种方法各有其特点，可参考表 3-2-1。

表 3-2-1　阴极保护的两种方法比较

项目	外加电流阴极保护法	牺牲阳极保护法
电源	需变压器、整流器	无需
导线电阻影响	小	大
电流自动调节能力	大	小（用镁）
寿命	半永久性	较短时间
电源稳定性	好	容易变动
管理	必要	无需
初始经费	高	低
维持费	需耗电费用	无需
用途	陆地上及淡水中	海洋上

二、阳极保护

1. 极化

将面积各为 $5cm^2$ 的锌片和铜片分别浸于盛有 3%NaCl 溶液的同一容器中，外电路用导线连接上电流表和电键，组成一个原电池如图 3-2-9 所示。

在外电路接通的一瞬间，观察到一个很大的起始电流如图 3-2-9（a）所示。但在达到最

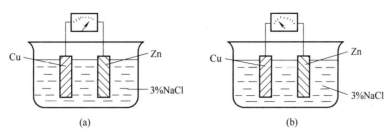

图 3-2-9 腐蚀电池中的电流变化

大值 $I_{始}$ 后,电流又很快地减小,经过数分钟后,减小到一个稳定的电流值,如图 3-2-9 (b) 所示,稳定的电流值比 $I_{始}$ 值减小了近 20 倍。

腐蚀原电池由于通过电流而引起电池两极间电位差的减小的现象,我们称之为电池的极化作用。由于电池发生极化作用,腐蚀电流强度迅速减小,从而降低了腐蚀速率,对防腐有利。当电池通过电流时阳极电位向正的方向移动的现象,称为阳极极化。而电池通过电流时阴极电位向负的方向移动的现象,称为阴极极化。

通常用电位-电流强度关系曲线或电位-电流密度关系曲线来描述电极电位随通过的电流强度或电流密度的变化情况,这种关系曲线称为极化曲线。图 3-2-10 (a)、(b) 分别为阴极极化曲线和阳极极化曲线。

把构成腐蚀电池的阴极和阳极的极化曲线绘在同一个 E-I 坐标系上,得到的图线称为腐蚀极化图,或简称极化图,极化图的横坐标采用电流强度 I。为了更直观而方便地分析腐蚀问题,可以略去电位随电流变化的详细过程,只从极化性能相对大小、电位和电流的状态出发,将极化曲线简化成直线,这种简化了的极化图称为伊文思极化图,如图 3-2-11 所示,阴、阳极极化曲线相交于 S 点,该点所对应的电流即为系统的腐蚀电流 I_{corr},对应的电位为系统的腐蚀电位 E_{corr}。

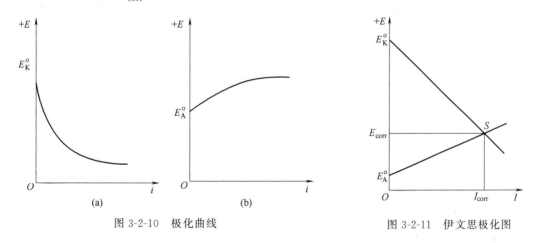

图 3-2-10 极化曲线　　图 3-2-11 伊文思极化图

凡是能减弱或消除极化过程的作用称为去极化作用。凡能消除或减弱极化作用的物质,称为去极化剂。

消除阳极极化作用的称为阳极去极化作用,实际上就是促使阳极过程加速进行,例如设法把阳极产物不断地从阳极表面除去、搅拌溶液使阳极产物形成沉淀或形成络离子等,都可以加速阳极去极化作用,促进金属腐蚀。

消除阴极极化作用的称为阴极去极化作用,其中最重要和最常见的阴极去极化过程是 H^+ 和 O_2 的还原。

溶液中的氢离子作为去极化剂,在阴极上放电,促使金属阳极溶解过程持续进行而引起的金属腐蚀,称为氢去极化腐蚀,或叫析氢腐蚀。碳钢、铸铁、锌、铝、不锈钢等金属和合金,在酸性介质中常常发生这种腐蚀。析氢反应如下:

$$2H^+ + 2e^- \longrightarrow H_2 \uparrow$$

溶液内的中性氧分子(O_2),在腐蚀电池的阴极上进行离子化反应,称为耗氧反应或吸氧反应。

在中性或碱性溶液中,吸氧反应如下:

$$O_2 + 2H_2O + 4e^- \longrightarrow 4OH^-$$

在酸性溶液中,吸氧反应如下:

$$O_2 + 4H^+ + 4e^- \longrightarrow 2H_2O$$

阴极上耗氧反应的进行,促使阳极金属不断溶解,这样引起的金属腐蚀称为耗氧腐蚀,也称为吸氧腐蚀或氧去极化腐蚀。

显然,从控制腐蚀的角度,总是希望增强极化作用以降低腐蚀速率。但对于电解过程、腐蚀加工,为了减少能耗却常常力图强化去极化作用。用作牺牲阳极保护的材料也是要求极化性能越小越好。

2. 钝化

铁在稀硝酸中腐蚀很快,而在浓硝酸中则腐蚀很慢,金属的这种失去了原来的化学活性的现象被称为钝化,金属钝化后所获得的耐蚀性质称为钝性。根据金属钝化产生的条件,可将钝化分为化学钝化和电化学钝化。

(1)化学钝化　如果把铁片放在硝酸中,观察铁片溶解速率(腐蚀速率)与硝酸质量分数的关系,则会得到图 3-2-12 所示的变化规律。铁在稀硝酸中剧烈地溶解,并且铁的溶解速率随着硝酸的质量分数增加而迅速增大。当硝酸的质量分数超过 0.40 时,铁发生钝化现象,铁的溶解速率就突然下降,直到反应接近停止。继续增加硝酸质量分数,使其超过 0.90,腐蚀速率又有较快的上升,这一现象则称为过钝化。

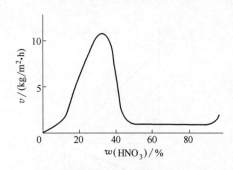

图 3-2-12　工业纯铁的溶解速率与硝酸质量分数的关系

不仅是铁,其他一些金属,如铬、镍、钴、钼、钽、铌、钨、钛等,在适当条件下都会产生钝化。除硝酸外,其他强氧化剂如 KNO_3、$K_2Cr_2O_7$、$KMnO_4$、$KClO_3$、$AgNO_3$ 等都可使金属发生钝化,甚至非氧化性试剂也能使某些金属钝化,例如镁可在氢氟酸中钝化,钼和铌可在盐酸中钝化,汞和银在 Cl^- 的作用下也能发生钝化。这一系列能使金属钝化的物质,统称为钝化剂。溶液中或大气中的氧也是一种钝化剂。

金属与钝化剂的化学作用而产生的钝化现象,称为化学钝化或自钝化。铬、铝、钛等金属在空气中和很多种含氧的溶液中都易被氧所钝化,称为自钝化金属。

金属变为钝态时,还会出现一个较为普遍的现象,即金属的电极电位朝正的方向移动。

例如 Fe 的电位为 $-0.5\sim+0.2\text{V}$，在钝化后升高到 $+0.5\sim+1.0\text{V}$；又如 Cr 的电位为 $-0.6\sim 0.4\text{V}$，钝化后为 $+0.8\sim+1.0\text{V}$。这样，由于金属的钝化而使电位强烈地正移，几乎接近贵金属（如 Au、Pt）的电位。由于电位升高，钝化后的金属失去它原有的某些特性，例如钝化后的铁在铜盐中不能将铜置换出来。

（2）电化学钝化　金属除了可用一些钝化剂处理使之产生钝化外，还可采用电化学阳极极化的方法使金属变成钝态。例如 18-8 型不锈钢在质量分数为 0.30 的 H_2SO_4 中会剧烈溶解，但如用外加电流使之阳极极化，并使阳极极化至 -0.1V 后，不锈钢的溶解速率会迅速下降到原来的数万分之一，并且在 $-0.1\sim+1.2\text{V}$ 范围内一直保持着高度的稳定性。这种采用外加阳极电流的方法，使金属由活性状态变为钝态的现象，称为电化学钝化或阳极钝化。如铁、镍、铬、钼等金属在稀硫酸中均可发生因阳极极化而引起的电化学钝化。

利用控制电位法（恒电位法）可以测得具有活化-钝化行为金属的完整的阳极极化曲线，如图 3-2-13 所示。图中的整条阳极极化曲线被四个特征电位值（金属电极的开路电位 E_{corr}、致钝电位 $E_{回}$、初始稳态钝化电位 E_p 及过钝化电位 E_{tp}）分成五个区段。

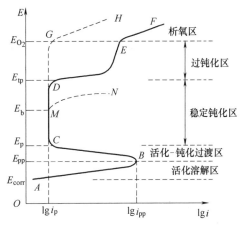

图 3-2-13　金属钝化过程的阳极极化曲线

各区段的特点如下。

① AB 区：从 E_{corr} 至 E_{pp} 为金属电极的活化溶解区。金属按正常的阳极溶解规律进行，金属以低价的形式溶解为水化离子。

② BC 区：从 E_{pp} 至 E_p，为活化-钝化过渡区。当电极电位到达某一临界值 E_{pp} 时，金属的表面状态发生突变，金属开始钝化，这时阳极过程按另一种规律沿着 BC 向 CD 过渡，电流密度急剧下降。

对应于点 B 的电位和电流密度分别称为致钝电位 E_{pp} 和致钝电流密度 i_{pp}。此区的金属表面处于不稳定状态，从 E_{pp} 至 E_p 电位区间，有时电流密度出现剧烈振荡。对已经处于钝化状态的金属来说，将电极电位从高于 E_p 电位区负移到 E_p 附近时，金属表面将从钝化状态转变为活化状态，对应转变点的电位即所谓再活化电位，又称为 Flade 电位，用 E_F 表示。

③ CD 区：从 E_p 至 E_{tp} 金属处于稳定钝态，故称为稳定钝化区。金属表面生成了一层耐蚀性好的钝化膜。它们对应有一个很小的电流密度，称为维钝电流密度 i_p。

④ DF 区：电位高于 E_{tp} 的区域，称为过钝化区。当电极电位进一步升高，电流再次随电位的升高而增大，金属氧化膜可能氧化生成高价的可溶性氧化膜。钝化膜被破坏后，腐蚀又重新加剧，这种现象称为过钝化。对应于点 D，金属氧化膜破坏的电位 E_{tp}，称为过钝化电位。

⑤ EF 区：该区为氧的析出区，即在电极电位升高到氧的析出电位后，电流密度进一步增大，这是由于发生了氧的析出反应。

3. 阳极防护原理

当外电路接通时，被保护的金属发生阳极极化，控制电位不断向正变化，使得腐蚀体系进入钝化区，维持电位恒定在钝化区，达到阳极保护的目的。

如果金属的电位向正向移动但不能建立钝态，阳极极化不但不能使设备得到保护，反而会加速腐蚀。

将被保护的金属施加外加阳极电流以减小和防止金属腐蚀的方法称为阳极保护。从阳极保护的定义可知，这种保护法是对金属设备施加阳极电流，使其电位正向移至钝态而达到保护目的的，因此适用于那些电位正移时有钝化倾向的金属-介质体系。图 3-2-14 为阳极保护示意图，图中的 1 表示外加的极化电源；2 表示形成电池回路的辅助电极；3 为被保护的设备（作为电池的工作电极）；4 为腐蚀介质。

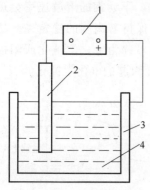

图 3-2-14　阳极保护示意
1—直流电源；2—辅助阳极；3—被保护设备；4—腐蚀介质

(1) 阳极保护注意的几个问题

① 由于氯离子能局部破坏钝化膜造成点蚀，因此在氯离子浓度高的介质中，不宜采用阳极保护。

② 在酸性介质中或者在金属对氢脆很敏感的情况下，宜采用阳极保护。

③ 阳极保护所需设备多、成本高。如消耗辅助阳极，需要恒电位仪，同时需要测试和控制上述的参数。所以与阴极极化保护相比，工艺比较复杂。

④ 阳极保护中阴极的布局应均匀合理，否则也有产生遮蔽效应的倾向。

(2) 阴极保护与阳极保护的比较　阴极保护和阳极保护都属于电化学保护，适用于电解质溶液中连续液相部分的保护，不能保护气相部分。但阳极保护和阴极保护又各有特点（表 3-2-2）。

表 3-2-2　电化学保护方法比较

项目	阳极保护	阴极保护
适用性	钝性金属	所有金属
腐蚀介质	弱、强	弱、适中
设备费用	高	低
应用的电源	简单	复杂
设备运转费用	很低	中、高
操作	直接准确	通常用经验法测定

活动 1　分析电化学保护

1. 明确工作任务

某化工容器是碳钢材质，存在腐蚀隐患，请设计一套电化学保护方案，并画出电化学保护示意图。

2. 组织分工

学生 2~3 人为一组，分工协作，完成工作任务。

序号	人员	职责
1		
2		
3		

活动 2　清洁教学现场

1. 清扫教学区域，保持工作场所干净、整洁。
2. 产生的废弃物品，统一回收到垃圾桶，不可随意丢弃。
3. 关闭水电气和门窗，最后离开教室的学生锁好门锁。

活动 3　撰写总结报告

回顾电化学保护认知过程，每人写一份总结报告，内容包括心得体会、团队完成情况、个人参与情况、做得好的地方、尚需改进的地方等。

1. 学生以小组为单位，按照任务要求，进行自查、互评与总结。
2. 教师参照评分标准进行考核评价。
3. 师生总结评价，改进不足，将来在学习或工作中做得更好。

序号	考核项目	考核内容	配分	得分
1	技能训练	防护方法选用恰当	20	
		防护方案合理、防护设备的选用正确	30	
		实训报告诚恳、体会深刻	15	
2	求知态度	求真求是、主动探索	5	
		执着专注、追求卓越	5	
3	安全意识	着装和个人防护用品穿戴正确	5	
		爱护工器具、机械设备，文明操作	5	
		如发生人为的操作安全事故、设备人为损坏、伤人等情况,安全意识不得分		

续表

序号	考核项目	考核内容	配分	得分
4	团结协作	分工明确、团队合作能力	3	
		沟通交流恰当，文明礼貌、尊重他人	2	
		自主参与程度、主动性	2	
5	现场整理	劳动主动性、积极性	3	
		保持现场环境整齐、清洁、有序	5	

子任务三　学习表面防护

学习目标

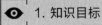

1. 知识目标

（1）掌握常见的表面防护技术。
（2）掌握电镀和喷漆防护方法。

2. 能力目标

（1）能说出常见的表面防护技术。
（2）能对工件进行表面防护。

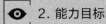

3. 素质目标

（1）通过规范学生的着装、工具使用、文明操作等，培养学生的安全意识。
（2）通过信息收集、小组讨论、练习、考核等教学活动，培养学生追求卓越的工匠精神、主动探索的科学精神和团结协作的职业精神。
（3）通过对教学场地的整理、整顿、清扫、清洁，培养学生的劳动精神。

任务描述

用耐蚀性能良好的金属或非金属材料覆盖在耐蚀性能较差的材料表面，将基底材料与腐蚀介质隔离开来，以达到控制腐蚀的目的，这种保护方法称为覆盖层保护法，也称为表面覆盖层保护法。

表面覆盖层保护法是防腐蚀方法中应用最普遍的一种，也是最重要的方法之一。它不仅能大大提高基底金属的耐蚀性能，而且能节约大量的贵重金属和合金。表面覆盖层主要有金属覆盖层和非金属覆盖层两大类。

作为化工厂机修车间的技术人员，要求小王掌握表面防护技术。

一、金属保护层防护

金属保护层的施工方法一般比较复杂,但是与非金属保护层相比,其性能稳定,具有强度高、韧性和导电性好等优点,所以在工业中被广泛采用。

金属保护层又可分为阳极性保护层和阴极性保护层两种,阳极性保护层是指在介质中,保护层金属的电位比被保护金属的电位更负。保护层是阳极,被保护金属是阴极。例如以锌、镉等金属来覆盖铁表面时,锌、镉覆盖层就是阳极保护层。这种保护层的一个突出优点是,当保护层有微孔时,在保护层和被保护金属之间形成了电偶对,保护层金属加速腐蚀,而被保护金属的腐蚀速率下降。但是,如果保护层是阴极(如铁表面的镍层)时,一旦保护层中有孔隙,孔底被保护金属与保护层形成小阳极大阴极电池,孔底被保护金属将会加速腐蚀。

(1) 电镀　电镀就是利用电解原理在金属表面上镀上一薄层其他金属或合金的过程。电镀保护层多为纯金属,如铬、镍、金、铂、银、铜、锡、铅、锌、镉等,有时是某些合金,如锡青铜、黄铜、Ni-W 合金等。当采用非水镀工艺时,金属表面可形成铅、镁、钛等保护层。工业上常见的电镀保护层见表 3-2-3。

表 3-2-3　工业中常见的电镀保护层

分类	耐蚀性	应用举例
镀锌	镀锌层耐大气、工业大气及油类的腐蚀,但不耐酸、碱、硫化物的腐蚀	大气中工作的设备和管道
镀镍	镀镍层美观,耐大气腐蚀,耐碱蚀	大气中工作的构件;复合镀的底层
镀铬	镀铬层与机体结合好,在工业大气、潮湿大气中稳定性好,在大气中稳定性更好。铬在碱、硝酸、硫化物、碳酸盐及有机酸中非常稳定,但易溶于盐酸及热、浓的硫酸中,抗氧化	装饰性镀铬,大气中工作的构件;耐蚀性镀铬;机械零件
镀锡合金	含锡 5%~15% 的锡青铜镀层在热的淡水中耐蚀	热水中工作的构件
	高锡(大于 38%)镀层耐有机酸、弱酸的腐蚀,在含硫化物的大气中也很稳定	冷却水管

电镀质量除与镀液的成分、温度、电流大小、溶液搅拌等情况有关外,还与电极之间相对面积的大小、电极之间距离、电极的成分、冶金质量及金属表面情况等有关。

用电镀法形成的保护层具有下述优点:镀层厚度可控制;镀层消耗金属少;无须加热升温;镀层均匀、表面光洁,保护层与被保护金属之间结合力比喷镀层高等。其缺点是有一定的孔隙度、成本较高和较大型构件受到限制等。

(2) 渗镀　渗镀保护层是使一种或几种金属在高温下扩散到被保护金属表面而形成的表面合金层。按渗镀的施工方法分类,它又可以分成直接渗镀和复合渗镀两类。前者是直接把金属渗到被渗金属表面;而后者则是经喷镀、电镀、料浆涂层等工艺在被渗金属表面形成了保护层后,为提高该保护层与基体之间的结合力,再在高温下进行扩散保温。

直接把金属渗到被渗金属表面上可用固渗、液渗和气渗。将金属固体粉末和其他添加剂与被渗金属一起装入容器密封后加热，经扩散得到保护层为固渗；将被渗金属浸入熔融金属（低熔点金属）中而形成保护层称为液渗；将金属加热到能够高速扩散的温度（一般为900～1200℃），使含欲渗金属的氧化物气流经过被渗金属表面，靠被渗金属置换出欲渗金属的活性原子或被氢还原出欲渗金属的活性原子，该活性原子渗入被渗金属表面而形成保护层称为气渗。工业上常见的渗镀保护层及其耐蚀性见表 3-2-4。

表 3-2-4　工业上常见的渗镀保护层及其耐蚀性

分类	耐蚀性	应用举例
渗铝	渗铝钢抗氧化性酸腐蚀能力、抗 H_2S 腐蚀能力、抗氧化能力、抗大气腐蚀能力均增加	涡轮机叶片，加热炉构件
渗铬	渗铬钢抗硝酸腐蚀能力增加，且改善了硫酸、盐酸中的耐蚀性；抗氧化能力及耐磨性也增加	
渗锌	渗锌钢耐大气、淡水、海水腐蚀的能力及耐磨性均增加	
渗硅	渗硅钢耐盐酸及其他非氧化性酸腐蚀能力、抗氧化能力及抗磨性均提高，但在有孔时易引起点蚀	
渗硼	渗硼钢耐稀盐酸腐蚀能力和抗冲刷腐蚀能力及耐磨性均提高	排污水阀门
渗钛或渗钒	耐磨性及耐冲刷腐蚀能力均增加	

用渗镀法形成的保护层具有下述优点：渗层与被渗金属表面结合牢固；渗层均匀；渗层厚度可控，消耗的金属材料少等。但要加热，不仅成本高，又可能引起变形和其他缺陷。

（3）喷镀　喷镀是用压缩空气将熔融的金属雾化成微粒，喷射在预先准备好的金属构件表面上形成保护层的过程。喷镀工艺的设备简单，欲喷的金属种类多，而且基本上不受被喷构件尺寸、形状的限制，所以应用广泛。

当熔融的金属微粒与被保护构件表面碰击时，微粒变成鳞片状后，互相重叠形成多层构造的覆盖层附于构件表面，该保护层不与被保护金属形成合金或焊合，所以附着力较低，并有孔隙。为了减少孔隙，可用机械法、热处理法、加涂料等方法封闭孔隙。

由于喷镀层的上述特点，其防腐蚀性能受到限制，但能提高耐磨性，也可用于修补有缺陷或磨损的零件。

（4）热浸镀（又称热浸、液镀、热镀）　热浸镀是金属构件浸渍在液态金属中，经短时间取出后金属构件表面粘上一层金属保护层的过程。此种施工方法仅限于以低熔点金属作保护层，为了降低熔点等，还需加熔剂。这样，保护层中就会有一定厚度的金属间化合物而使之变脆。但是，这种方法简单、方便，钢是热浸镀锡、锌、铝的良好基底金属，保护层金属能向基底金属内扩散，从而可得到金属间化合物，这就使得保护层有较大的附着力。这些优点使热浸镀方法得到了广泛的应用。

工业上热浸镀形成的保护层有浸镀锡、锌、铝、铅层。锡无毒，热浸镀锡镀层表面为纯锡，因此在食品工业上广泛采用，热浸镀锌层在大气中具有良好的抗蚀能力，热浸镀铝层具有极好的抗氧化能力。

（5）化学镀　化学镀是通过置换反应或氧化-还原反应将盐溶液中的金属离子析出并使其在被保护金属构件表面上沉积而形成保护层的过程。这种施工方法不需要电源和专用设备，而且保护层均匀、致密、孔隙度小。但是设计化学镀溶液很困难，化学镀液的老化、pH、离子浓度等的控制也都很复杂，因此目前较为成熟的化学镀仅有化学镀镍和化学镀铜。

（6）金属包覆（复合金属）　金属包覆是通过碾压或电焊的方法将耐蚀性良好的金属包覆在被保护金属表面上形成保护层的过程。这种保护层是消除保护层孔隙度的最好方法，用浇注法来包覆金属构件，能使保护层与基底金属间有较大的结合力。工业上常见的包覆层有铝包层、铜包层、镍包层、不锈钢包层等。

二、转化保护层防护

转化保护层是采用化学或电化学方法使金属表面原有的氧化膜发生变化而形成转性氧化膜。其常见的施工方法有阳极氧化、铬酸盐处理、磷化处理等。

（1）阳极氧化　阳极氧化是以电解法增厚基底金属氧化膜的过程。最常用的阳极氧化的金属是铝，现也采用铜、镉、铁、镁和锌等金属。

（2）铬酸盐处理　铬酸盐处理方法是使浸在铬酸盐溶液中的金属表面层溶解的同时形成铬酸盐膜。该膜有可能会补充原有的钝化膜，从而提高了抗腐蚀性。另外，该膜对颜料、油漆等有良好的黏结能力，所以可作防护涂层的预处理。这一方法适用于铝、铜、锌、锡、镁等金属。

（3）磷化处理　将金属浸入磷酸盐溶液中，在一定条件下获得一种磷酸盐保护层的方法称为磷酸盐处理，简称磷化处理。磷化处理可形成灰色或暗灰色膜，表面膜厚为 $5\sim15\mu m$，且不改变被处理工件的尺寸。钢铁构件经磷化处理的膜比经氧化处理的膜更耐腐蚀。

磷酸盐膜致密、难溶，对油类和油漆类有较强的吸附能力，并且有孔，既可作油漆前的预处理，又可使构件耐磨性提高，还耐 $300\sim1200V$ 的高压。但是膜的硬度低，且较脆。

（4）钢铁氧化处理　钢铁氧化处理是在钢铁表面用氧化剂进行氧化以获得致密的有一定防腐蚀能力的氧化铁薄膜，该膜呈黑色或深蓝色，所以工业上又称这种处理为发蓝或者煮黑。

钢铁氧化处理有碱性氧化（在含各种氧化剂的苛性钠中氧化）和酸性氧化（在含硝酸钙、过氧化锰和磷酸的溶液中氧化）两种施工方法。酸性氧化法形成的膜耐腐性和附着力比碱性氧化法好，这种方法氧化时间短、处理温度低，且成本也低。

氧化膜只有几微米厚，基本上不改变工件原来的尺寸，故精密仪器上的钢铁零件常采用氧化层防护，但此法只能用于弱腐蚀性介质中。

三、非金属保护层防护

非金属保护层的施工方法简单，成本较低，并且防护层还具有一定的绝缘性、绝热性和耐高温性，所以非金属保护层有广泛的用途。其中比较重要的保护层有涂料、搪瓷、塑料、橡胶以及各种类型的有机涂层。

（1）涂料保护层　涂料是由油漆演变而来的，油漆是以油料为主要原料制成的，而涂料的主要原料不仅含有油料，还含有各种有机合成树脂，所以涂料保护层所涉及的范围更广，但是现在有时还习惯地把这两种保护层统称为油漆保护层。

涂料一般由不挥发组分和挥发组分组成，当把涂料涂于被保护金属构件表面后，其挥发组分逐渐逸出，留下不挥发组分干结成膜（它是涂料保护层的基础），通常称该膜为基料或者漆基。

涂料保护层由主要、次要和辅助成膜物质组成。主要成膜物质是油料（桐油、亚麻子油）和天然树脂（松香、沥青和紫胶）或合成树脂（酚醛、醇酸、环氧、氯化橡胶）。主要成膜物质如果是油料的涂料称为油基漆，如果是树脂的则称为树脂基漆。

次要成膜物质有钛白、锌钡白、炭黑等颜料。作为底漆的颜料有红丹、氧化铁、锌黄、铝粉等,这些颜料还兼有防锈的作用。

涂料中未加颜料的透明液体为清漆,如酚醛清漆、过氧乙烯清漆。清漆不仅耐蚀而且防污斑。清漆与马口铁有良好的黏结性,马口铁上涂上含油树脂清漆烘干后可得到黏结牢固的涂层,从而可大大改善马口铁表面锡保护层的性能。

工业上常用的几种涂料的名称、成分及耐蚀性见表3-2-5。

表3-2-5 工业上常用的涂料

种类	组成或构成	耐蚀性
红丹	将 Pb_3O_4 与各种漆基调制而成	PbO_4^{4-} 对金属具有缓蚀作用,一般做底漆
醇酸树脂	由多元醇、多元酸和其他单元酸通过酯化作用缩聚制得	漆膜坚韧,具有良好的附着力和耐蚀性,可作耐蚀和装饰涂层
环氧树脂	主要成膜物质为环氧树脂	耐酸、碱化学药品腐蚀,特别是耐高浓度农药的腐蚀
过氧乙烯	主要成膜物质为过氧乙烯树脂	耐水蚀
聚氨酯	多异氰酸酯和多羟基化合物反应而得的含有氨基甲酸酯的高分子化合物	坚硬耐磨,耐碱、酸、水的腐蚀,对溶剂及油类也有好的稳定性,耐热,可做化工设备、贮槽、管道的防腐涂料
氯化橡胶	主要成膜物质为氯橡胶	耐水、海水腐蚀,做船底漆、甲板漆
含锌涂料	锌粉及少量成膜物质(胶黏剂)混合而成(也叫富锌漆)	做底漆用,防腐蚀性能接近锌

(2) 塑料保护层 将塑料面直接黏合在金属表面上即形成塑料保护层,塑料保护层有聚氯乙烯和聚乙烯、丙烯酸聚合物、聚酯、聚酰胺、环氧树脂、聚氨酯等,其中最常用的是聚氯乙烯和聚乙烯,而耐蚀性最好的是聚四氟乙烯 $(C_2F_4)_n$,它能抗王水、硝酸、硫酸、氢氟酸、氯气及各种有机溶剂的腐蚀,因此称为"塑料王"。但这种塑料生产工艺复杂,价格昂贵,故不宜广泛应用。

(3) 橡皮保护层 橡胶覆盖在金属表面上形成的保护层称为橡皮保护层,它具有耐酸、碱及其他化学药品的腐蚀的作用。现在化工设备中常用硬橡胶(橡胶中加30%~50%的硫进行硫化后得到的橡胶)做衬里,但只能在150℃以下使用。

(4) 沥青保护层 这种保护层耐酸蚀,可用来保护与酸性介质接触的金属构件。但沥青在低温时会变脆,在阳光照射下,会发生氧化和聚合反应而变硬并产生龟裂,在100℃以上软化,这些均使得它的应用范围受到限制。

(5) 搪瓷保护层 这种保护层耐所有介质的腐蚀,但易受机械损伤。长期以来,搪瓷就被用于制造炊具、灶具。

四、临时保护层防护

临时保护层起临时性保护作用,往往可以去除。这种涂层一般采用防锈油、蜡、润滑油、气相缓蚀剂等物质。

(1) 表面预处理 金属构件表面往往有污垢、灰尘、油泥等,在表面处理施工前,要认真清理,否则将得不到性能良好的保护层。消除污物的方法有机械清除(如喷砂、喷丸、打磨等)、溶剂清洗以及强碱清洗和酸洗等。

(2) 保护层的选择 保护层种类繁多,施工工艺、性能、成本等不尽相同。选择保护层时,要从保护性、经济性、外观性、施工性等几个方面考虑保护层的适用性。例如塑料王聚四氟乙烯,它几乎耐所有介质的腐蚀,然而因价格昂贵,施工工艺复杂,只能用在腐蚀性极强的介质中。再例如喷镀保护，施工方便，适用性强（指不易受构件尺寸、形状的影响），但是保护层中孔隙度大，也限制了它在一些腐蚀性环境中的应用。总之，选择保护层时，要反复比较，试验后再确定。

活动 1　表面防护练习

1. 明确工作任务

（1）使用电镀电源对碳钢螺栓进行表面镀锌。

（2）对锈蚀的化工装置结构架进行喷漆处理。

2. 组织分工

学生 2~3 人为一组，分工协作，完成工作任务。

序号	人员	职责
1		
2		
3		

活动 2　清洁教学现场

1. 物品、器具分类摆放整齐，无没用的物件。
2. 清扫操作区域，保持工作场所干净、整洁。
3. 产生的废弃物品，统一回收到垃圾桶，不可随意丢弃。
4. 关闭水电气和门窗，最后离开教室的学生锁好门锁。

活动 3　撰写总结报告

回顾表面防护认知过程，每人写一份总结报告，内容包括心得体会、团队完成情况、个人参与情况、做得好的地方、尚需改进的地方等。

1. 学生以小组为单位，按照任务要求，进行自查、互评与总结。
2. 教师参照评分标准进行考核评价。

3. 师生总结评价，改进不足，将来在学习或工作中做得更好。

序号	考核项目	考核内容	配分	得分
1	技能训练	电镀操作正确，镀层完整均匀	20	
		喷漆操作规范、漆层美观	30	
		实训报告诚恳、体会深刻	15	
2	求知态度	求真求是、主动探索	5	
		执着专注、追求卓越	5	
3	安全意识	着装和个人防护用品穿戴正确	5	
		爱护工器具、机械设备，文明操作	5	
		如发生人为的操作安全事故、设备人为损坏、伤人等情况，安全意识不得分		
4	团结协作	分工明确、团队合作能力	3	
		沟通交流恰当，文明礼貌、尊重他人	2	
		自主参与程度、主动性	2	
5	现场整理	劳动主动性、积极性	3	
		保持现场环境整齐、清洁、有序	5	

子任务四 学习缓蚀剂保护

学习目标

1. 知识目标

（1）掌握缓蚀剂的种类与性质。
（2）掌握缓蚀剂的缓蚀机理。

2. 能力目标

（1）能分类列举常用的缓蚀剂。
（2）能阐述缓蚀剂的缓蚀机理。

3. 素质目标

（1）通过信息收集、小组讨论、练习、考核等教学活动，培养学生追求卓越的工匠精神、主动探索的科学精神和团结协作的职业精神。
（2）通过对教学场地的整理、整顿、清扫、清洁，培养学生的劳动精神。

任务描述

在腐蚀环境中，通过添加少量能阻止或减缓金属腐蚀的物质使金属得到保护的方法，称为缓蚀剂保护。而这种能阻止或减缓金属腐蚀的物质就是缓蚀剂，又叫腐蚀抑制剂。

应用缓蚀剂保护具有投资少、收效快、使用方便等特点，因而广泛地应用于石油、化工、钢铁、机械、动力、运输等部门，是十分重要的防腐方法之一。

作为化工厂机修车间的技术人员，要求小王掌握缓蚀剂防护技术。

一、缓蚀剂分类

缓蚀剂的保护效果与腐蚀介质的性质、温度、流动状态、被保护材料的种类和性质，以及缓蚀剂本身的种类和剂量等有着密切的关系。也就是说，缓蚀剂保护是有严格的选择性的。对某种介质和金属具有良好保护作用的缓蚀剂，对另一种介质或另一种金属就不一定有同样的效果；在某种条件下保护效果很好，而在别的条件下却可能保护效果很差，甚至还会加速腐蚀。一般说来，缓蚀剂应该用于循环系统，以减少缓蚀剂的流失。同时，在应用中缓蚀剂对产品质量有无影响，对生产过程有无堵塞、起泡等副作用，以及成本的高低等，都应全面考虑。缓蚀效率 I 能达到 90% 以上的缓蚀剂即为良好的缓蚀剂。为了提高缓蚀效果，有时要用两种以上的缓蚀剂。

缓蚀剂有多种分类方法，可从不同的角度对缓蚀剂分类。

(1) 根据产品化学成分分类　可分为无机缓蚀剂、有机缓蚀剂、聚合物类缓蚀剂。

① 无机缓蚀剂。无机缓蚀剂主要包括铬酸盐、亚硝酸盐、硅酸盐、钼酸盐、钨酸盐、聚磷酸盐、锌盐等。

② 有机缓蚀剂。有机缓蚀剂主要包括以氨基、亚氨基、炔醇基、硫代基或醛基等为取代基的含氮、氧、硫的有机化合物，如吡啶系列、硫醇胺、乌洛托品等。

③ 聚合物类缓蚀剂。聚合物类缓蚀剂主要包括聚乙烯类，聚天冬氨酸等一些低聚物的高分子化合物。

(2) 根据缓蚀剂对电化学腐蚀的控制部位分类　可分为阳极型缓蚀剂、阴极型缓蚀剂和混合型缓蚀剂。

① 阳极型缓蚀剂。阳极型缓蚀剂多为无机强氧化剂，如铬酸盐、钼酸盐、钨酸盐、钒酸盐、亚硝酸盐、硼酸盐等。它们的作用是在金属表面阳极区与金属离子作用，生成氧化物或氢氧化物氧化膜覆盖在阳极上形成保护膜，这样就抑制了金属向水中的溶解，阳极反应被控制，阳极被钝化。硅酸盐也可归到此类，它也是通过抑制腐蚀反应的阳极过程来达到缓蚀目的的。阳极型缓蚀剂要求有较高的浓度，以使全部阳极都被钝化，一旦剂量不足，将在未

被钝化的部位造成点蚀。

② 阴极型缓蚀剂。阴极型缓蚀剂包括锌的碳酸盐、磷酸盐和氢氧化物，钙的碳酸盐和磷酸盐。阴极型缓蚀剂在水中能与金属表面的阴极区反应的反应产物在阴极沉积成膜，随着膜的增厚，阴极释放电子的反应被阻挡。在实际应用中，由于钙离子、碳酸根离子和氢氧根离子在水中是天然存在的，所以只需向水中加入可溶性锌盐或可溶性磷酸盐即可。

③ 混合型缓蚀剂。混合型缓蚀剂指的是既能抑制阳极又能抑制阴极的缓蚀剂。某些含氮、含硫或羟基的、具有表面活性的有机缓蚀剂，其分子中有两种性质相反的极性基团，能在清洁的金属表面吸附形成单分子膜，它们既能在阳极成膜，也能在阴极成膜。阻止水与水中溶解氧向金属表面的扩散，起缓蚀作用，巯基苯并噻唑、苯并三唑、十六烷胺等属于此类缓蚀剂。

（3）根据生成保护膜的类型分类　大部分水处理用缓蚀剂的缓蚀机理是在与水接触的金属表面形成一层将金属和水隔离的金属保护膜，以达到缓蚀目的。根据缓蚀剂形成的保护膜的类型，缓蚀剂可分为氧化膜型、沉积膜型和吸附膜型缓蚀剂。

① 氧化膜型缓蚀剂。氧化膜型缓蚀剂指的是能在金属表面阳极区形成一层致密氧化膜的缓蚀剂，包括铬酸盐、亚硝酸盐、钼酸盐、钨酸盐、钒酸盐、正磷酸盐、硼酸盐等。铬酸盐和亚硝酸盐都是强氧化剂，无需水中溶解氧的帮助即能与金属反应。其余的几种，或因本身氧化能力弱，或因本身并非氧化性，都需要氧的帮助才能在金属表面形成氧化膜。由于这些氧化膜型缓蚀剂是通过抑制腐蚀反应的阳极过程来实现缓蚀的，这些阳极缓蚀剂能在阳极与金属离子作用形成氧化物或氢氧化物，沉积覆盖在阳极上形成保护膜。

② 沉淀膜型缓蚀剂。锌的碳酸盐、磷酸盐和氢氧化物，钙的碳酸盐和磷酸盐是最常见的沉淀膜型缓蚀剂。由于它们是由锌、钙阳离子与碳酸根、磷酸根和氢氧根阴离子在水中和金属表面的阴极区反应而沉积成膜，所以又被称作阴极型缓蚀剂。阴极型缓蚀剂能与水中有关离子反应，反应产物在阴极沉积成膜。

③ 吸附膜型缓蚀剂。吸附膜型缓蚀剂多为有机缓蚀剂，它们具有极性基因，可被金属的表面电荷吸附，在整个阳极和阴极区域形成一层单分子膜，从而阻止或减缓相应电化学的反应。如某些含氮、含硫或含羟基的、具有表面活性的有机化合物，其分子中有两种性质相反的基团：亲水基和亲油基。这些化合物的分子凭借亲水基（例如氨基）吸附于金属表面上，形成一层致密的憎水膜，保护金属表面不受水腐蚀。

由于缓蚀剂的缓蚀机理在于成膜，故迅速在金属表面上形成一层密而实的膜是获得缓蚀成功的关键。为了迅速成膜，水中缓蚀剂的浓度应该足够高，等膜形成后，再降至只对膜的破损起修补作用的浓度；为了让膜密实，金属表面应十分清洁，为此，成膜前对金属表面进行化学清洗除油、除污和除垢，是必不可少的步骤。

二、缓蚀机理分析

目前对于缓蚀剂作用的机制尚无统一观点，下面介绍几种主要的理论观点。

1. 吸附作用理论

吸附作用理论可用来解释有机缓蚀剂在金属表面形成吸附膜这一现象。这种观点认为，吸附作用使金属表面的能量下降，从而增加了金属的逸出功，吸附膜阻碍了与腐蚀反应有关的电荷或物质的迁移，因而使腐蚀速率降低。

有机缓蚀剂在金属表面的吸附有物理吸附和化学吸附两种，引起物理吸附的作用力是静电引力（金属表面有过剩电荷）和范德华力，前者往往为主要作用力。在这种作用力的驱动下，有机缓蚀剂的极性基与金属表面吸附，而非极性基于介质中形成定向排列，于是在金属表面形成了保护膜，如图 3-2-15 所示。

化学吸附是由缓蚀剂分子中极性基团中心元素的未公用电子对和金属形成配价键而引起的吸附。

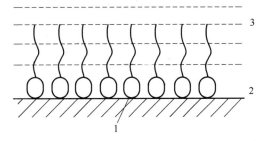

图 3-2-15　有机缓蚀剂在金属表面定向吸附的示意
1—金属；2—极性基；3—非极性基

$$\begin{array}{c} H \\ | \\ R\!-\!N\!:+Fe \end{array} \longrightarrow \begin{array}{c} H \\ | \\ R\!-\!N\!:Fe \\ | \\ H \end{array}$$

2. 电化学作用理论

这一理论认为一些缓蚀剂（多数为无机化合物）是通过抑制阳极过程或者影响阴极过程而产生缓蚀效果的，故有阳极型作用理论及阴极型作用理论。

阳极型作用理论认为：一些氧化剂型缓蚀剂或者介质中的溶解氧作氧化剂时，缓蚀剂的作用是抑制阳极过程，或促进阳极表面形成氧化膜（钝化膜），从而减小腐蚀速率。

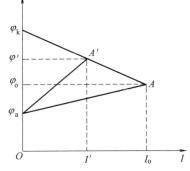

图 3-2-16　阳极型缓蚀剂作用机理

从图 3-2-16 中可以看出，当加入阳极型缓蚀剂后，腐蚀电流由原来 I_o 减小为 I'；腐蚀电位 φ_o 向正向移动到 φ'。腐蚀电位正移是阳极型缓蚀剂的特点。

阴极型作用理论认为：一些缓蚀剂是通过抑制阴极而产生缓蚀作用的（图 3-2-17）。当加入阴极型缓蚀剂后，腐蚀电流由原来 I_o 减小为 I'；腐蚀电位 φ_o 向负移动到 φ'，使腐蚀电位负移是阴极型缓蚀剂的特征。

如果缓蚀剂同时对阳极过程和阴极过程产生作用，就称为混合型缓蚀剂。从图 3-2-18 可以看出，混合型缓蚀剂使得腐蚀电流减小，但是自腐蚀电位变化很小。

由上可知，根据自腐蚀电位的变化情况，可以判断缓蚀剂的类型。

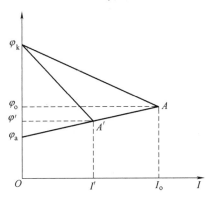

图 3-2-17　阴极型缓蚀剂作用机理

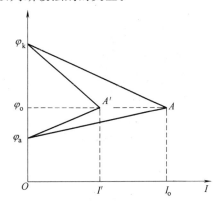

图 3-2-18　混合型缓蚀剂作用机理

3. 沉淀作用理论

这一理论认为一些缓蚀剂是由于自身的相互作用或者与介质中金属离子反应而产生了沉积于金属表面的沉积膜，从而起到的缓蚀作用。

三、缓蚀剂的选择与介质的控制

（1）缓蚀剂的选择　从缓蚀剂的分类和作用机制可看出，选择缓蚀剂时要注意到受保护金属及介质的种类、腐蚀体系的控制步骤、金属在介质中的电化学特性等。除上述因素以外，还要注意下面 3 点。

① 空间。当介质处在较小的空间中或者在作循环使用时，加缓蚀剂是方便有效的防护方法。而当空间很大时，如果用缓蚀剂，将消耗太大，成本增高。

② 成本。选择缓蚀剂时一定要注意成本，有的缓蚀剂效果很好，但是成本很高。

③ 环境保护。有些缓蚀剂有毒，选用时要注意它们的应用场所。另外还要注意废水排放和处理问题。

（2）介质的控制　介质的成分、浓度、pH、温度、压力、流速等因素均影响着金属在介质中的腐蚀，控制这些因素能有效地改善金属的腐蚀性。例如，当盐酸中无氧时，铜不发生腐蚀，有氧后将发生腐蚀；在含氧的氯离子介质中，只需约 10ppm（0.001%）的 Cl^-，奥氏体不锈钢就可产生应力腐蚀开裂，而在无氧情况下，含 Cl^- 量大于 1000ppm 时，它也不发生开裂；黄铜在含氨的环境中必须有氧和水时才引起应力腐蚀开裂；等等。这些例子均说明了控制介质，特别是控制其中的关键成分的重要性。

介质的控制主要是对成分、pH、温度等的控制。锅炉中的给水、反应堆系统及各种冷凝器中的供水装置均易受水的腐蚀，为减小腐蚀，常采用热力法或化学法除氧。

常用金属的腐蚀速率与介质的 pH 关系如图 3-2-19 所示。由图可知，两性金属在强酸性、强碱性介质中很不耐蚀；除贵金属和两性金属以外，当 pH＞10 后，其他金属的腐蚀速率均会大幅度下降（当 pH＞14 后，铁将快速溶解）。所以介质 pH 对金属腐蚀速率有显著的影响。为了减少腐蚀，应对 pH 加以控制。

图 3-2-19　pH 对金属腐蚀速率的影响

1—Au、Pt；2—Al、Zn、Pb；3—Fe、Cd、Mg、Ni 等

控制 pH 的办法是在介质中添加化学药品，例如锅炉给水和工业用冷却水中，如果含有酸性物质，此时 pH＜7，可能会发生氢去极化腐蚀。这时给水中加入氨水（注意，氨水可能使黄铜产生应力腐蚀开裂）或加入胺，可提高水的 pH。

活动 1　分析缓蚀剂防护

1. 明确工作任务

（1）分类列举出常见的缓蚀剂。

（2）阐述有机缓蚀剂的防护机理。

2. 组织分工

学生 2~3 人为一组，分工协作，完成工作任务。

序号	人员	职责
1		
2		
3		

活动 2　清洁教学现场

1. 清扫教学区域，保持工作场所干净、整洁。
2. 产生的废弃物品，统一回收到垃圾桶，不可随意丢弃。
3. 关闭水电气和门窗，最后离开教室的学生锁好门锁。

活动 3　撰写总结报告

回顾缓蚀剂防护认知过程，每人写一份总结报告，内容包括心得体会、团队完成情况、个人参与情况、做得好的地方、尚需改进的地方等。

1. 学生以小组为单位，按照任务要求，进行自查、互评与总结。
2. 教师参照评分标准进行考核评价。
3. 师生总结评价，改进不足，将来在学习或工作中做得更好。

序号	考核项目	考核内容	配分	得分
1	技能训练	缓蚀剂种类列举齐全	30	
		有机缓蚀剂的防护机理阐述准确	20	
		实训报告诚恳、体会深刻	15	
2	求知态度	求真求是、主动探索	5	
		执着专注、追求卓越	5	
3	安全意识	着装和个人防护用品穿戴正确	5	
		爱护工器具、机械设备，文明操作	5	
		如发生人为的操作安全事故、设备人为损坏、伤人等情况，安全意识不得分		
4	团结协作	分工明确、团队合作能力	3	
		沟通交流恰当，文明礼貌、尊重他人	2	
		自主参与程度、主动性	2	

续表

序号	考核项目	考核内容	配分	得分
5	现场整理	劳动主动性、积极性	3	
		保持现场环境整齐、清洁、有序	5	

子任务五　熟知选材与结构设计

学习目标

1. 知识目标

（1）掌握材料选择的防腐注意事项。
（2）掌握化工设备常用防腐结构设计。

2. 能力目标

（1）能从防腐角度阐述材料选用注意事项。
（2）能从防腐角度分析化工设备结构设计的合理性。

3. 素质目标

（1）通过信息收集、小组讨论、练习、考核等教学活动，培养学生追求卓越的工匠精神、主动探索的科学精神和团结协作的职业精神。
（2）通过对教学场地的整理、整顿、清扫、清洁，培养学生的劳动精神。

任务描述

　　选材是一项细致而又复杂的工作。它既要考虑工艺条件及其生产中可能发生的变化，又要考虑材料的结构、性能及其在使用中可能发生的变化。

　　实际工况条件下的腐蚀比较复杂，腐蚀破坏的形式亦多种多样，影响因素诸多。正确选材后，设备结构设计、工艺设计对腐蚀的影响极为重要。人们说"腐蚀是从绘图板开始的"，这就意味着一个构件、一套设备、一个新工艺，当它还在绘图阶段，就应该考虑防腐蚀，这可避免或减轻材料的许多腐蚀损伤。因此将腐蚀及其控制的基本知识与设备的结构设计相结合，采用对防止腐蚀有利的设计同样是腐蚀控制的重要途径。

　　作为化工厂机修车间的技术人员，要求小王掌握一些选材和防腐结构设计方面的知识。

一、正确选用材料

为了保证设备长期安全运转，将合理选材、正确设计、精心施工制造及良好的维护管理等几方面的工作密切结合起来，是十分重要的。而材料选择则是其中最首要的一环。合理选材是一项细致而又复杂的技术。它既要考虑工艺条件及其生产中可能发生的变化，又要考虑材料的结构、性质及其使用中可能发生的变化。

1. 设备的工作条件

（1）介质、温度和压力　金属构件设备一般是在特定条件下工作的，工作介质的情况是选材时首先要分析和考虑的问题。设备中的介质是氧化性的还是还原性的，其浓度如何；含不含杂质，杂质的性质如何；杂质是减缓腐蚀的还是加速腐蚀的，如果是加速腐蚀的，其加速原因是什么；此外，介质的导电性、pH 及生成腐蚀产物的性质等，都要了解清楚。例如硝酸是氧化性酸，应选用在氧化性介质中易形成良好氧化膜的材料，如不锈钢、铝、钛等金属材料。盐酸是还原性酸，选用非金属材料则有其独特的优点。在硝酸浓度不同时，不同材料又显示出不同的耐蚀性，例如稀硝酸中用不锈钢，浓硝酸中则要选用纯铝。

其次要考虑设备所处的温度是常温、高温还是低温。通常温度升高，腐蚀速率加快。在高温下稳定的材料，常温时也往往是稳定的；但在常温下稳定的材料，在高温时就不一定稳定。例如在浓度大于 70% 的硫酸中，常温下碳钢是耐蚀的，温度高于 70℃ 时就不耐蚀了。而高分子材料在高温时要考虑老化、蠕变及分解的问题，低温时还要考虑材料的冷脆问题，例如在深度冷冻装置中，一般选用铜、铝、不锈钢，而不能用碳钢。

另外，还要考虑设备的压力是常压、中压、高压还是负压。通常是压力越高，对材料的耐蚀性能要求越高，所需材料的强度要求也越高。非金属材料、铝、铸铁等往往难于在有压力的条件下工作，这时需考虑选用强度高的其他材料或衬里结构等防护方法。

（2）设备的类型和结构　选材时要考虑设备的用途、工艺过程及其结构设计特点，例如泵是流体输送机械，要求材料具有良好的抗磨蚀性能和良好的铸造性能；高温炉要求材料具有良好的耐热性能；换热器除了要求材料有良好的耐蚀性外，还要求有良好的导热性以及表面光滑度，不易在其上生成坚实的垢层。

（3）环境对材料的腐蚀　除均匀腐蚀外，特别要注意晶间腐蚀、电偶腐蚀、缝隙腐蚀、点蚀、应力腐蚀开裂及腐蚀疲劳等类型的局部腐蚀，例如不锈钢、铝在海水中可能产生点蚀，在选材时就要予以注意。

（4）产品的特殊要求　例如在合成纤维生产中，不允许有金属离子的污染，设备一般采用不锈钢。而医药、食品工业中，设备选用铝、不锈钢、钛、搪瓷及其他非金属材料。

2. 材料的性能

作为结构材料一般要具有一定的强度、塑性和冲击韧性。例如铝的强度低，不能作为独立的结构材料使用，一般只作为设备的衬里材料。

材料加工工艺性能的好坏往往是决定该材料能否用于生产的关键。例如高硅铸铁在很多介质中耐蚀性都很好,但因其又硬又脆,切削加工困难,只能采用铸造工艺,而且成品率较低,使设备成本费增高,限制了它的应用;又如新研制的一些耐蚀用钢,由于焊接性能不过关,也影响了其推广应用。

任何材料都不是万能的,所谓耐蚀也是相对的,因此选材时要根据具体情况进行具体分析。此外还要考虑材料的价格与来源,要有经济观点。

根据上述原则,选材时一般要进行下列几方面的工作。首先可以查阅有关资料。许多耐蚀材料手册及腐蚀数据图册对各种材料在不同介质中的耐蚀性能有定量或定性的介绍,有的手册还附有常用的酸、碱介质的选材图和腐蚀图,可供选材时参考。但手册上大多是单一成分的腐蚀数据,而实际介质中往往含有多种成分,特别是某些少量杂质,有时对腐蚀的影响很大,这些因素在手册中常常反映不出来,这时就应该到生产实际中进行调查研究,根据类似条件下材料的实际应用情况来选用材料。如果通过这两方面的工作能够满足设备的耐蚀、强度和加工工艺要求,就可以选定所需的材料。但在缺乏足够的数据和使用经验时(特别是新工艺),就要进行材料的耐蚀性能试验。

二、防腐结构设计

很多场合,机械设备的结构与腐蚀密切相关,不合理的结构设计常常会出现局部应力集中、流体滞留、构成缝隙、局部过热等而引起多种不同形态的局部腐蚀。在结构设计中,需要注意以下几点。

(1) 外形力求简单　简单的外形结构便于实施防护措施、检查、维修和故障排除。无法简化结构的设备,可以将构件设计成分体结构,使腐蚀严重的部位易于拆卸和更换。

(2) 防止积水和积尘　在易于积水和积尘的部位往往腐蚀更严重,因此在结构设计时应注意以下几点。

① 尽量采用密闭结构,以防雨水、雾气、灰尘甚至海水的侵入。

② 容器的出口应位于最低处,可能积液的地方要开设排水孔(见图3-2-20)。

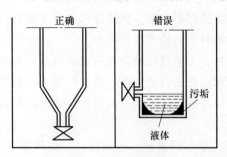

图 3-2-20　容器的出口处设计

③ 布置合适的通风口,以防湿气的汇集和凝露。

④ 尽量避免尖角、凹槽和缝隙,以防冷凝水和灰尘积聚。

⑤ 尽量少用吸水性强的材料,若不可避免,周围应密封。

(3) 防止缝隙腐蚀　可以通过拓宽缝隙、填塞缝隙、改变缝隙位置或防止介质进入等措施加以避免,如图3-2-21所示。

(4) 防止电偶腐蚀　设计时尽量避免电位相差较大的金属直接连接在一起;在连接部位及铆钉、螺钉或点焊连接头处,应当有隔离绝缘层;设计时注意异类金属接触时的面积比;尽量使接触处没有水分的积聚。

(5) 防止应力腐蚀开裂、氢脆和腐蚀疲劳　应避免使用应力、装配应力和残余应力在同一个方向上叠加;合理地控制材料的最大允许应力;尽量避免零件应力集中和局部受热,设

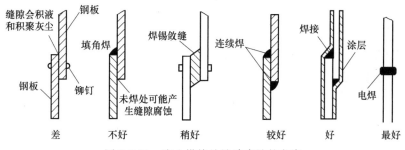

图 3-2-21 防止搭接处缝隙腐蚀的方案

计时不要有尖角;加大危险截面的尺寸和局部强度;设计的结构应力求避免产生振动、颤动或传递振动,避免载荷及温度急剧变化情况的出现。

活动 1 分析选材与结构设计

1. 明确工作任务

(1)选用防腐材料时应考虑哪些因素?

(2)从防腐角度,分析实训室管壳式换热器结构设计的合理性。

2. 组织分工

学生 2~3 人为一组,分工协作,完成工作任务。

序号	人员	职责
1		
2		
3		

活动 2 清洁教学现场

1. 清扫教学区域,保持工作场所干净、整洁。
2. 产生的废弃物品,统一回收到垃圾桶,不可随意丢弃。
3. 关闭水电气和门窗,最后离开教室的学生锁好门锁。

活动 3 撰写总结报告

回顾选材与结构设计认知过程,每人写一份总结报告,内容包括心得体会、团队完成情况、个人参与情况、做得好的地方、尚需改进的地方等。

1. 学生以小组为单位，按照任务要求，进行自查、互评与总结。
2. 教师参照评分标准进行考核评价。
3. 师生总结评价，改进不足，将来在学习或工作中做得更好。

序号	考核项目	考核内容	配分	得分
1	技能训练	防腐材料选择时的考虑因素阐述合理	20	
		管壳式换热器结构设计防腐分析合理	30	
		实训报告诚恳、体会深刻	15	
2	求知态度	求真求是、主动探索	5	
		执着专注、追求卓越	5	
3	安全意识	着装和个人防护用品穿戴正确	5	
		爱护工器具、机械设备，文明操作	5	
		如发生人为的操作安全事故、设备人为损坏、伤人等情况,安全意识不得分		
4	团结协作	分工明确、团队合作能力	3	
		沟通交流恰当、文明礼貌、尊重他人	2	
		自主参与程度、主动性	2	
5	现场整理	劳动主动性、积极性	3	
		保持现场环境整齐、清洁、有序	5	

模块四

公差与配合

任务一 识读与标注公差与配合

子任务一　极限偏差数值计算

学习目标

1. 知识目标

（1）掌握尺寸、偏差和公差的相关含义。
（2）掌握公差和极限偏差数值的计算方法。

2. 能力目标

（1）能说出公差和偏差的含义。
（2）能查标准，计算出图纸上的尺寸极限偏差。

3. 素质目标

（1）通过信息收集、小组讨论、练习、考核等教学活动，培养学生追求卓越的工匠精神、主动探索的科学精神和团结协作的职业精神。
（2）通过对教学场地的整理、整顿、清扫、清洁，培养学生的劳动精神。

任务描述

互换性是指在规格相同的一批零件中，不需任何挑选或辅助加工（如钳工修配）或调整就可装上机器（或部件），并满足技术标准规定的质量指标和使用性能。例如，一批规格为 M12-6H 的螺母，如果都能与其相配的 M12-6g 螺栓自由旋合，并且满足原定的连接强度要求，则这批螺母就具有互换性；也可用于某些部件上，例如滚动轴承作为部件而互换。

在机械制造中，标准化是广泛实现互换性生产的前提，而公差与配合等互换性标准都是重要的基础标准。

在零件加工制造过程中，由于机床、夹具、刀具及工件系统产生的受力变形、热变形以及振动、磨损和安装、调整等因素的影响，被加工零件的几何参数不可避免地会产生误差，即加工误差。其包括尺寸误差、形状误差、位置误差、表面粗糙度等。

使相同规格的零、部件的几何参数达到完全一致，几乎是不可能的。实际上，合理控制零件的误差不超出一定的范围，不仅能够满足装配后的使用要求，也可以使零件在制造时经济合理。这个允许零件几何参数的变动量就称为公差。

加工误差是在零件加工过程中产生的，它的大小受加工过程中各种因素的影响。公差是允许零件尺寸的变动量，它是在设计中给定的。同一规格零件，规定的公差值越大，零件"精度"越低，越容易加工；反之，"精度"越高，加工越困难。所以，在满足使用要求的前提下，应尽量规定较大的公差值。

作为检修车间的技术人员，要求小王掌握孔、轴的公差与偏差相关知识。

一、尺寸认知

1. 尺寸

尺寸是指用特定单位表示长度值的数字，如长度、厚度、直径及中心距离等。机械工程中规定，一般以毫米（mm）作为尺寸的特定单位。

2. 公称尺寸

公称尺寸是指设计给定的尺寸，孔用 D、轴用 d 表示。它是根据产品的使用要求，根据零件的强度、结构等要求，通过计算或者试验、类比等方法确定的。如图 4-1-1 所示，ϕ20mm 及 30mm 为圆柱销直径和长度的基本尺寸。

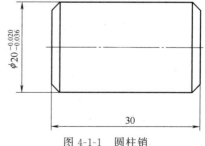

图 4-1-1　圆柱销

3. 实际尺寸

实际尺寸是指通过测量得到的尺寸,孔用 D_a、轴用 d_a 表示。由于加工误差的存在,按照同一图样要求所加工的零件,实际尺寸往往不同,即使是同一零件的不同位置、不同方向的实际尺寸也往往不一样。如图 4-1-2 所示,实际尺寸是实际零件上某一位置的实际测得值,加之测量时还存在着测量误差,所以实际尺寸并非真值。

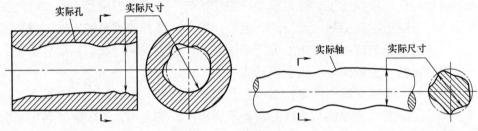

图 4-1-2 实际尺寸

4. 极限尺寸

极限尺寸是指允许尺寸变化的两个界限值。其中,尺寸较大的称为最大极限尺寸,孔用 D_{max}、轴用 d_{max} 表示;尺寸较小的称为最小极限尺寸,孔用 D_{min}、轴用 d_{min} 表示,如图 4-1-3 所示。

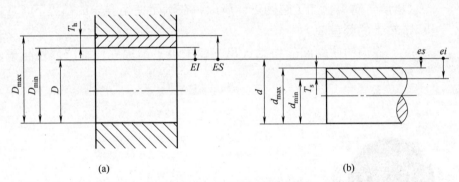

图 4-1-3 公称尺寸、极限尺寸、极限偏差、公差

公称尺寸和极限尺寸是设计给定的,实际尺寸应限制在极限尺寸范围内,也可达到极限尺寸。孔、轴实际尺寸的合格条件如下:

对于孔 $\qquad D_{min} \leqslant D_a \leqslant D_{max}$

对于轴 $\qquad d_{min} \leqslant d_a \leqslant d_{max}$

5. 最大实体状态和最大实体尺寸

最大实体状态(MMC)是指假定实际尺寸处处位于极限尺寸之内且具有实体最大(即材料最多)时的状态。实际要素在最大实体状态下的极限尺寸称为最大实体尺寸(MMS)或最大实体极限(MML)。轴的最大实体尺寸为上极限尺寸 d_{max},用代号 d_M 表示;孔的最大实体尺寸为下极限尺寸 D_{min},用代号 D_m 表示。例如轴 $\phi 20_{-0.05}^{0}$,其最大实体尺寸为 $\phi 20$,而孔 $\phi 20_{0}^{+0.05}$ 的最大实体尺寸为 $\phi 20$,如图 4-1-4 所示。

6. 最小实体状态和最小实体尺寸

最小实体状态(LMC)是指假定实际尺寸处处位于极限尺寸之内且具有实体最小(即

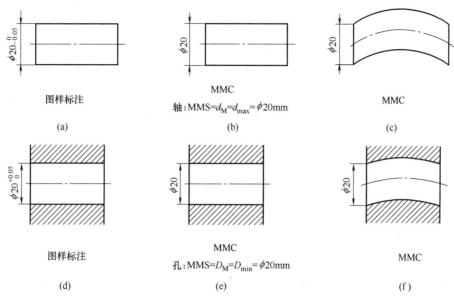

图 4-1-4 最大实体状态和最大实体尺寸

材料最少）时的状态。实际要素在最小实体状态下的极限尺寸称为最小实体尺寸（LMS）或最小实体极限（LML）。轴的最小实体尺寸为下极限尺寸 $d_{\min}$，用代号 d_L 表示；孔的最小实体尺寸为上极限尺寸 $D_{\max}$，用代号 D_L 表示。

最大和最小实体状态都是设计规定的合格零件的材料量所具有的两个极限状态。例如轴 $\phi 20_{-0.05}^{0}$，其最大实体尺寸为 $\phi 19.95$，而孔 $\phi 20_{0}^{+0.05}$ 的最大实体尺寸为 $\phi 20.05$，见图 4-1-5。

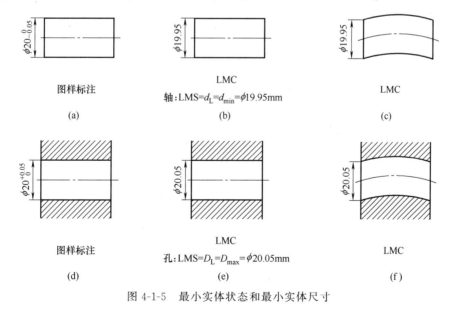

图 4-1-5 最小实体状态和最小实体尺寸

二、偏差认知

1. 尺寸偏差

某一尺寸减其公称尺寸所得到的代数差称为尺寸偏差，简称偏差。

2. 极限偏差

极限尺寸减其公称尺寸所得到的代数差称为极限偏差。

由于极限尺寸有上极限尺寸和下极限尺寸之分,因此极限偏差分为上极限偏差和下极限偏差。合格零件的实际偏差应在上、下极限偏差之间。

(1) 上极限偏差　上极限尺寸减其公称尺寸所得到的代数差称为上极限偏差。孔、轴的上极限偏差分别用 "ES" "es" 表示,如图 4-1-3 所示。其计算公式如下:
$$ES = D_{max} - D$$
$$es = d_{max} - d$$

(2) 下极限偏差　下极限尺寸减其公称尺寸所得到的代数差称为下极限偏差。孔、轴的下极限偏差分别用 "EI" "ei" 表示,如图 4-1-3 所示。其计算公式如下:
$$EI = D_{min} - D$$
$$ei = d_{min} - d$$

3. 实际偏差

实际尺寸减其公称尺寸所得到的代数差称为实际偏差。孔的实际偏差用 "E_a" 表示,轴的实际偏差用 "e_a" 表示,即 $E_a = D_a - D$,$e_a = d_a - d$。

由于某一尺寸可以大于、等于或小于公称尺寸,所以偏差值可以为正值、负值或零,使用时除零外,必须标上相应的 "+" 或 "-" 号。孔、轴实际偏差的合格条件如下:

对于孔　　　　$EI \leqslant E_a \leqslant ES$

对于轴　　　　$ei \leqslant e_a \leqslant es$

在图样和技术文件上标注极限偏差数值时,上极限偏差标在公称尺寸的右上角,下极限偏差标在公称尺寸的右下角。当上、下极限偏差为零值时,必须在相应位置上标注 "0",不能省略,如 $\phi 50^{+0.119}_{+0.080}$ mm,$\phi 50^{\ 0}_{-0.039}$ mm,$\phi 50^{+0.039}_{0}$ mm。当上、下极限偏差数值相等而符号相反时,可简化标注,如 $\phi 50 \pm 0.019$ mm。

三、公差认知

1. 尺寸公差

上极限尺寸与下极限尺寸之差,或上极限偏差与下极限偏差之差称为尺寸公差,简称公差,如图 4-1-3 所示。

由于尺寸公差是允许尺寸的变动量,而变动量只涉及公差值的大小,因此用绝对值定义。孔、轴的尺寸公差分别用 "T_h" "T_s" 表示。其计算公式如下:
$$T_h = |D_{max} - D_{min}| = |ES - EI|$$
$$T_s = |d_{max} - d_{min}| = |es - ei|$$

由于加工误差不可避免,即零件的实际(组成)要素总是变动的,所以尺寸公差不能取零值。从加工的角度看,公称尺寸相同的零件,公差值越大,加工就越容易;反之,加工就越困难。公差是用以限制误差的,工件的误差在公差范围内即为合格;反之,则为不合格。

2. 零线、公差带与公差带图解

(1) 极限与配合示意图　由于公差和偏差的数值比公称尺寸的数值小得多,不能用同一比例表示,因此需要将公差值按规定放大(放大比例一般选 500∶1,偏差值较小时可选 1000∶1)画出,这种说明公称尺寸、极限偏差和公差之间的关系的图称为极限与配合示意图，如图 4-1-6 所示。从图中可以直观地看出公称尺寸、极限尺寸、极限偏差和公差之间的关系。

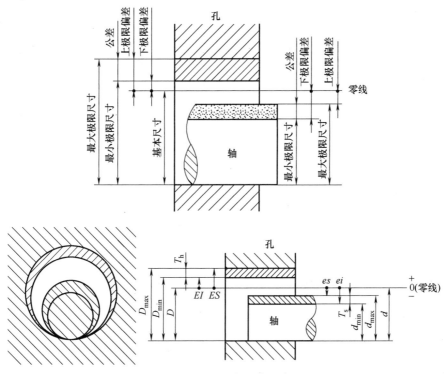

图 4-1-6 极限与配合示意

(2) 极限与配合图解 为了简化起见，在实际应用中常不画出孔和轴的全形，只要按规定将有关公差部分放大画出即可，这种图称为极限与配合图解，又称公差带图解，如图 4-1-7 所示。

(3) 零线 在极限与配合图解中，表示公称尺寸的一条直线称为零线。零线是偏差的起始线即零偏差线，以零线为基准，确定偏差和公差。通常，零线沿水平方向绘制，

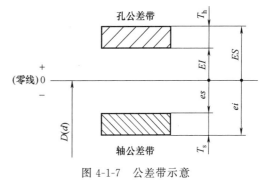

图 4-1-7 公差带示意

在零线左端并与零线对齐的位置标上"0"和"+""-"号，在其左下方画上带箭头的尺寸线，并标上公称尺寸值。正偏差位于零线上方，负偏差位于零线下方，零偏差与零线重合。

(4) 公差带 在极限与配合图解中，由代表上极限偏差和下极限偏差或上极限尺寸和下极限尺寸的两条直线所限定的一个区域称为尺寸公差带，简称公差带。

公差带是由公差大小和其相对零线的位置即基本偏差确定的，公差带沿零线方向的长度可以适当选取。为了区别，一般在同一图解中，孔、轴公差带的剖面线方向应该相反，且疏密程度不同（一般情况下，轴公差带的剖面线要比孔公差带的剖面线密一些），如图 4-1-7 所示。

从极限与配合图解中可以看出确定公差带的要素有两个——公差带的大小和公差带的位

置。公差带的大小从几何意义上讲是指公差带沿垂直于零线方向的宽度，由公差值的大小确定。公差带的位置由极限偏差相对零线的位置确定。

[例 4-1-1] 画出一孔为 $\phi 50^{+0.039}_{0}$ mm 和一轴为 $\phi 50^{-0.025}_{-0.064}$ mm 的公差带图解。

解：
① 作零线，标注"0""+""−"，然后画出单向尺寸线并标上公称尺寸 $\phi 50$。
② 选择合适比例画出孔、轴公差带，标注极限偏差值，如图 4-1-8 所示。

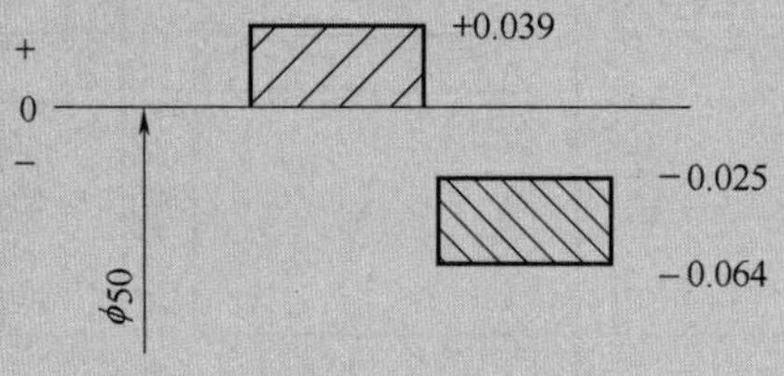

图 4-1-8　$\phi 50^{+0.039}_{0}$ mm 的孔和 $\phi 50^{-0.025}_{-0.064}$ mm 的轴的公差带图解

四、公差与偏差计算

1. 标准公差系列

极限与配合国家标准已对公差值进行了标准化，其中由若干标准公差数值所组成的系列称为标准公差系列。

（1）标准公差　在极限与配合国家标准中所规定的用以确定公差带大小的任一公差数值称为标准公差。标准公差用"IT"表示。

（2）标准公差等级及数值　确定尺寸精确程度的等级称为标准公差等级。标准公差等级代号由符号 IT 和数字组成，例如，IT9 表示标准公差 9 级。当与代表基本偏差的字母一起组成公差带时，省略符号 IT，如 H9、h8。

极限与配合国家标准中，在公称尺寸小于或等于 500mm 范围内规定了 IT01、IT0、IT1～IT18 共 20 个标准公差等级；在公称尺寸为 500～3150mm 范围内规定了 IT1～IT18 共 18 个标准公差等级；其中 IT01 精度最高（公差值最小），其余依次降低，IT18 精度最低（公差值最大）。

（3）公称尺寸分段　标准公差数值不仅与公差等级有关，还与公称尺寸有关。为了简化标准公差数值表格，国家标准采用了公称尺寸分段的方法，将至 3150mm 的公称尺寸分为 21 个主段落，将至 500mm 的公称尺寸分为 13 个主段落。对同一尺寸段内的所有公称尺寸，在公差等级相同的情况下，规定相同的标准公差，其数值见表 4-1-1 所列的标准公差数值（GB/T 1800.1—2020）。

表 4-1-1　标准公差数值

公称尺寸/mm		标准公差等级																		
		IT01	IT0	IT1	IT2	IT3	IT4	IT5	IT6	IT7	IT8	IT9	IT10	IT11	IT12	IT13	IT14	IT15	IT16	IT17	IT18
		标准公差数值																		
大于	至	μm												mm						
—	3	0.3	0.5	0.8	1.2	2	3	4	6	10	14	25	40	60	0.1	0.14	0.25	0.4	0.6	1	1.4
3	6	0.4	0.6	1	1.5	2.5	4	5	8	12	18	30	48	75	0.12	0.18	0.3	0.48	0.75	1.2	1.8
6	10	0.4	0.6	1	1.5	2.5	4	6	9	15	22	36	58	90	0.15	0.22	0.36	0.58	0.9	1.5	2.2
10	18	0.5	0.8	1.2	2	3	5	8	11	18	27	43	70	110	0.18	0.27	0.43	0.7	1.1	1.8	2.7

续表

公称尺寸/mm		标准公差等级																		
大于	至	IT01	IT0	IT1	IT2	IT3	IT4	IT5	IT6	IT7	IT8	IT9	IT10	IT11	IT12	IT13	IT14	IT15	IT16	IT17	IT18
		标准公差数值																		
		μm													mm						
18	30	0.6	1	1.5	2.5	4	6	9	13	21	33	52	84	130	0.21	0.33	0.52	0.84	1.3	2.1	3.3
30	50	0.6	1	1.5	2.5	4	7	11	16	25	39	62	100	160	0.25	0.39	0.62	1	1.6	2.5	3.9
50	80	0.8	1.2	2	3	5	8	13	19	30	46	74	120	190	0.3	0.46	0.74	1.2	1.9	3	4.6
80	120	1	1.5	2.5	4	6	10	15	22	35	54	87	140	220	0.35	0.54	0.87	1.4	2.2	3.5	5.4
120	180	1.2	2	3.5	5	8	12	18	25	40	63	100	160	250	0.4	0.63	1	1.6	2.5	4	6.3
180	250	2	3	4.5	7	10	14	20	29	46	72	115	185	290	0.46	0.72	1.15	1.85	2.9	4.6	7.2
250	315	2.5	4	6	8	12	16	23	32	52	81	130	210	320	0.52	0.81	1.3	2.1	3.2	5.2	8.1
315	400	3	5	7	9	13	18	25	36	57	89	140	230	360	0.57	0.89	1.4	2.3	3.6	5.7	8.9
400	500	4	6	8	10	15	20	27	40	63	97	155	250	400	0.63	0.97	1.55	2.5	4	6.3	9.7
500	630			9	11	16	22	32	44	70	110	175	280	440	0.7	1.1	1.75	2.8	4.4	7	11
630	800			10	13	18	25	36	50	80	125	200	320	500	0.8	1.25	2	3.2	5	8	12.5
800	1000			11	15	21	28	40	56	90	140	230	360	560	0.9	1.4	2.3	3.6	5.6	9	14
1000	1250			13	18	24	33	47	66	105	165	260	420	660	1.05	1.65	2.6	4.2	6.6	10.5	16.5
1250	1600			15	21	29	39	55	78	125	195	310	500	780	1.25	1.95	3.1	5	7.8	12.5	19.5
1600	2000			18	25	35	46	65	92	150	230	370	600	920	1.5	2.3	3.7	6	9.2	15	23
2000	2500			22	30	41	55	78	110	175	280	440	700	1100	1.75	2.8	4.4	7	11	17.5	28
2500	3150			26	36	50	68	96	135	210	330	540	860	1350	2.1	3.3	5.4	8.6	13.5	21	33

2. 基本偏差系列

（1）基本偏差　在极限与配合制中，确定公差带相对零线位置的那个极限偏差，称为基本偏差。它可以是上极限偏差或下极限偏差，一般为靠近零线的那个偏差，如图 4-1-9 所示。

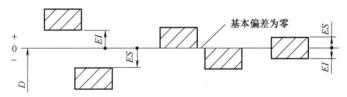

图 4-1-9　孔的基本偏差示意

如果公差带相对于零线位置呈对称分布，则其基本偏差可以是上极限偏差或下极限偏差。例如，$\phi 18\pm 0.035$mm 的基本偏差可以为上极限偏差＋0.035mm，也可以为下极限偏差－0.035mm。

（2）基本偏差代号　基本偏差代号用拉丁字母表示，大写字母表示孔的基本偏差，小写字母表示轴的基本偏差。为了不与其他代号发生混淆，在 26 个字母中除去 I、L、O、Q、W（i、l、o、q、w）5 个字母，又增加了 7 个双写字母 CD、EF、FG、JS、ZA、ZB、ZC（cd、ef、fg、js、za、zb、zc）。这样，孔和轴各有 28 个基本偏差代号，如表 4-1-2 所示。

表 4-1-2　孔和轴的基本偏差代号

孔	A	B	C	D	E	F	G	H	J	K	M	N	P	R	S	T	U	V	X	Y	Z			
			CD		EF	FG			JS													ZA	ZB	ZC
轴	a	b	c	d	e	f	g	h	j	k	m	n	p	r	s	t	u	v	x	y	z			
			cd		ef	fg			js													zs	zb	zc

（3）基本偏差系列图及其特征　图 4-1-10 为基本偏差系列图，孔和轴同字母的基本偏差相对零线基本呈对称分布，它表示基本尺寸相同的 28 种孔、轴的基本偏差相对零线的位

置关系。图中所画的公差带是开口公差带,这是因为基本偏差只表示公差带的位置,不表示公差带大小。所以,图中公差带只画了靠近零线的一端,另一端是开口的,开口端的极限偏差由标准公差来确定。

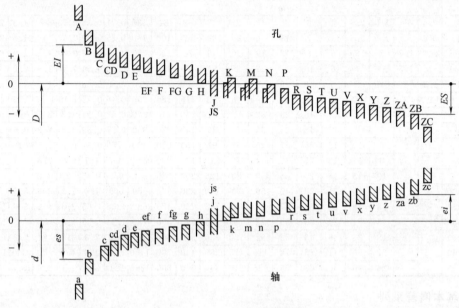

图 4-1-10 基本偏差系列

从图 4-1-10 可以看出以下特征。

① 孔的基本偏差从 A~H 皆为下偏差 EI,J~ZC(JS 除外)为上偏差 ES,代号为 H 的下偏差 $EI=0$,它是基孔制中基准孔的基本偏差代号。轴的基本偏差从 a~h 皆为上偏差 es,j~zc(js 除外)为下偏差 ei,代号为 h 的上极限偏差 $es=0$,它是基轴制中基准轴的基本偏差代号。

② 基本偏差代号为 JS 和 js 的公差带,在各公差等级中完全对称于零线,因此按国标对基本偏差的定义,其基本偏差可为上偏差(数值为 $+IT/2$),也可为下偏差(数值为 $-IT/2$)。为统一起见,在基本偏差数值表中将 JS 划归为下偏差,将 js 划归为上偏差。

③ 代号为 K 和 N 的基本偏差的数值随公差等级的不同而分为两种情况(K 可为正值或零值,N 可为负值或零),而代号为 M 的基本偏差数值随公差等级的不同则有三种不同的情况(正值、负值或零)。代号为 k 的基本偏差的数值随公差等级的不同而分为两种情况(k 可为正值或零)。

④ JS 将逐渐取代近似对称的偏差 J,所以在国标中孔仅保留了 J6、J7、J8,其基本偏差为上极限偏差,J 的基本偏差随公差等级不同而偏差数值有所不同。js 将逐渐取代近似对称的偏差 j,所以在国标中轴仅保留了 j5、j6、j7、j8 几种,其基本偏差为下极限偏差,j 的基本偏差随公差等级不同而偏差数值有所不同。

⑤ 除 J(j)和 JS(js)特殊情况外(两端开口),由于基本偏差仅确定公差带的位置,因而公差带的另一端未加限制(一端开口)。

(4)基本偏差表 在国标中,对孔、轴的基本偏差数值作了基本的规定,将用计算的方法得到的数值列为轴的基本偏差数值表和孔的基本偏差数值表(GB/T 1800.1—2020),如表 4-1-3~表 4-1-6 所示。

表 4-1-3 轴 a~j 的基本偏差数值

公称尺寸/mm		基本偏差数值/μm													
		上极限偏差,es											下极限偏差 ei		
		所有公差等级											IT5 和 IT6	IT7	IT8
大于	至	a[①]	b[①]	c	cd	d	e	ef	f	fg	g	h	js	j		
—	3	−270	−140	−60	−34	−20	−14	−10	−6	−4	−2	0		−2	−4	−6
3	6	−270	−140	−70	−46	−30	−20	−14	−10	−6	−4	0		−2	−4	
6	10	−280	−150	−80	−56	−40	−25	−18	−13	−8	−5	0		−2	−5	
10	14	−290	−150	−95	−70	−50	−32	−23	−16	−10	−6	0		−3	−6	
14	18	−290	−150	−95	−70	−50	−32	−23	−16	−10	−6	0		−3	−6	
18	24	−300	−160	−110	−85	−65	−40	−25	−20	−12	−7	0		−4	−8	
24	30	−300	−160	−110	−85	−65	−40	−25	−20	−12	−7	0		−4	−8	
30	40	−310	−170	−120	−100	−80	−50	−35	−25	−15	−9	0	偏差=±ITn/2,式中,n是标准公差等级数	−5	−10	
40	50	−320	−180	−130	−100	−80	−50	−35	−25	−15	−9	0		−5	−10	
50	65	−340	−190	−140		−100	−60		−30		−10	0		−7	−12	
65	80	−360	−200	−150		−100	−60		−30		−10	0		−7	−12	
80	100	−380	−220	−170		−120	−72		−36		−12	0		−9	−15	
100	120	−410	−240	−180		−120	−72		−36		−12	0		−9	−15	
120	140	−460	−260	−200		−145	−85		−43		−14	0		−11	−18	
140	160	−520	−280	−210		−145	−85		−43		−14	0		−11	−18	
160	180	−580	−310	−230		−145	−85		−43		−14	0		−11	−18	
180	200	−660	−340	−240		−170	−100		−50		−15	0		−13	−21	
200	225	−740	−380	−260		−170	−100		−50		−15	0		−13	−21	
225	250	−820	−420	−280		−170	−100		−50		−15	0		−13	−21	
250	280	−920	−480	−300		−190	−110		−56		−17	0		−16	−26	
280	315	−1050	−540	−330		−190	−110		−56		−17	0		−16	−26	
315	355	−1200	−600	−360		−210	−125		−62		−18	0		−18	−28	
355	400	−1350	−680	−400		−210	−125		−62		−18	0		−18	−28	
400	450	−1500	−760	−440		−230	−135		−68		−20	0		−20	−32	
450	500	−1650	−840	−480		−230	−135		−68		−20	0		−20	−32	
500	560					−260	−145		−76		−22	0				
560	630					−260	−145		−76		−22	0				
630	710					−290	−160		−80		−24	0				
710	800					−290	−160		−80		−24	0				
800	900					−320	−170		−86		−26	0				
900	1000					−320	−170		−86		−26	0				
1000	1120					−350	−195		−98		−28	0				
1120	1250					−350	−195		−98		−28	0				
1250	1400					−390	−220		−110		−30	0				
1400	1600					−390	−220		−110		−30	0				
1600	1800					−430	−240		−120		−32	0				
1800	2000					−430	−240		−120		−32	0				
2000	2240					−480	−260		−130		−34	0				
2240	2500					−480	−260		−130		−34	0				
2500	2860					−520	−290		−145		−38	0				
2800	3150					−520	−290		−145		−38	0				

① 公称尺寸≤1mm 时,不使用基本偏差 a 和 b。

表 4-1-4 轴 k～zc 的基本偏差数值

公称尺寸/mm		基本偏差数值/μm													
		下极限偏差，ei													
大于	至	IT4 至 IT7	≤IT3,>IT7	所有公差等级											
		k	k	m	n	p	r	s	t	u	v	x	y	z	za	zb	zc

大于	至	k (IT4-IT7)	k (≤IT3,>IT7)	m	n	p	r	s	t	u	v	x	y	z	za	zb	zc
—	3	0	0	+2	+4	+6	+10	+14		+18		+20		+26	+32	+40	+60
3	6	+1	0	+4	+8	+12	+15	+19		+23		+28		+35	+42	+50	+80
6	10	+1	0	+6	+10	+15	+19	+23		+28		+34		+42	+52	+67	+97
10	14	+1	0	+7	+12	+18	+23	+28		+33		+40		+50	+64	+90	+130
14	18	+1	0	+7	+12	+18	+23	+28		+33	+39	+45		+60	+77	+108	+150
18	24	+2	0	+8	+15	+22	+28	+35		+41	+47	+54	+63	+73	+98	+136	+188
24	30	+2	0	+8	+15	+22	+28	+35	+41	+48	+55	+64	+75	+88	+118	+160	+218
30	40	+2	0	+9	+17	+26	+34	+43	+48	+60	+68	+80	+94	+112	+148	+200	+274
40	50	+2	0	+9	+17	+26	+34	+43	+54	+70	+81	+97	+114	+136	+180	+242	+325
50	65	+2	0	+11	+20	+32	+41	+53	+66	+87	+102	+122	+144	+172	+226	+300	+405
65	80	+2	0	+11	+20	+32	+43	+59	+75	+102	+120	+146	+174	+210	+274	+360	+480
80	100	+3	0	+13	+23	+37	+51	+71	+91	+124	+146	+178	+214	+258	+335	+445	+585
100	120	+3	0	+13	+23	+37	+54	+79	+104	+144	+172	+210	+254	+310	+400	+525	+690
120	140	+3	0	+15	+27	+43	+63	+92	+122	+170	+202	+248	+300	+365	+470	+620	+800
140	160	+3	0	+15	+27	+43	+65	+100	+134	+190	+228	+280	+340	+415	+535	+700	+900
160	180	+3	0	+15	+27	+43	+68	+108	+146	+210	+252	+310	+380	+465	+600	+780	+1000
180	200	+4	0	+17	+31	+50	+77	+122	+166	+236	+284	+350	+425	+520	+670	+880	+1150
200	225	+4	0	+17	+31	+50	+80	+130	+180	+258	+310	+385	+470	+575	+740	+960	+1250
225	250	+4	0	+17	+31	+50	+84	+140	+196	+284	+340	+425	+520	+640	+820	+1050	+1350
250	280	+4	0	+20	+34	+56	+94	+158	+218	+315	+385	+475	+580	+710	+920	+1200	+1550
280	315	+4	0	+20	+34	+56	+98	+170	+240	+350	+425	+525	+650	+790	+1000	+1300	+1700
315	355	+4	0	+21	+37	+62	+108	+190	+268	+390	+475	+590	+730	+900	+1150	+1500	+1900
355	400	+4	0	+21	+37	+62	+114	+208	+294	+435	+530	+660	+820	+1000	+1300	+1650	+2100
400	450	+5	0	+23	+40	+68	+126	+232	+330	+490	+595	+740	+920	+1100	+1450	+1850	+2400
450	500	+5	0	+23	+40	+68	+132	+252	+360	+540	+660	+820	+1000	+1250	+1600	+2100	+2600
500	560	0	0	+26	+44	+78	+150	+280	+400	+600							
560	630	0	0	+26	+44	+78	+155	+310	+450	+660							
630	710	0	0	+30	+50	+88	+175	+340	+500	+740							
710	800	0	0	+30	+50	+88	+185	+380	+560	+840							
800	900	0	0	+34	+56	+100	+210	+430	+620	+940							
900	1000	0	0	+34	+56	+100	+220	+470	+680	+1050							
1000	1120	0	0	+40	+66	+120	+250	+520	+780	+1150							
1120	1250	0	0	+40	+66	+120	+260	+580	+840	+1300							
1250	1400	0	0	+48	+78	+140	+300	+640	+960	+1450							
1400	1600	0	0	+48	+78	+140	+330	+720	+1050	+1600							
1600	1800	0	0	+58	+92	+170	+370	+820	+1200	+1850							
1800	2000	0	0	+58	+92	+170	+400	+920	+1350	+2000							
2000	2240	0	0	+68	+110	+195	+440	+1000	+1500	+2300							
2240	2500	0	0	+68	+110	+195	+460	+1100	+1650	+2500							
2500	2800	0	0	+76	+135	+240	+550	+1250	+1900	+2900							
2800	3150	0	0	+76	+135	+240	+580	+1400	+2100	+3200							

表 4-1-5　孔 A～M 的基本偏差数值

公称尺寸 /mm		基本偏差数值/μm																
		下极限偏差,EI										上极限偏差,ES						
		所有公差等级										IT6	IT7	IT8	≤IT8	>IT8	≤IT8	>IT8
大于	至	A[①]	B[①]	C	CD	D	E	EF	F	FG	G	H	JS	J			K[③,④]		M[②,③,④]	
—	3	+270	+140	+60	+34	+20	+14	+10	+6	+4	+2	0		+2	+4	+6	0	0	−2	−2
3	6	+270	+140	+70	+46	+30	+20	+14	+10	+6	+4	0		+5	+6	+10	−1+Δ		−4+Δ	−4
6	10	+280	+150	+80	+56	+40	+25	+18	+13	+8	+5	0		+5	+8	+12	−1+Δ		−6+Δ	−6
10	14	+290	+150	+95	+70	+50	+32	+23	+16	+10	+6	0		+6	+10	+15	−1+Δ		−7+Δ	−7
14	18																			
18	24	+300	+160	+110	+85	+65	+40	+28	+20	+12	+7	0		+8	+12	+20	−2+Δ		−8+Δ	−8
24	30																			
30	40	+310	+170	+120	+100	+80	+50	+35	+25	+15	+9	0		+10	+14	+24	−2+Δ		−9+Δ	−9
40	50	+320	+180	+130																
50	65	+340	+190	+140		+100	+60		+30		+10	0		+13	+18	+28	−2+Δ		−11+Δ	−11
65	80	+360	+200	+150																
80	100	+380	+220	+170		+120	+72		+36		+12	0		+16	+22	+34	−3+Δ		−13+Δ	−13
100	120	+410	+240	+180																
120	140	+460	+260	+200		+145	+85		+43		+14	0		+18	+26	+41	−3+Δ		−15+Δ	−15
140	160	+520	+280	+210																
160	180	+580	+310	+230																
180	200	+660	+340	+240		+170	+100		+50		+15	0	偏差=±ITn/2,式中n为标准公差等级数	+22	+30	+47	−4+Δ		−17+Δ	−17
200	225	+740	+380	+260																
225	250	+820	+420	+280																
250	280	+920	+480	+300		+190	+110		+56		+17	0		+25	+36	+55	−4+Δ		−20+Δ	−20
280	315	+1050	+540	+330																
315	355	+1200	+600	+360		+210	+125		+62		+18	0		+29	+39	+60	−4+Δ		−21+Δ	−21
355	400	+1350	+680	+400																
400	450	+1500	+760	+440		+230	+135		+68		+20	0		+33	+43	+66	−5+Δ		−23+Δ	−23
450	500	+1650	+840	+480																
500	560					+260	+145		+76		+22	0					0		−26	
560	630																			
630	710					+290	+160		+80		+24	0					0		−30	
710	800																			
800	900					+320	+170		+86		+26	0					0		−34	
900	1000																			
1000	1120					+350	+195		+98		+28	0					0		−40	
1120	1250																			
1250	1400					+390	+220		+110		+30	0					0		−48	
1400	1600																			
1600	1800					+430	+240		+120		+32	0					0		−56	
1800	2000																			
2000	2240					+480	+260		+130		+34	0					0		−68	
2240	2500																			
2500	2800					+520	+290		+145		+38	0					0		−76	
2800	3150																			

① 公称尺寸≤1mm 时,不适用基本偏差 A 和 B。
② 特例:对于公称尺寸大于 250～315mm 的公差带代号 M6,ES=−9μm（计算结果不是−11μm）。
③ 为确定 K 和 M 的值,见 GB/T 1800.1—2020 中的 4.3.2.5。
④ 对于 Δ 值,见表 4-1-5。

表 4-1-6 孔 N～ZC 的基本偏差数值

公称尺寸/mm		基本偏差数值/μm 上极限偏差,ES													Δ值 标准公差等级					
		≤IT8	>IT8	≤IT7	>IT7 的标准公差等级															
大于	至	N①②		P~ZC①	P	R	S	T	U	V	X	Y	Z	ZA	ZB	ZC	IT3	IT4	IT5	IT6	IT7	IT8
—	3	−4	−4	−6	−6	−10	−14		−18		−20		−26	−32	−40	−60	0	0	0	0	0	0
3	6	−8+Δ	0	−12	−12	−15	−19		−23		−28		−35	−42	−50	−80	1	1.5	1	3	4	6
6	10	−10+Δ	0	−15	−15	−19	−23		−28		−34		−42	−52	−67	−97	1	1.5	2	3	6	7
10	14	−12+Δ	0	−18	−18	−23	−28		−33		−40		−50	−64	−90	−130	1	2	3	3	7	9
14	18									−39	−45		−60	−77	−108	−150						
18	24	−15+Δ	0	−22	−22	−28	−35		−41	−47	−54	−63	−73	−98	−136	−188	1.5	2	3	4	8	12
24	30							−41	−48	−55	−64	−75	−88	−118	−160	−218						
30	40	−17+Δ	0	−26	−26	−34	−43	−48	−60	−68	−80	−94	−112	−148	−200	−274	1.5	3	4	5	9	14
40	50							−54	−70	−81	−97	−114	−136	−180	−242	−325						
50	65	−20+Δ	0	−32	−32	−41	−53	−66	−87	−102	−122	−144	−172	−226	−300	−405	2	3	5	6	11	16
65	80					−43	−59	−75	−102	−120	−146	−174	−210	−274	−360	−480						
80	100	−23+Δ	0	−37	−37	−51	−71	−91	−124	−146	−178	−214	−258	−335	−445	−585	2	4	5	7	13	19
100	120					−54	−79	−104	−144	−172	−210	−254	−310	−400	−525	−690						
120	140	−27+Δ	0	−43	−43	−63	−92	−122	−170	−202	−248	−300	−365	−470	−620	−800	3	4	6	7	15	23
140	160					−65	−100	−134	−190	−228	−280	−340	−415	−535	−700	−900						
160	180					−68	−108	−146	−210	−252	−310	−380	−465	−600	−780	−1000						
180	200	−31+Δ	0	−50	−50	−77	−122	−166	−236	−284	−350	−425	−520	−670	−880	−1150	3	4	6	9	17	26
200	225					−80	−130	−180	−258	−310	−385	−470	−575	−740	−960	−1250						
225	250					−84	−140	−196	−284	−340	−425	−520	−640	−820	−1050	−1350						
250	280	−34+Δ	0	−56	−56	−94	−158	−218	−315	−385	−475	−580	−710	−920	−1200	−1550	4	4	7	9	20	29
280	315					−98	−170	−240	−350	−425	−525	−650	−790	−1000	−1300	−1700						
315	355	−37+Δ	0	−62	−62	−108	−190	−268	−390	−475	−590	−730	−900	−1150	−1500	−1900	4	5	7	11	21	32
355	400					−114	−208	−294	−435	−530	−660	−820	−1000	−1300	−1650	−2100						
400	450	−40+Δ	0	−68	−68	−126	−232	−330	−490	−595	−740	−920	−1100	−1450	−1850	−2400	5	5	7	13	23	34
450	500					−132	−252	−360	−540	−660	−820	−1000	−1250	−1600	−2100	−2600						

公称尺寸/mm		基本偏差数值/μm 上极限偏差,ES							
		≤IT8	>IT8	≤IT7	>IT7 的标准公差等级				
大于	至	N①②		P~ZC①	P	R	S	T	U
500	560	−44		在>IT7 的标准公差等级的基本偏差数值上增加一个Δ值	−78	−150	−280	−400	−600
560	630					−155	−310	−450	−660
630	710	−50			−88	−175	−340	−500	−740
710	800					−185	−380	−560	−840
800	900	−56			−100	−210	−430	−620	−940
900	1000					−220	−470	−680	−1050
1000	1120	−66			−120	−250	−520	−780	−1150
1120	1250					−260	−580	−840	−1300
1250	1400	−78			−140	−300	−640	−960	−1450
1400	1600					−330	−720	−1050	−1600
1600	1800	−92			−170	−370	−820	−1200	−1850
1800	2000					−400	−920	−1350	−2000
2000	2240	−110			−195	−440	−1000	−1500	−2300
2240	2500					−460	−1100	−1650	−2500
2500	2800	−135			−240	−550	−1250	−1900	−2900
2800	3150					−580	−1400	−2100	−3200

① 为确定 N 和 P~ZC 的值,见 GB/T 1800.1—2020 中的 4.3.2.5。
② 公称尺寸≤1mm 时,不使用标准公差等级>IT8 的基本偏差 N。

轴和孔的基本偏差数值是根据一系列公式计算得到的,这些公式是从生产实践的检验中和有关统计分析的结果中整理出来的。

3. 孔、轴公差带

(1) 孔、轴公差带代号　孔、轴公差带代号由基本偏差代号和公差等级数字组成。例如,H6、A7、D8、F9、S5 等为孔的公差带代号,h7、js8、k6、p5、d8 等为轴的公差带代号。确定某一公称尺寸的公差带时,公称尺寸标在公差带代号之前,示例如图 4-1-11 所示。

图 4-1-11　孔、轴公差带代号

(2) 孔、轴公差标注方法　在图样上标注孔、轴公差时,可用公称尺寸与公差带代号表示,如图 4-1-12 (a) 所示;也可用公称尺寸与极限偏差值表示,如图 4-1-12 (b) 所示;还可用公称尺寸与公差带代号、极限偏差值共同表示,如图 4-1-12 (c) 所示。

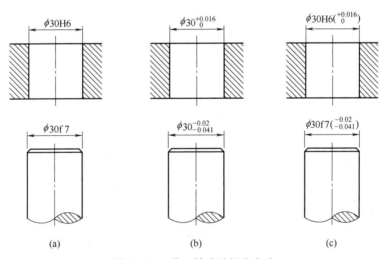

图 4-1-12　孔、轴公差标注方法

4. 孔、轴另一极限偏差数值的确定

基本偏差决定了公差带中的一个极限偏差,即靠近零线的那个偏差,从而确定了公差带的位置,而另一个极限偏差的数值可由已确定的极限偏差和标准公差的关系式进行计算确定。

孔　　$ES = EI + IT$ 或 $EI = ES - IT$

轴　　$es = ei + IT$ 或 $ei = es - IT$

[例 4-1-2]　已知 $\phi 30D9$,查其标准公差和基本偏差并计算另一极限偏差。

解:

① 查出孔的基本偏差数值,从表 4-1-5 中查到公称尺寸 18～30mm 段落内 D 的基本偏差为下极限偏差 $EI = +65\mu m = +0.065 mm$。

② 查出标准公差数值，从表 4-1-1 中查到公称尺寸 18～30mm 段落内 IT9 的标准公差数值 $IT=52\mu m=0.052mm$。

③ 计算另一极限偏差 $ES=EI+IT=+0.065+0.052=+0.117mm$。

[例 4-1-3] 已知 $\phi 28d8$，查其标准公差和基本偏差并计算另一极限偏差。

解：

① 查出轴的基本偏差数值，从表 4-1-3 中查到公称尺寸 18～30mm 段落内 d 的基本偏差为上极限偏差 $es=-65\mu m=-0.065mm$。

② 查出标准公差数值，从表 4-1-1 中查到公称尺寸 18～30mm 段落内 IT8 的标准公差数值 $IT=33\mu m=0.033mm$。

③ 计算另一极限偏差，$ei=es-IT=-0.065-0.033=-0.098mm$。

上述计算方法在实际应用中较为麻烦，所以 GB/T 1800.2—2020 中列出了轴的极限偏差表和孔的极限偏差表。利用查表的方法，能够快速确定孔和轴的上、下极限偏差数值。

活动 1　极限偏差数值计算

1. 明确工作任务

查表计算出 $\phi 12g6$、$\phi 36H8$ 和 $\phi 25k5$ 的极限偏差数值。

2. 组织分工

学生 2~3 人为一组，分工协作，完成工作任务。

序号	人员	职责
1		
2		
3		

活动 2　清洁教学现场

1. 清扫教学区域，保持工作场所干净、整洁。
2. 产生的废弃物品，统一回收到垃圾桶，不可随意丢弃。
3. 关闭水电气和门窗，最后离开教室的学生锁好门锁。

活动 3　撰写总结报告

回顾极限偏差数值计算过程，每人写一份总结报告，内容包括心得体会、团队完成情况、个人参与情况、做得好的地方、尚需改进的地方等。

1. 学生以小组为单位，按照任务要求，进行自查、互评与总结。
2. 教师参照评分标准进行考核评价。
3. 师生总结评价，改进不足，将来在学习或工作中做得更好。

序号	考核项目	考核内容	配分	得分
1	技能训练	φ12g6 的极限偏差数值计算无误	18	
		φ36H8 的极限偏差数值计算无误	18	
		φ25k5 的极限偏差数值计算无误	18	
		实训报告诚恳、体会深刻	11	
2	求知态度	求真求是、主动探索	5	
		执着专注、追求卓越	5	
3	安全意识	着装和个人防护用品穿戴正确	5	
		爱护工器具、机械设备，文明操作	5	
		如发生人为的操作安全事故、设备人为损坏、伤人等情况，安全意识不得分		
4	团结协作	分工明确、团队合作能力	3	
		沟通交流恰当，文明礼貌、尊重他人	2	
		自主参与程度、主动性	2	
5	现场整理	劳动主动性、积极性	3	
		保持现场环境整齐、清洁、有序	5	

子任务二　配合性质判断

学习目标

1. 知识目标

（1）掌握配合公差和配合公差带。
（2）掌握配合性质的判断方法。

2. 能力目标

（1）能识读图纸上的配合符号。
（2）能判断图纸上孔轴的配合性质。

3. 素质目标

（1）通过信息收集、小组讨论、练习、考核等教学活动，培养学生追求卓越的工匠精神、主动探索的科学精神和团结协作的职业精神。

（2）通过对教学场地的整理、整顿、清扫、清洁，培养学生的劳动精神。

任务描述

公称尺寸相同时，相互结合的孔与轴的公差带之间的关系称为配合。孔的尺寸减去相配合的轴的尺寸之差为正时称为间隙，用代号"X"表示，如图4-1-13所示，间隙数值前标注"+"号。孔的尺寸减去相配合的轴的尺寸之差为负时称为过盈，用代号"Y"表示，如图4-1-14所示，间隙数值前标注"-"号。

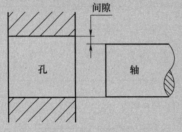

图4-1-13　间隙配合

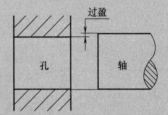

图4-1-14　过盈配合

配合制是以两个相配合的零件中的一个作为标准件，并对其选定标准公差，将其公差带位置固定，通过改变另一个零件的公差带位置，形成各种配合的一种制度。从理论上讲，任何一种孔的公差带和任何一种轴的公差带都可以形成一种配合。

作为检修车间的技术人员，要求小王掌握孔、轴的配合的相关知识。

一、配合公差的识读

1. 配合制

为了便于生产加工，GB/T 1800.1—2020对配合规定了两种基准制：基孔制配合和基轴制配合。

(1) 基孔制配合　基孔制配合是基本偏差为一定的孔的公差带，与不同基本偏差的轴的公差带形成各种配合的一种制度。基孔制中的孔是配合的基准，称为基准孔。基准孔的基本偏差代号为"H"，它的基本偏差为下极限偏差 EI，数值为零，上极限偏差为正值，其公差带位于零线上方且紧邻零线，如图 4-1-15 所示，图中基准孔的上偏差用虚线画出，以表示其公差带大小随不同公差等级变化。

(2) 基轴制配合　基轴制配合是基本偏差为一定的轴的公差带，与不同基本偏差的孔的公差带形成各种配合的一种制度。

基轴制中的轴是配合的基准，称为基准轴。基准轴的基本偏差代号为"h"，它的基本偏差为上极限偏差 es，数值为零，下极限偏差为负值，其公差带位于零线下方且紧邻零线，如图 4-1-16 所示，图中基准轴的下偏差用虚线画出，以表示其公差带大小随不同公差等级变化。

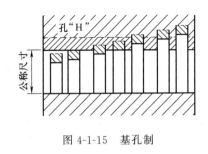

图 4-1-15　基孔制

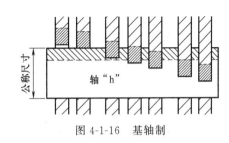

图 4-1-16　基轴制

2. 配合公差带

(1) 配合公差带代号　国家标准规定配合公差带代号由孔、轴公差带代号的组合表示，写成分数形式。如分子 H6 为孔的公差带代号，分母为轴的公差带代号，即 H6/f7 或 $\dfrac{H6}{f7}$。如指某一确定公称尺寸的公差带，则公称尺寸标在公差带代号之前，如中 $\phi30$H6/f7 或 $\phi30\dfrac{H6}{f7}$。

(2) 配合公差标注方法　在装配图样上主要标注配合代号，即标注孔、轴的基本偏差代号及公差等级，如图 4-1-17 所示。

(3) 公差带系列　根据国家标准规定，标准公差等级有 20 个，基本偏差有 28 个，由此可组成很多种公差带。孔有 20×27+3(J6, J7, J8)=543 种，轴有 20×27+4(j5, j6, j7, j8)=544 种，孔和轴公差带又能组成约 30 万种配合。若将数量如此庞大的公差带应用于生产实践，既发挥不了标准化应有的作用，更不利于生产加工，并将影响经济效益。国标在满足我国生产加工的现实需要和发展的前提下，为了尽可能减少零件、定

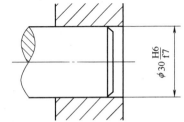

图 4-1-17　配合公差标注方法

值刀具、定值量具和工艺装备的品种、规格，对孔和轴公差带与配合的选用作了必要的限制。

根据生产加工的实际情况，国家标准对常用尺寸段（公称尺寸至 500mm）规定了孔、

轴的一般、常用、优先三类公差带。图 4-1-18 和图 4-1-19 所示分别为 GB/T 1800.1—2020 规定的孔、轴公差带。轴的一般公差带有 116 种，其中又规定了 59 种常用公差带（图 4-1-19 中线框内部分），在常用公差带中又规定了 13 种优先公差带（图 4-1-19 中圆圈部分）。同样对孔公差带规定了 105 种一般公差带、44 种常用公差带和 13 种优先公差带。

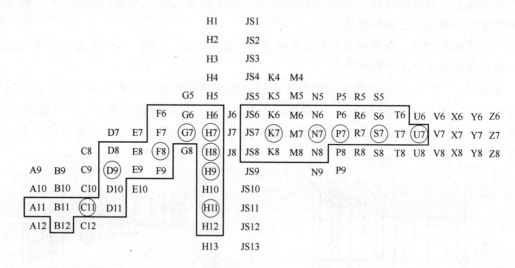

图 4-1-18　孔的一般、常用、优先公差带

在实际应用中，选用公差带的顺序是：首先为优先公差带，其次为常用公差带，最后为一般公差带。

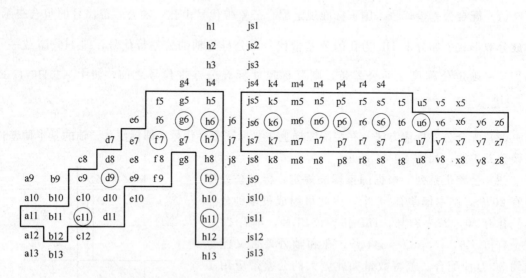

图 4-1-19　轴的一般、常用、优先公差带

GB/T 1800.1—2020 在规定孔、轴公差带选用的基础上，还规定了孔、轴公差带的组合。对基孔制规定了 59 种常用配合，如表 4-1-7 所示。对基轴制规定了 47 种常用配合，如表 4-1-8 所示。在常用配合中，又对基孔制、基轴制各规定了 13 种优先配合，用符号"▼"表示。在表 4-1-7 中，当轴的公差小于或等于 IT7 时，与低一级的基准孔相配合；大于或等

于 IT8 时，与同级的基准孔相配合。在表 4-1-8 中，当孔的公差小于 IT8 或少数等于 IT8 时，与高一级的基准轴相配合；其余与同级的基准轴相配合。

表 4-1-7 基孔制优先、常用配合

基准孔	轴																				
	a	b	c	d	e	f	g	h	js	k	m	n	p	r	s	t	u	v	x	y	z
	间 隙 配 合								过 渡 配 合				过 盈 配 合								
H6						$\frac{H6}{f5}$	$\frac{H6}{g5}$	$\frac{H6}{h5}$	$\frac{H6}{js5}$	$\frac{H6}{k5}$	$\frac{H6}{m5}$	$\frac{H6}{n5}$	$\frac{H6}{p5}$	$\frac{H6}{r5}$	$\frac{H6}{s5}$	$\frac{H6}{t5}$					
H7						$\frac{H7}{f6}$	$\frac{H7}{g6}$	$\frac{H7}{h6}$	$\frac{H7}{js6}$	$\frac{H7}{k6}$	$\frac{H7}{m6}$	$\frac{H7}{n6}$	$\frac{H7}{p6}$	$\frac{H7}{r6}$	$\frac{H7}{s6}$	$\frac{H7}{t6}$	$\frac{H7}{u6}$	$\frac{H7}{v6}$	$\frac{H7}{x6}$	$\frac{H7}{y6}$	$\frac{H7}{z6}$
H8					$\frac{H8}{e7}$	$\frac{H8}{f7}$	$\frac{H8}{g7}$	$\frac{H8}{h7}$	$\frac{H8}{js7}$	$\frac{H8}{k7}$	$\frac{H8}{m7}$	$\frac{H8}{n7}$	$\frac{H8}{p7}$	$\frac{H8}{r7}$	$\frac{H8}{s7}$	$\frac{H8}{t7}$	$\frac{H8}{u7}$				
H8				$\frac{H8}{d8}$	$\frac{H8}{e8}$	$\frac{H8}{f8}$		$\frac{H8}{h8}$													
H9			$\frac{H9}{c9}$	$\frac{H9}{d9}$	$\frac{H9}{e9}$	$\frac{H9}{f9}$		$\frac{H9}{h9}$													
H10			$\frac{H10}{c10}$	$\frac{H10}{d10}$				$\frac{H10}{h10}$													
H11	$\frac{H11}{a11}$	$\frac{H11}{b11}$	$\frac{H11}{c11}$	$\frac{H11}{d11}$				$\frac{H11}{h11}$													
H12		$\frac{H12}{b12}$						$\frac{H12}{h12}$													

注：1. $\frac{H6}{n5}$、$\frac{H7}{p7}$ 在公称尺寸小于或等于 3mm 和 $\frac{H8}{r7}$ 在公称尺寸小于等于 100mm 时，为过渡配合。

2. 标注 "▼" 符号的配合为优先配合。

表 4-1-8 基轴制优先、常用配合

基准轴	孔																				
	A	B	C	D	E	F	G	H	JS	K	M	N	P	R	S	T	U	V	X	Y	Z
	间 隙 配 合								过 渡 配 合				过 盈 配 合								
h5						$\frac{F6}{h5}$	$\frac{G6}{h5}$	$\frac{H6}{h5}$	$\frac{JS6}{h5}$	$\frac{K6}{h5}$	$\frac{M6}{h5}$	$\frac{N6}{h5}$	$\frac{P6}{h5}$	$\frac{R6}{h5}$	$\frac{S6}{h5}$	$\frac{T6}{h5}$					
h6						$\frac{F7}{h6}$	$\frac{G7}{h6}$	$\frac{H7}{h6}$	$\frac{JS7}{h6}$	$\frac{K7}{h6}$	$\frac{M7}{h6}$	$\frac{N7}{h6}$	$\frac{P7}{h6}$	$\frac{R7}{h6}$	$\frac{S7}{h6}$	$\frac{T7}{h6}$	$\frac{U7}{h6}$				
h7					$\frac{E8}{h7}$	$\frac{F8}{h7}$		$\frac{H8}{h7}$	$\frac{JS8}{h7}$	$\frac{K8}{h7}$	$\frac{M8}{h7}$	$\frac{N8}{h7}$									
h8				$\frac{D8}{h8}$	$\frac{E8}{h8}$	$\frac{F8}{h8}$		$\frac{H8}{h8}$													
h9				$\frac{D9}{h9}$	$\frac{E9}{h9}$	$\frac{F9}{h9}$		$\frac{H9}{h9}$													
h10				$\frac{D10}{h10}$				$\frac{H10}{h10}$													
h11	$\frac{A11}{h11}$	$\frac{B10}{h11}$	$\frac{C10}{h11}$	$\frac{D10}{h11}$				$\frac{H11}{h11}$													
h12		$\frac{B12}{h12}$						$\frac{H12}{h12}$													

注：标注 "▼" 符号的配合为优先配合。

(4) 配合代号的识读 表 4-1-9 列出了识读配合代号的示例，内容包括孔、轴的极限偏差和公差，配合制与类别，以及公差带图解。

表 4-1-9 配合代号的识读

代号	孔的极限偏差 轴的极限偏差	孔的公差 轴的公差	配合制与类别	公差带图解
$\phi 28 \dfrac{H8}{f7}$	+0.033 0 -0.020 -0.041	0.033 0.021	基孔制间隙配合	
$\phi 30 \dfrac{H7}{s6}$	+0.021 0 +0.048 +0.035	0.021 0.013	基孔制过盈配合	
$\phi 65 \dfrac{H7}{n6}$	+0.03 0 +0.039 +0.020	0.03 0.019	基孔制过渡配合	
$\phi 28 \dfrac{G7}{h6}$	+0.028 +0.007 0 -0.013	0.021 0.013	基轴制间隙配合	
$\phi 80 \dfrac{R7}{h6}$	-0.032 -0.062 0 -0.019	0.03 0.019	基轴制过盈配合	
$\phi 120 \dfrac{K7}{h6}$	+0.010 -0.025 0 -0.022	0.035 0.022	基轴制过渡配合	
$\phi 40 \dfrac{H6}{h6}$	+0.016 0 0 -0.011	0.016 0.011	基孔制，也可视为基轴制，是最小间隙为零的一种间隙配合	

3. 一般公差（线性尺寸未注公差）

按照 GB/T 1804—2000 的规定，在实际应用中，为了简化制图，有些零件上的某些部位在使用功能上无特殊要求时，则可给出一般公差。一般公差可应用于线性尺寸、角度尺寸、形状和位置等几何要素。

(1) 一般公差 一般公差是指在车间一般加工条件下能够保证的公差。采用一般公差的尺寸，在该尺寸后不需要注出其极限偏差数值，所以也称未注公差。

(2) 一般公差的应用　一般公差主要应用于较低精度的非配合尺寸和由工艺方法来保证的尺寸。采用一般公差的尺寸在通常车间精度保证的条件下，一般可不检验。

(3) 一般公差的优点

① 可简化制图，使图面清晰易读。

② 可简化检验要求，以便于质量管理。

③ 突出了图样上注出的公差尺寸和相关部位，可在加工和检验时引起重视，以加强质量控制。

④ 采用一般公差可降低加工难度，从而提高生产效率和经济效益。

(4) 线性尺寸的一般公差标准

① 公差等级。GB/T 1804—2000 规定了线性尺寸一般公差的等级分为 4 级，即 f（精密）、m（中等）、c（粗糙）、v（最粗）。

② 一般公差的极限偏差数值。表 4-1-10 给出了线性尺寸的极限偏差数值。表 4-1-11 给出了倒圆半径和倒角高度尺寸的极限偏差数值。表 4-1-12 给出了角度尺寸的极限偏差数值。

表 4-1-10　线性尺寸的极限偏差数值　　　　　　　　　　　　单位：mm

公差等级	公称尺寸分段							
	0.5~3	>3~6	>6~30	>30~120	>120~400	>400~1000	>1000~2000	>2000~4000
f(精密)	±0.05	±0.05	±0.1	±0.15	±0.2	±0.3	±0.5	—
m(中等)	±0.1	±0.1	±0.2	±0.3	±0.5	±0.8	±1.2	±2
c(粗糙)	±0.2	±0.3	±0.5	±0.8	±1.2	±2	±3	±4
v(最粗)	—	±0.5	±0.1	±1.5	±2.5	±4	±6	±8

表 4-1-11　倒圆半径和倒角高度尺寸的极限偏差数值　　　　　　单位：mm

公差等级	公称尺寸分段			
	0.5~3	>3~6	>6~30	>30
f(精密)	±0.2	±0.5	±1	±2
m(中等)				
c(粗糙)	±0.4	±1	±2	±4
v(最粗)				

表 4-1-12　角度尺寸的极限偏差数值　　　　　　　　　　　　　单位：mm

公差等级	长度尺寸分段				
	~10	>10~50	>50~120	>120~400	>400
f(精密)	±1°	±30′	±20′	±10′	±5′
m(中等)					
c(粗糙)	±1°30′	±1°	±30′	±15′	±10′
v(最粗)	±3°	±2°	±1°	±30′	±20′

注：角度数值按角度短边长度确定，对圆锥角按圆锥素线长度确定。

(5) 一般公差的图样表示法　一般公差应在图样标题栏附近或技术要求、技术文件（如企业标准）中注出标准号及公差等级代号。例如，选取中等级时，可标注为：线性和角度尺寸的未注公差按 GB/T 1804-m。

二、配合性质的判断

1. 配合的种类

(1) 间隙配合　具有间隙（包括最小间隙等于零）的配合称为间隙配合，如图 4-1-20

所示。

间隙配合时，孔的公差带在轴的公差带之上，其代数差为正值或零值。

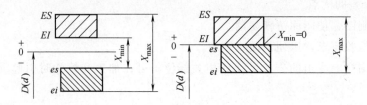

图 4-1-20 间隙配合

① 最大间隙：当孔为上极限尺寸而与其相配合的轴为下极限尺寸时，配合处于最松状态，此时的间隙称为最大间隙，用代号"X_{max}"表示。

② 最小间隙：当孔为下极限尺寸而与其相配合的轴为上极限尺寸时，配合处于最紧状态，此时的间隙称为最小间隙，用代号"X_{min}"表示。

最大间隙与最小间隙的计算公式如下：

$$X_{max} = D_{max} - d_{min} = ES - ei$$
$$X_{min} = D_{min} - d_{max} = EI - es$$

［例 4-1-4］ 一孔件 $\phi 50^{+0.039}_{\ 0}$ mm 与一轴件 $\phi 50^{-0.025}_{-0.064}$ mm 为间隙配合，求其极限间隙。

解：$X_{max} = D_{max} - d_{min} = ES - ei = +0.039 - (-0.064) = +0.103$ mm

$X_{min} = D_{min} - d_{max} = EI - es = 0 - (-0.025) = +0.025$ mm

［例 4-1-5］ 一孔件 $\phi 28^{+0.013}_{\ 0}$ mm 与一轴件 $\phi 28^{\ 0}_{-0.021}$ mm 为间隙配合，求其极限间隙。

解：$X_{max} = D_{max} - d_{min} = ES - ei = +0.013 - (-0.021) = +0.034$ mm

$X_{min} = D_{min} - d_{max} = EI - es = 0 - 0 = 0$

（2）过盈配合 具有过盈（包括最小过盈等于零）的配合称为过盈配合，如图 4-1-21 所示。过盈配合时，孔的公差带在轴的公差带之下。其代数差为负值或零。

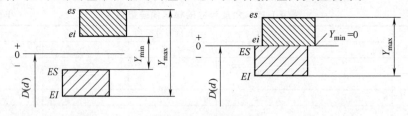

图 4-1-21 过盈配合

① 最大过盈：当孔为下极限尺寸而与其相配合的轴为上极限尺寸时，配合处于最紧状态，此时的过盈称为最大过盈，用代号"Y_{max}"表示。

② 最小过盈：当孔为上极限尺寸而与其相配合的轴为下极限尺寸时，配合处于最松状态，此时的过盈称为最小过盈，用代号"Y_{min}"表示。

最大过盈与最小过盈的计算公式如下：

$$Y_{max} = D_{min} - d_{max} = EI - es$$
$$Y_{min} = D_{max} - d_{min} = ES - ei$$

[例 4-1-6] 一孔件 $\phi 35^{+0.016}_{0}$ mm 与一轴件 $\phi 35^{+0.028}_{+0.017}$ mm 为过盈配合，求其极限间隙。

解：$Y_{\max}=D_{\min}-d_{\max}=EI-es=0-(+0.028)=-0.028$ mm

$Y_{\min}=D_{\max}-d_{\min}=ES-ei=+0.016-(+0.017)=-0.001$ mm

[例 4-1-7] 一孔件 $\phi 40^{0}_{-0.025}$ mm 与一轴件 $\phi 40^{+0.039}_{0}$ mm 为过盈配合，求其极限间隙。

解：$Y_{\max}=D_{\min}-d_{\max}=EI-es=-0.025-(+0.039)=-0.064$ mm

$Y_{\min}=D_{\max}-d_{\min}=ES-ei=0-0=0$

（3）过渡配合　可能具有间隙或过盈的配合称为过渡配合，如图 4-1-22 所示。过渡配合时，孔的公差带与轴的公差带相互交叠，因此在孔、轴配合时可能存在间隙，也可能存在过盈。代表过渡配合松紧程度的特征值是最大间隙和最大过盈。

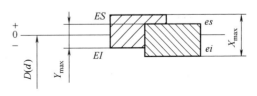

图 4-1-22　过渡配合

最大间隙与最大过盈的计算公式如下：

$X_{\max}=D_{\max}-d_{\min}=ES-ei$

$Y_{\max}=D_{\min}-d_{\max}=EI-es$

[例 4-1-8] 一孔件 $\phi 50^{-0.017}_{-0.042}$ mm 与一轴件 $\phi 50^{-0.025}_{-0.064}$ mm 为过渡配合，求其极限间隙。

解：

$X_{\max}=D_{\max}-d_{\min}=ES-ei=-0.017-(-0.064)=+0.047$ mm

$Y_{\max}=D_{\min}-d_{\max}=EI-es=-0.042-(-0.025)=-0.017$ mm

2. 配合性质的判断

根据孔、轴的极限偏差关系判断如下：

① 当 $EI \geqslant es$ 时，为间隙配合；

② 当 $ES \leqslant ei$ 时，为过盈配合；

③ 以上两条件均不成立时，为过渡配合。

根据公差带图判断如下：

① 孔的公差带在轴的公差带之上为间隙配合；

② 孔的公差带在轴的公差带之下为过盈配合；

③ 孔的公差带与轴的公差带相互交叠为过渡配合。

活动 1　配合性质判断

1. 明确工作任务

判断 $\phi 32 \dfrac{H8}{p7}$、$\phi 45 \dfrac{H7}{s6}$、$\phi 14 \dfrac{N7}{h6}$、$\phi 55 \dfrac{JS7}{h6}$ 的配合性质，并计算出极限间隙。

2. 组织分工

学生 2~3 人为一组，分工协作，完成工作职责。

序号	人员	职责
1		
2		
3		

活动 2　清洁教学现场

1. 清扫教学区域，保持工作场所干净、整洁。
2. 产生的废弃物品，统一回收到垃圾桶，不可随意丢弃。
3. 关闭水电气和门窗，最后离开教室的学生锁好门锁。

活动 3　撰写总结报告

回顾配合性质判断过程，每人写一份总结报告，内容包括心得体会、团队完成情况、个人参与情况、做得好的地方、尚需改进的地方等。

1. 学生以小组为单位，按照任务要求，进行自查、互评与总结。
2. 教师参照评分标准进行考核评价。
3. 师生总结评价，改进不足，将来在学习或工作中做得更好。

序号	考核项目	考核内容	配分	得分
1	技能训练	$\phi 32 \dfrac{H8}{p7}$ 的配合性质与极限间隙	15	
		$\phi 45 \dfrac{H7}{s6}$ 的配合性质与极限间隙	15	
		$\phi 14 \dfrac{N7}{h6}$ 的配合性质与极限间隙	15	
		$\phi 55 \dfrac{JS7}{h6}$ 的配合性质与极限间隙	15	
2	求知态度	实训报告诚恳、体会深刻	5	
		求真求是、主动探索	5	
		执着专注、追求卓越	5	
3	安全意识	着装和个人防护用品穿戴正确	5	
		爱护工器具、机械设备，文明操作	5	
		如发生人为的操作安全事故、设备人为损坏、伤人等情况，安全意识不得分		
4	团结协作	分工明确、团队合作能力	3	
		沟通交流恰当，文明礼貌、尊重他人	2	
5	现场整理	自主参与程度、主动性	2	
		劳动主动性、积极性	3	
		保持现场环境整齐、清洁、有序	5	

任务二
识读与标注几何公差

学习目标

1. 知识目标

（1）掌握几何公差的项目及符号含义。
（2）掌握几何公差的标注原则。

2. 能力目标

（1）能识读图纸上标注的几何公差。
（2）能在图纸上正确地标注几何公差。

3. 素质目标

（1）通过信息收集、小组讨论、练习、考核等教学活动，培养学生追求卓越的工匠精神、主动探索的科学精神和团结协作的职业精神。
（2）通过对教学场地的整理、整顿、清扫、清洁，培养学生的劳动精神。

任务描述

构成零件几何特征的点、线、面统称为几何要素，简称要素。如图4-2-1所示的零件就是由点（如球心、圆锥顶点）、线（如圆柱体的素线、圆锥体的素线、轴线）、面（如球面、圆柱面、圆锥面、端平面、平行平面）等几何要素构成的。

尺寸公差带用来限制零件实际（组成）要素的大小，通常是二维平面区域；而几何公差带用来限制零件被测要素的实际形状、方向和位置的变动量，通常是三维空间区域。

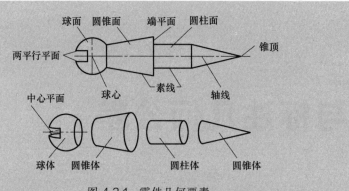

图 4-2-1 零件几何要素

几何公差对机器的正常使用有很大的影响。正确选择几何公差项目，合理确定几何公差数值，对保证机器的功能要求、提高经济效益具有十分重要的意义。

作为检修车间的技术人员，要求小王掌握几何公差的相关知识。

一、几何公差的特征项目与公差带认知

1. 几何公差的特征项目及符号

为限制零件的几何误差、提高机械设备的工作精度和使用寿命，保证互换性生产，我国已制定了相应的国家标准。标准中规定了几何公差的分类、特征项目与符号，如表 4-2-1 所示，几何公差附加符号如表 4-2-2 所示。

表 4-2-1 几何公差的分类、特征项目及符号

公差类型	特征项目	符号	有无基准
形状公差（6个）	直线度	—	无
	平面度	▱	无
	圆度	○	无
	圆柱度	⌭	无
	线轮廓度	⌒	无
	面轮廓度	⌒	无
方向公差（5个）	平行度	∥	有
	垂直度	⊥	有
	倾斜度	∠	有
	线轮廓度	⌒	有

续表

公差类型	特征项目	符号	有无基准
方向公差(5个)	面轮廓度	⌒	有
位置公差(6个)	位置度	⊕	有或无
	同心度(用于中心点)	◎	有
	同轴度(用于轴线)	◎	有
	对称度	=	有
	线轮廓度	⌒	有
	面轮廓度	⌒	有
跳动公差(2个)	圆跳动	↗	有
	全跳动	↗↗	有

注：若线轮廓度和面轮廓度无基准要求，则为形状公差；若有基准要求，则为方向或位置公差。

表 4-2-2　几何公差附加符号

说明	符号	说明	符号
被测要素	↓▭	自由状态条件(非刚性零件)	Ⓕ
基准要素	A▲　A△	全周(轮廓)	⊙
基准目标	⌀2/A1	公共公差带	CZ
理论正确尺寸	50	小径	LD
延伸公差带	Ⓟ	大径	MD
最大实体要求	Ⓜ	中径、节径	PD
最小实体要求	Ⓛ	线素	LE
包容要求	Ⓔ	不凸起	NC
可逆要求	Ⓡ	任一横截面	ACS

2. 形状公差的项目及公差带

形状公差是指实际单一要素的形状对其理想形状所允许的变动量。形状公差带是限制实际要素变动的区域。

由于形状公差不涉及基准，所以形状公差带的方向和位置一般是浮动的。形状公差分为直线度、平面度、圆度、圆柱度、线轮廓度和面轮廓度6个项目。

（1）直线度公差　直线度是限制被测实际直线对理想直线变动量的一项指标。被测直线有平面上的直线、直线回转体（圆柱体和圆锥体）上的素线、平面与平面的交线（形成空间直线）和轴线等。

根据零件的功能要求，直线度公差分为在给定平面内、在给定方向上和在任意方向上三种形式。

① 给定平面内的直线度公差。给定平面内直线度公差带的定义：在给定平面内和给定方向上，间距为公差值 t 的两平行直线所限定的区域，如图4-2-2所示。

给定平面内的直线度公差标注及解释：如图4-2-3所示，在任一平行于图示投影面的平面内，上表面的提取（实际）线应限定在间距等于 0.03mm 的两平行直线之间。

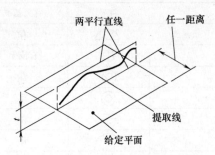 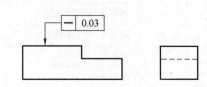

图 4-2-2　给定平面内的直线度公差带　　　图 4-2-3　给定平面内的直线度公差标注

② 给定方向上的直线度公差。给定方向上的直线度公差又分为给定一个方向上的直线度公差和给定两个方向上的直线度公差两种形式。

a. 给定一个方向上的直线度公差。给定一个方向上的直线度公差带的定义：在给定一个方向上，间距等于公差值 t 的两平行平面所限定的区域，如图 4-2-4 所示。

注意：图中由虚线构成的平面，是为表达提取（实际）线在空间的位置而增设的一个辅助平面，如图 4-2-4 中由虚线构成的平面为垂直于两平行平面的辅助平面。

给定一个方向上的直线度公差标注及解释：如图 4-2-5 所示，提取（实际）棱线应限定在间距为 0.05mm 的两平行平面之间。

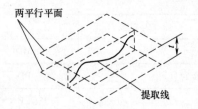 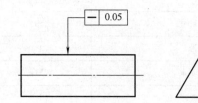

图 4-2-4　给定一个方向上的直线度公差带　　　图 4-2-5　给定一个方向上的直线度公差标注

b. 给定两个方向上的直线度公差。给定两个方向上的直线度公差带的定义：互相垂直的间距分别为公差值 t_1 和 t_2 的两组平行平面上所限定的区域，如图 4-2-6 所示。

给定两个方向上的直线度公差标注及解释：如图 4-2-7 所示，提取（实际）棱线应限定在间距分别等于 0.2mm 的铅垂方向的两平行平面之间，同时还应限定在间距等于 0.1mm 的水平方向的两平行平面之间。

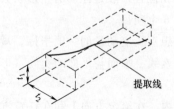 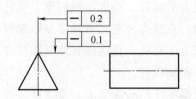

图 4-2-6　给定两个方向上的直线度公差带　　　图 4-2-7　给定两个方向上的直线度公差标注

③ 任意方向上的直线度公差。任意方向上的直线度公差带的定义：在任意方向上，公差带为直径等于公差值 ϕt 的圆柱面所限定的区域，如图 4-2-8 所示。

任意方向上的直线度公差标注及解释：如图 4-2-9 所示，外圆柱面的提取（实际）轴线

应限定在直径为 φ0.05mm 的圆柱面内。

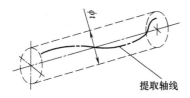

图 4-2-8　任意方向上的直线度公差带

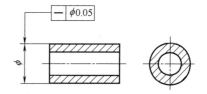

图 4-2-9　任意方向上的直线度公差标注

注意：在公差值 t 的前面加注直径符号"φ"，表示其公差带的形状为一个圆柱。

（2）平面度公差　平面度是限制实际表面对理想平面变动量的一项指标。

平面度公差带的定义：间距等于公差值 t 的两平行平面所限定的区域，如图 4-2-10 所示。

平面度公差标注及解释：标注如图 4-2-11 所示，提取（实际）表面应限定在间距为 0.06mm 的两平行平面之间。

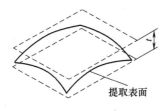

图 4-2-10　平面度公差带

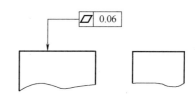

图 4-2-11　平面度公差标注

（3）圆度公差　圆度是限制实际圆对理想圆变动量的一项指标。它是对具有圆柱面（圆锥面、球面等）的零件，在任一横截面内的圆形轮廓要求。

圆度公差带的定义：在给定横截面内，半径差等于公差值 t 的两同心圆所限定的区域，如图 4-2-12 所示。

圆度公差标注及解释：图 4-2-13（a）表示在圆锥面的任一横截面内，提取（实际）圆周应限定在半径差等于 0.05mm 的两共面同心圆之间。图 4-2-13（b）表示在圆柱面的任一横截面内，提取圆周应限定在半径差等于 0.03mm 的两共面同心圆之间。

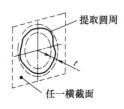

图 4-2-12　圆度公差带

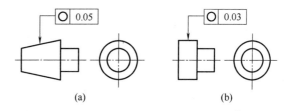

图 4-2-13　圆度公差标注

注意：在圆锥面上标注圆度公差时，指引线箭头应与轴线垂直。圆度公差带的宽度应在垂直于轴线的平面内确定。

（4）圆柱度公差　圆柱度是限制实际圆柱面对理想圆柱面变动量的一项指标。

圆柱度公差可控制圆柱体横截面和轴截面内的各项形状精度要求，可以同时控制圆度、素线、轴线的直线度，以及两条素线的平行度等。

圆柱度公差带的定义：半径差等于公差值 t 的两同轴圆柱面所限定的区域，如图 4-2-14 所示。

圆柱度公差标注及解释：标注如图 4-2-15 所示，提取（实际）圆柱面应限定在半径差等于 0.2mm 的两同轴圆柱面之间。

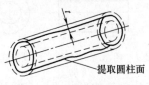 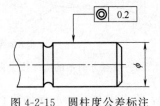

图 4-2-14 圆柱度公差带　　　　　　图 4-2-15 圆柱度公差标注

3. 方向公差的项目及公差带

方向公差是指实际关联要素相对于基准要素的实际方向对理想方向的允许变动量。方向公差主要分为平行度、垂直度、倾斜度、线轮廓度、面轮廓度 5 个项目。

平行度、垂直度和倾斜度公差的被测要素和基准要素各有平面和直线之分。因此，它们的公差有面对基准面、线对基准面、面对基准线、线对基准线 4 种形式。

（1）平行度公差　平行度公差用来控制零件上被测要素（平面或直线）相对于基准要素（平面或直线）的方向偏离 0°的程度。平行度公差是限制被测组成要素对基准在平行方向上变动量的一项指标。

① 面对基准面的平行度公差。面对基准面的平行度公差带的定义：间距等于公差值 t、平行于基准平面的两平行平面所限定的区域，如图 4-2-16 所示。

面对基准面的平行度公差的标注及解释：如图 4-2-17 所示，提取（实际）表面应限定在间距等于 0.03mm 且平行于基准平面 C 的两平行平面之间。

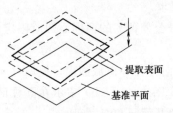 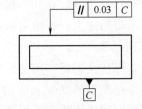

图 4-2-16 面对基准面的平行度公差带　　　　图 4-2-17 面对基准面的平行度公差标注

② 线对基准面的平行度公差。线对基准面的平行度公差带的定义：平行于基准平面、间距等于公差值 t 的两平行平面所限定的区域，如图 4-2-18 所示。

线对基准面的平行度公差的标注及解释：如图 4-2-19 所示，孔的提取（实际）轴线应限定在间距等于 0.06mm 且平行于基准平面 B 的两平行平面之间。

③ 面对基准线的平行度公差。面对基准线的平行度公差带的定义：间距等于公差值 t 且平行于基准轴线的两平行平面所限定的区域，如图 4-2-20 所示。

面对基准线的平行度公差的标注及解释：如图 4-2-21 所示，提取（实际）表面应限定在间距等于 0.1mm 且平行于基准轴线 A 的两平行平面之间。

④ 线对基准线的平行度公差。a. 在任意方向上线对基准线的平行度公差。在任意方向上线对基准线的平行度公差带的定义：直径等于公差值 ϕt 且平行于基准轴线的圆柱面所限定的区域，如图 4-2-22 所示。

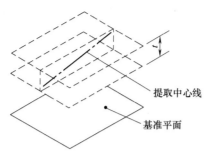

图 4-2-18 线对基准面的平行度公差带

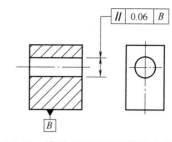

图 4-2-19 线对基准面的平行度公差标注

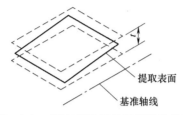

图 4-2-20 面对基准线的平行度公差带

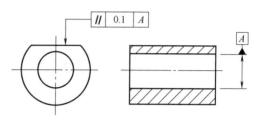

图 4-2-21 面对基准线的平行度公差标注

在任意方向上线对基准线的平行度公差的标注及解释：如图 4-2-23 所示，孔的提取（实际）轴线应限定在直径等于 $\phi 0.06\mathrm{mm}$ 且平行于基准轴线 A 的圆柱面内。

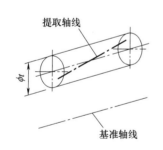

图 4-2-22 在任意方向上线对基准线
的平行度公差带

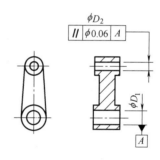

图 4-2-23 在任意方向上线对基准线
的平行度公差标注

b. 在互相垂直的方向上线对基准线的平行度公差。在互相垂直的方向上线对基准线的平行度公差带的定义：互相垂直的、间距等于公差值 t_1 和 t_2、平行于基准轴线的两组平行平面所限定的区域，如图 4-2-24 所示。

在互相垂直的方向上线对基准线的平行度公差的标注及解释：如图 4-2-25 所示，孔的提取（实际）轴线应限定在间距分别等于 0.1mm 和 0.2mm，在给定的相互垂直方向上且平行于基准轴线 A 的两组平行平面之间。

（2）垂直度公差　垂直度公差用来控制零件上被测要素（平面或直线）相对于基准要素（平面或直线）的方向偏离 90°的程度。垂直度公差是限制被测实际要素对基准要素在垂直方向上变动量的一项指标。

① 面对基准面的垂直度公差。面对基准面的垂直度公差带的定义：间距等于公差值 t 且垂直于基准平面的两平行平面所限定的区域，如图 4-2-26 所示。

面对基准面的垂直度公差的标注及解释：如图 4-2-27 所示，提取（实际）表面应限定在间距等于 0.05mm 且垂直于基准平面 A 的两平行平面之间。

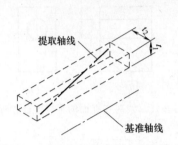

图 4-2-24　在互相垂直的方向上线对基准线的平行度公差带

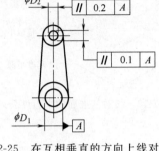

图 4-2-25　在互相垂直的方向上线对基准线的平行度公差标注

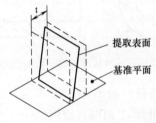

图 4-2-26　面对基准面的垂直度公差带

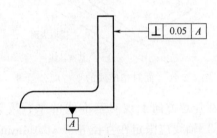

图 4-2-27　面对基准面的垂直度公差标注

② 面对基准线的垂直度公差。面对基准线的垂直度公差带的定义：间距等于公差值 t 且垂直于基准轴线的两平行平面所限定的区域，如图 4-2-28 所示。

面对基准线的垂直度公差的标注及解释：如图 4-2-29 所示，提取（实际）表面应限定在间距等于 0.06mm 且垂直于基准轴线 A 的两平行平面之间。

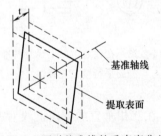

图 4-2-28　面对基准线的垂直度公差带

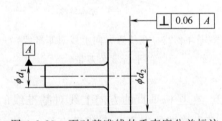

图 4-2-29　面对基准线的垂直度公差标注

③ 线对基准线的垂直度公差。线对基准线的垂直度公差带的定义：间距等于公差值 t 且垂直于基准轴线的两平行平面所限定的区域，如图 4-2-30 所示。

线对基准线的垂直度公差的标注及解释：如图 4-2-31 所示，提取（实际）轴线应限定在间距等于 0.05mm 且垂直于基准轴线 A 的两平行平面之间。

④ 线对基准面的垂直度公差。线对基准面的垂直度公差带的定义：若公差值前加注符号"ϕ"，则公差带为在任意方向上直径等于公差值 ϕt 且轴线垂直于基准平面的圆柱面所限定的区域，如图 4-2-32 所示。

线对基准面的垂直度公差的标注及解释：如图 4-2-33 所示，圆柱面的提取（实际）轴线应限定在直径等于 $\phi 0.03$mm 且轴线垂直于基准平面 A 的圆柱面内。

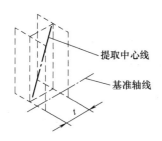

图 4-2-30 线对基准线的垂直度公差带

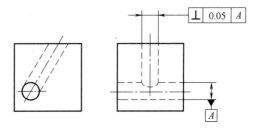

图 4-2-31 线对基准线的垂直度公差标注

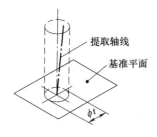

图 4-2-32 线对基准面的垂直度公差带

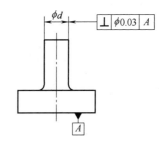

图 4-2-33 线对基准面的垂直度公差标注

（3）倾斜度公差　倾斜度公差用来控制零件上被测要素（平面或直线）相对于基准要素（平面或直线）的方向偏离某一给定角度（0°~90°）的程度。倾斜度公差是限制被测实际要素对基准在倾斜方向上变动量的一项指标。

① 面对基准面的倾斜度公差。面对基准面的倾斜度公差带的定义：间距等于公差值 t 的两平行平面所限定的区域，该两平行平面按给定角度倾斜于基准平面，如图 4-2-34 所示。

面对基准面的倾斜度公差的标注及解释：如图 4-2-35 所示，提取（实际）表面应限定在间距等于 0.06mm 的两平行平面之间，该两平行平面按理论正确角度 45°倾斜于基准平面 A。

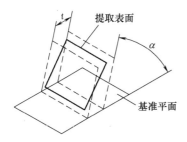

图 4-2-34 面对基准面的倾斜度公差带

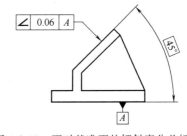

图 4-2-35 面对基准面的倾斜度公差标注

② 线对基准面的倾斜度公差。线对基准面的倾斜度公差带的定义：间距等于公差值 t 的两平行平面所限定的区域，该两平行平面按给定角度倾斜于基准平面 A，如图 4-2-36 所示。

线对基准面的倾斜度公差的标注及解释：如图 4-2-37 所示，提取（实际）轴线应限定在间距等于 0.06mm 的两平行平面之间，该两平行平面按理论正确角度 60°倾斜于基准平面 A。

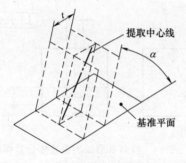

图 4-2-36 线对基准面的倾斜度公差带

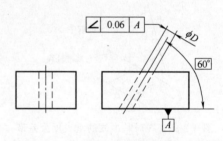

图 4-2-37 线对基准面的倾斜度公差标注

③ 面对基准线的倾斜度公差。面对基准线的倾斜度公差带的定义：间距等于公差值 t 的两平行平面所限定的区域，该两平行平面按给定角度倾斜于基准轴线，如图 4-2-38 所示。

面对基准线的倾斜度公差的标注及解释：如图 4-2-39 所示，提取（实际）表面应限定在间距等于 0.1mm 的两平行平面之间，该两平行平面按理论正确角度 60°倾斜于基准轴线 A。

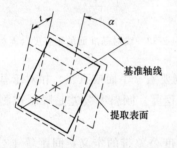

图 4-2-38 面对基准线的倾斜度公差带

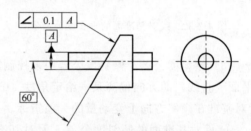

图 4-2-39 面对基准线的倾斜度公差标注

④ 线对基准线的倾斜度公差。线对基准线的倾斜度公差分为被测直线和基准直线在同一平面和被测直线和基准直线不在同一平面两种形式。

a. 被测直线和基准直线在同一平面时线对基准线的倾斜度公差。被测直线和基准直线在同一平面时线对基准线的倾斜度公差带的定义：间距等于公差值 t 的两平行平面所限定的区域，该两平行平面按给定角度倾斜于基准轴线，如图 4-2-40 所示。

被测直线和基准直线在同一平面时线对基准线的倾斜度公差的标注及解释：如图 4-2-41 所示，孔的提取（实际）轴线应限定在间距等于 0.08mm 的两平行平面之间，该两平行平面按理论正确角度 60°倾斜于公共基准轴线 A-B。

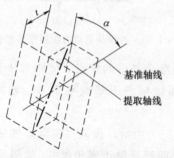

图 4-2-40 线对基准线的倾斜度公差带（同面）

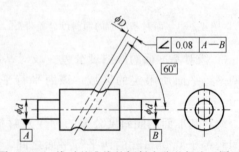

图 4-2-41 线对基准线的倾斜度公差标注（同面）

b. 被测直线和基准直线不在同一平面时线对基准线的倾斜度公差。被测直线和基准直线不在同一平面时线对基准线的倾斜度公差带的定义：间距等于公差值 t 的两平行平面所限定的区域，该两平行平面按给定角度倾斜于基准轴线，如图 4-2-42 所示。

被测直线和基准直线不在同一平面时线对基准线的倾斜度公差的标注及解释：如图 4-2-43 所示，提取（实际）轴线应限定在间距等于 0.08mm 的两平行平面之间，该两平行平面按理论正确角度 60°倾斜于公共基准轴线 A-B。

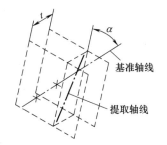
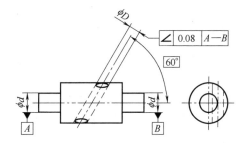

图 4-2-42 线对基准线的倾斜度公差带（异面）　　图 4-2-43 线对基准线的倾斜度公差标注（异面）

4. 位置公差的项目及公差带

位置公差是指被测关联要素对基准要素在位置上所允许的变动量。位置公差分为同心度、同轴度、对称度、位置度、线轮廓度和面轮廓度 6 个项目。

（1）同心度公差　同心度公差是指实际被测点对基准点的允许变动量。

同心度公差带的定义：直径等于公差值中 t 的圆周所限定的区域，该圆周的圆心与基准点重合，如图 4-2-44 所示。

同心度公差的标注及解释：如图 4-2-45 所示，在任意横截面（ACS）内，内圆的提取（实际）中心点应限定在直径等于 $\phi 0.1$mm 且以基准点 A 为圆心的圆周内。

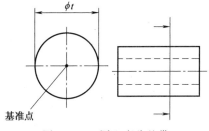
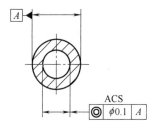

图 4-2-44 同心度公差带　　图 4-2-45 同心度公差标注

（2）同轴度公差　同轴度公差是指实际被测轴线对基准轴线的允许变动量。

同轴度公差带的定义：直径等于公差值 ϕt 且轴线与基准轴线重合的圆柱面所限定的区域，如图 4-2-46 所示。

同轴度公差的标注及解释：如图 4-2-47（a）所示，被测圆柱面的提取（实际）轴线应限定在直径等于 $\phi 0.1$mm 且轴线与公共基准轴线 A-B 重合的圆柱面所限定的区域。如图 4-2-47（b）所示，被测圆柱面的提取（实际）轴线应限定在直径等于 $\phi 0.1$mm 且轴线与基准轴线 A 重合的圆柱面所限定的区域。

（3）对称度公差　对称度公差是指被测导出要素（中心平面、中心线或轴线）的位置对基准的允许变动量。对称度公差有面对基准面、线对基准面、面对基准线、线对基准线 4 种形式。

图 4-2-46 同轴度公差带

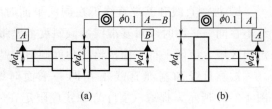
图 4-2-47 同轴度公差标注

① 面对基准面对称度公差。面对基准面对称度公差带的定义：间距等于公差值 t 且对称于基准中心平面的两平行平面所限定的区域，如图 4-2-48 所示。

面对基准面对称度公差的标注及解释：如图 4-2-49（a）所示，被测槽的提取（实际）中心平面应限定在间距等于 0.05mm 且对称于基准中心平面 A 的两平行平面之间。如图 4-2-49（b）所示，被测槽的提取（实际）中心平面应限定在间距等于 0.05mm 且对称于公共基准中心平面 $A—B$ 的两平行平面之间。

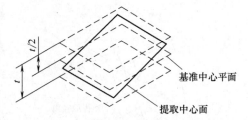
图 4-2-48 面对基准面对称度公差带

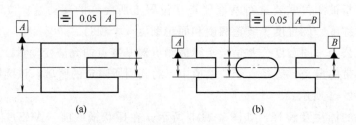
图 4-2-49 面对基准面对称度公差标注

② 线对基准面对称度公差。线对基准面对称度公差带的定义：间距等于公差值 t 且对称于基准中心平面的两平行平面所限定的区域，如图 4-2-50 所示。

线对基准面对称度公差的标注及解释：如图 4-2-51 所示，被测孔的提取（实际）轴线应限定在间距等于 0.05mm 且对称于公共基准中心平面 $A—B$ 的两平行平面之间。

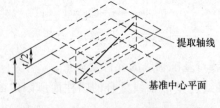
图 4-2-50 线对基准面对称度公差带

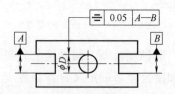
图 4-2-51 线对基准面对称度公差标注

③ 面对基准线对称度公差。面对基准线对称度公差带的定义：间距等于公差值 t 且对称于基准轴线的两平行平面所限定的区域，如图 4-2-52 所示。

面对基准线对称度公差的标注及解释：如图 4-2-53 所示，宽度为 b 的被测槽的提取（实际）中心平面应限定在间距等于 0.05mm 的两平行平面之间，该两平行平面对称于基准轴线 A，即对称于通过基准轴线 A 的理想平面。

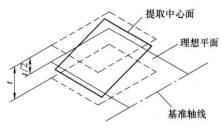
图 4-2-52　面对基准线对称度公差带

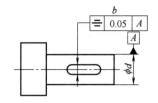
图 4-2-53　面对基准线对称度公差标注

④ 线对基准线对称度公差。线对基准线对称度公差带的定义：间距等于公差值 t 且对称于基准轴线的两平行平面所限定的区域，如图 4-2-54 所示。

线对基准线对称度公差的标注及解释：如图 4-2-55 所示，被测孔的提取（实际）轴线应限定在间距等于 0.1mm 的两平行平面之间，该两平行平面对称于基准轴线 $A\text{-}B$，即对称于通过基准轴线 $A\text{-}B$ 的理想平面。

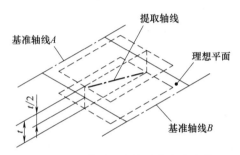
图 4-2-54　线对基准线对称度公差带

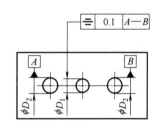
图 4-2-55　线对基准线对称度公差标注

5. 跳动公差的项目及公差带

跳动公差是提取（实际）要素绕基准轴线旋转一周或旋转若干次时所允许的最大跳动量。跳动公差按被测要素旋转的情况，可分为圆跳动公差和全跳动公差两个特征项目。跳动公差的特点是能够综合控制同一被测要素的方位和形状误差。例如，径向圆跳动公差可综合控制同轴度误差和圆度误差；径向全跳动公差可综合控制同轴度误差和圆柱度误差；轴向全跳动公差可综合控制端面对基准轴线的垂直度误差和平面度误差。

（1）圆跳动公差　圆跳动公差是指被测提取（实际）要素在无轴向移动的条件下围绕基准轴线旋转一周时，由位置固定的指示表在给定的测量方向上，测得的最大示值与最小示值之差。

圆跳动公差按被测要素的几何特征和测量方向分为径向圆跳动公差、轴向圆跳动公差和斜向圆跳动公差三种形式。

① 径向圆跳动公差。径向圆跳动公差带的定义：在任一垂直于基准轴线的横截面内，半径差等于公差值 t 且圆心在基准轴线上的两同心圆所限定的区域，如图 4-2-56 所示。

径向圆跳动公差的标注及解释：如图 4-2-57（a）所示，在任一垂直于基准轴线 A 的横截面内，提取圆应限定在半径差等于 0.08mm、圆心在基准轴线 A 上的两同心圆之间。如图 4-2-57（b）所示，在任一垂直于公共基准轴线 $A\text{-}B$ 的横截

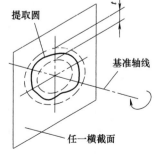
图 4-2-56　径向圆跳动公差带

面内，提取圆应限定在半径差等于 0.1mm、圆心在基准轴线 A-B 上的两同心圆之间。

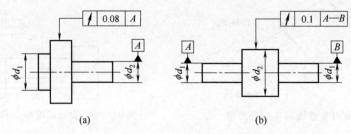

图 4-2-57 径向圆跳动公差标注

指定部位径向圆跳动公差的标注及解释：径向圆跳动公差通常适用于整个被测要素，也适用于被测要素的某一指定部位，即只对部分圆周进行测量。如图 4-2-58 所示，在任一垂直于基准轴线 A 的横截面内，提取圆弧应限定在半径差等于 0.1mm、圆心在基准轴线 A 上的两同心圆弧之间。

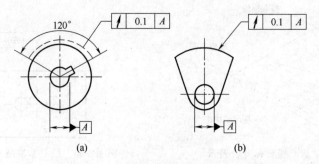

图 4-2-58 指定部位径向圆跳动公差的标注

② 轴向圆跳动公差。被测要素一般为回转体类零件的端面或台阶面且与基准轴线垂直，测量方向与基准轴线平行。

轴向圆跳动公差带的定义：与基准轴线同轴线的任一直径的圆柱截面上，间距等于公差值 t 的两个等径圆所限定的圆柱面区域，如图 4-2-59 所示。

轴向圆跳动公差的标注及解释：在与基准轴线 A 同轴线的任一直径的圆柱截面上，提取（实际）圆应限定在轴向距离等于 0.08mm 的两个等径圆之间，如图 4-2-60 所示。

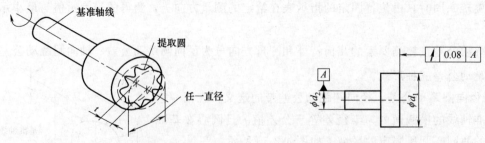

图 4-2-59 轴向圆跳动公差带　　　　图 4-2-60 轴向圆跳动公差的标注

③ 斜向圆跳动公差。被测要素为圆锥面或其他类型的曲线回转面。测量方向除另有规定外，一般应垂直于被测表面。

斜向圆跳动公差带的定义：与基准轴线同轴线的任一直径的圆锥截面上，间距等于公差

值 t 的直径不相等的两个圆所限定的圆锥面区域，如图 4-2-61 所示。

斜向圆跳动公差的标注及解释：在与基准轴线 A 同轴线的任一圆锥截面上，提取（实际）线应限定在素线方向间距等于 0.1mm 的直径不相等的两个圆之间，如图 4-2-62 所示。

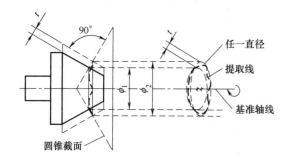

图 4-2-61　斜向圆跳动公差带

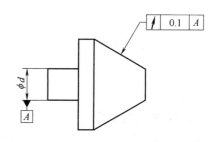

图 4-2-62　斜向圆跳动公差的标注

（2）全跳动公差　全跳动公差是指被测提取（实际）要素在无轴向移动的条件下围绕基准轴线连续旋转时，指示表与被测要素作相对直线运动，指示表在给定的测量方向上测得的该被测要素最大示值与最小示值之差。

全跳动公差按被测要素的几何特征和测量方向分为径向全跳动公差、轴向全跳动公差两种形式。

① 径向全跳动公差。被测要素和测量方向与径向圆跳动相同，不同的是被测要素作若干次连续旋转，同时指示表与工件间有轴向相对移动。

径向全跳动公差带的定义：半径差等于公差值 t 且轴线与基准轴线重合的两个圆柱面所限定的区域，如图 4-2-63 所示。

径向全跳动公差的标注及解释：如图 4-2-64 所示，提取（实际）圆柱面的整个实际表面应限定在半径差等于 0.1mm 且轴线与公共基准轴线 $A\text{-}B$ 重合的两个圆柱面之间。

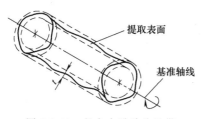

图 4-2-63　径向全跳动公差带

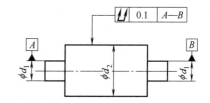

图 4-2-64　径向全跳动公差的标注

② 轴向全跳动公差。被测要素和测量方向与轴向圆跳动相同，不同的是被测要素作若干次连续旋转，同时指示表与工件间有径向相对移动。

轴向全跳动公差带的定义：间距等于公差值 t 且垂直于基准轴线的两个圆平行平面所限定的区域，如图 4-2-65 所示。

轴向全跳动公差的标注及解释：如图 4-2-66 所示，提取（实际）端表面应限定在间距等于 0.1mm 且垂直于基准轴线 D 的两平行平面之间。

二、几何公差组成和公差带数值

由一条（个）或几条（个）理想的几何线或面所限定的、由线性公差值表示其大小的区

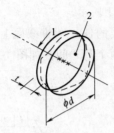

图 4-2-65　轴向全跳动公差带
1—基准轴线；2—提取表面

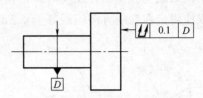

图 4-2-66　轴向全跳动公差的标注

域称为几何公差带。

1. 几何公差带的组成

几何公差带由形状、大小、方向和位置 4 个要素确定。

(1) 几何公差带的形状　几何公差带的形状由被测要素的几何特征和设计要求确定。

几何公差带的形状主要有 9 种形式，表 4-2-3 列出了几何公差带的形状及适用被测要素和公差特征项目。

表 4-2-3　几何公差带的形状、适用被测要素及公差特征项目

公差带		适用被测要素									用于公差特征项目													
形状	图示	球面	任意曲面	圆锥面	圆柱面	平面	圆	任意曲线	直线	点	直线度	平面度	圆度	圆柱度	线轮廓度	面轮廓度	平行度	垂直度	倾斜度	同轴度	对称度	位置度	圆跳动	全跳动
两平行直线									●		▲						▲	▲	▲		▲	▲		
两等距曲线								●							▲									
两同心圆		●	●	●	●		●						▲										▲	
一个圆							●													▲		▲		
一个球										●												▲		
一个圆柱									●		▲						▲	▲	▲			▲		
两同轴圆柱					●									▲										▲

续表

公差带		适用被测要素									用于公差特征项目													
形状	图示	球面	任意曲面	圆锥面	圆柱面	平面	圆	任意曲线	直线	点	直线度	平面度	圆度	圆柱度	线轮廓度	面轮廓度	平行度	垂直度	倾斜度	同轴度	对称度	位置度	圆跳动	全跳动
两平行平面						●			●		▲	▲				▲	▲	▲	▲		▲	▲		▲
两等距曲面			●													▲								

（2）几何公差带的大小 几何公差带的大小用于体现几何精度要求的高低，是由图样上给出的几何公差值确定的，一般指几何公差带的宽度、直径或半径，如表 4-2-3 中的 t、ϕt、$S\phi t$。当公差带为圆形或圆柱形时，应在公差值前加 ϕt；当公差带为球形时，应在公差值前加 $S\phi$。

（3）几何公差带的方向 几何公差带的方向为公差带的宽度方向，即被测要素的法向。

几何公差带的方向在理论上应与图样上公差带代号的指引线箭头方向垂直，图 4-2-67（a）中平面度公差带的方向为水平方向，图 4-2-68（a）中垂直度公差带的方向为铅垂方向。公差带的实际方向，就形状公差而言，由最小条件决定，如图 4-2-67（b）所示；就位置公差而言，应与基准的理想要素保持正确的方向，如图 4-2-68（b）所示。

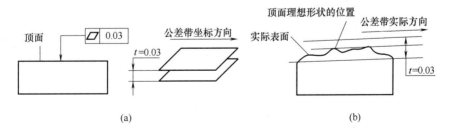

图 4-2-67 形状公差带方向

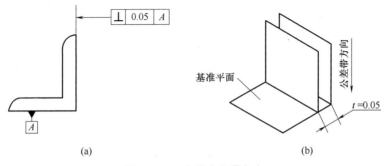

图 4-2-68 位置公差带方向

（4）几何公差带的位置 几何公差带的位置分为浮动和固定两种。在形状公差中，公差带的位置均为浮动的。在位置公差中同轴度、对称度和位置度的公差带为固定的；如无特殊要求，其他位置公差的公差带位置是浮动的。

① 浮动位置公差带：所谓浮动是指几何公差带在尺寸公差带内，随着组成要素的不同而变动。其实际位置与组成要素有关。图 4-2-69 所示为浮动位置平行度公差带的两个不同位置。

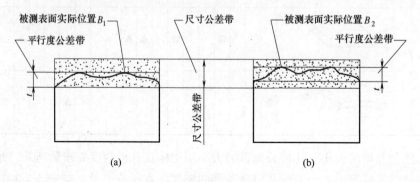

图 4-2-69　浮动位置平行度公差带

② 固定位置公差带：所谓固定是指公差带的位置由图样上给定的基准和理论正确尺寸确定。如图 4-2-70 所示的固定位置同轴度公差带，其公差带为一圆柱面内的区域，该圆柱面的轴线应和基准轴线在一条直线上，因而其位置由基准轴线确定，此时的理论正确尺寸为零。

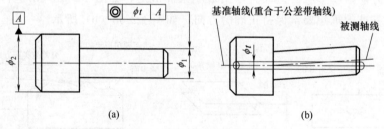

图 4-2-70　固定位置同轴度公差带

2. 几何公差的公差值和公差等级

图样上对几何公差值的表示方法有两种：一种是在图样上用几何公差代号标注，在几何公差框格内注出公差值，称为注出公差值；另一种是在图样上不注出公差值，而用几何公差的未注公差来控制，这种在图样上虽未用代号注出，但仍有一定要求的几何公差，称为未注几何公差。

（1）几何公差注出公差值的规定　对几何公差有较高要求的零件，均应在图样上按规定的标注方法注出公差值，几何公差值的大小由几何公差等级并依据主参数的大小确定。因此，确定几何公差值实际上就是确定几何公差等级。

GB/T 1184—1996 对图样上的注出公差规定了 12 个等级，由 1 级起精度依次降低，6 级与 7 级为基本级。圆度与圆柱度还增加了精度更高的零级。标准还给出了项目的公差数值表和数系表。

① 直线度、平面度公差值。直线度、平面度公差值如表 4-2-4 所示（摘自 GB/T 1184—1996），主参数的选择如图 4-2-71 所示。

表 4-2-4　直线度、平面度公差值

主参数 L/mm	公差等级											
	1	2	3	4	5	6	7	8	9	10	11	12
	公差值/μm											
≤10	0.2	0.4	0.8	1.2	2	3	5	8	12	20	30	60
>10~16	0.25	0.5	1	1.5	2.5	4	6	10	15	25	40	80
>16~25	0.3	0.6	1.2	2	3	5	8	12	20	30	50	100
>25~40	0.4	0.8	1.5	2.5	4	6	10	15	25	40	60	120
>40~63	0.5	1	2	3	5	8	12	20	30	50	80	150
>63~100	0.6	1.2	2.5	4	6	10	15	25	40	60	100	200
>100~160	0.8	1.5	3	5	8	12	20	30	50	80	120	250
>160~250	1	2	4	6	10	15	25	40	60	100	150	300
>250~400	1.2	2.5	5	8	12	20	30	50	80	120	200	400
>400~630	1.5	3	6	10	15	25	40	60	100	150	250	500
>630~1000	2	4	8	12	20	30	50	80	120	200	300	600
>1000~1600	2.5	5	10	15	25	40	60	100	150	250	400	800
>1600~2500	3	6	12	20	30	50	80	120	200	300	500	1000
>2500~4000	4	8	15	25	40	60	100	150	250	400	600	1200
>4000~6300	5	10	20	30	50	80	120	200	300	500	800	1500
>6300~10000	6	12	25	40	60	100	150	250	400	600	1000	2000

注：L 为被测要素的长度。

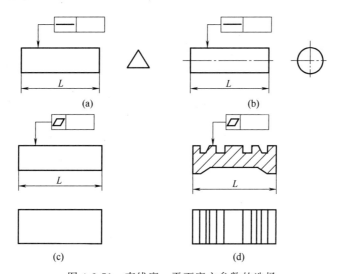

图 4-2-71　直线度、平面度主参数的选择

② 圆度、圆柱度公差值。圆度、圆柱度公差值如表 4-2-5 所示（摘自 GB/T 1184—1996），主参数的选择如图 4-2-72 所示。

表 4-2-5　圆度、圆柱度公差值

主参数 $d(D)$/mm	公差等级												
	0	1	2	3	4	5	6	7	8	9	10	11	12
	公差值/μm												
≤3	0.1	0.2	0.3	0.5	0.8	1.2	2	3	4	6	10	14	25
>3~6	0.1	0.2	0.4	0.6	1	1.5	2.5	4	5	8	12	18	30
>6~10	0.15	0.25	0.4	0.6	1	1.5	2.5	4	6	9	15	22	36
>10~18	0.15	0.25	0.5	0.8	1.2	2	3	5	8	11	18	27	43
>18~30	0.2	0.3	0.6	1	1.5	2.5	4	6	9	13	21	33	52

续表

主参数 $d(D)$/mm	公差等级												
	0	1	2	3	4	5	6	7	8	9	10	11	12
	公差值/μm												
>30~50	0.25	0.4	0.6	1	1.5	2.5	4	7	11	16	25	39	62
>50~80	0.3	0.5	0.8	1.2	2	3	5	8	13	19	30	46	74
>80~120	0.4	0.6	1	1.5	2.5	4	6	10	15	22	35	54	87
>120~180	0.6	1	1.2	2	3.5	5	8	12	18	25	40	63	100
>180~250	0.8	1.2	2	3	4.5	7	10	14	20	29	46	72	115
>250~315	1.0	1.6	2.5	4	6	8	12	16	23	32	52	81	130
>315~400	1.2	2	3	5	7	9	13	18	25	36	57	89	140
>400~500	1.5	2.5	4	6	8	10	15	20	27	40	63	97	155

注：$d(D)$ 为被测要素的直径。

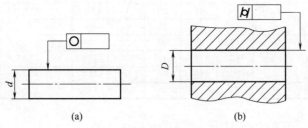

图 4-2-72 圆度、圆柱度主参数的选择

③ 平行度、垂直度、倾斜度公差值。平行度、垂直度、倾斜度公差值如表 4-2-6 所示（摘自 GB/T 1184—1996），主参数的选择如图 4-2-73 所示。

表 4-2-6 平行度、垂直度、倾斜度公差值

主参数 $L,d(D)$/mm	公差等级											
	1	2	3	4	5	6	7	8	9	10	11	12
	公差值/μm											
≤10	0.4	0.8	1.5	3	5	8	12	20	30	50	80	120
>10~16	0.5	1	2	4	6	10	15	25	40	60	100	150
>16~25	0.6	1.2	2.5	5	8	12	20	30	50	80	120	200
>25~40	0.8	1.5	3	6	10	15	25	40	60	100	150	250
>40~63	1	2	4	8	12	20	30	50	80	120	200	300
>63~100	1.2	2.5	5	10	15	25	40	60	100	150	250	400
>100~160	1.5	3	6	12	20	30	50	80	120	200	300	500
>160~250	2	4	8	15	25	40	60	100	150	250	400	600
>250~400	2.5	5	10	20	30	50	80	120	200	300	500	800
>400~630	3	6	12	25	40	60	100	150	250	400	600	1000
>630~1000	4	8	15	30	50	80	120	200	300	500	800	1200
>1000~1600	5	10	20	40	60	100	150	250	400	600	1000	1500
>1600~2500	6	12	25	50	80	120	200	300	500	800	1200	2000
>2500~4000	8	15	30	60	100	150	250	400	600	1000	1500	2500
>4000~6300	10	20	40	80	120	200	300	500	800	1200	2000	3000
>6300~10000	12	25	50	100	150	250	400	600	1000	1500	2500	4000

注：L 和 $d(D)$ 为被测要素的长度和直径。

④ 同轴度、对称度、圆跳动、全跳动公差值。同轴度、对称度、圆跳动、全跳动公差值如表 4-2-7 所示（摘自 GB/T 1184—1996），主参数的选择如图 4-2-74 所示。

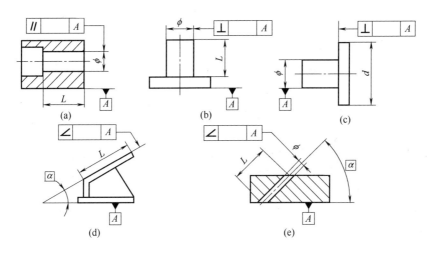

图 4-2-73 平行度、垂直度、倾斜度主参数的选择

表 4-2-7 同轴度、对称度、圆跳动、全跳动公差值

主参数 $d(D)$,B,L/mm	公差等级											
	1	2	3	4	5	6	7	8	9	10	11	12
	公差值/μm											
≤1	0.4	0.6	1.0	1.5	2.5	4	6	10	15	25	40	60
>1~3	0.4	0.6	1.0	1.5	2.5	4	6	10	20	40	60	120
>3~6	0.5	0.8	1.2	2	3	5	8	12	25	50	80	150
>6~10	0.6	1	1.5	2.5	4	6	10	15	30	60	100	200
>10~18	0.8	1.2	2	3	5	8	12	20	40	80	120	250
>18~30	1	1.5	2.5	4	6	10	15	25	50	100	150	300
>30~50	1.2	2	3	5	8	12	20	30	60	120	200	400
>50~120	1.5	2.5	4	6	10	15	25	40	80	150	250	500
>120~250	2	3	5	8	12	20	30	50	100	200	300	600
>250~500	2.5	4	6	10	15	25	40	60	120	250	400	800
>500~800	3	5	8	12	20	30	50	80	150	300	500	1000
>800~1250	4	6	10	15	25	40	60	100	200	400	600	1200
>1250~2000	5	8	12	20	30	50	80	120	250	500	800	1500
>2000~3150	6	10	15	25	40	60	100	150	300	600	1000	2000
>3150~5000	8	12	20	30	50	80	120	200	400	800	1200	2500
>5000~8000	10	15	25	40	60	100	150	250	500	1000	1500	3000
>8000~10000	12	20	30	50	80	120	200	300	600	1200	2000	4000

注:$d(D)$、B、L 为被测要素的直径、宽度、长度。

(2) 未注几何公差 图样上没有标注几何公差要求的要素,并不是没有形状和位置精度的要求,其和尺寸公差相似,也有一个未注公差的问题,其几何精度要求由未注几何公差来控制。国家标准规定:未注公差值符合工厂的常用精度等级,不需要在图样上注出。零件采用未注几何公差时,其精度由设备保证,一般不需要检验,只有在仲裁时或为掌握设备精度时,才需要对批量加工的零件进行首检或抽检。采用未注公差可节省设计时间,使图样清晰易读,便于合理地安排加工和检验,以更好地保证产品的工艺性和经济性。

GB/T 1184—1996 对直线度、平面度、垂直度、对称度和圆跳动的未注公差值进行了规定,规定上述 5 种未注几何公差分为 H、K、L 三个等级,其中 H 为高级,K 为中间级,L 为低级。具体未注公差值如表 4-2-8~表 4-2-11 所示(摘自 GB/T 1184—1996)。

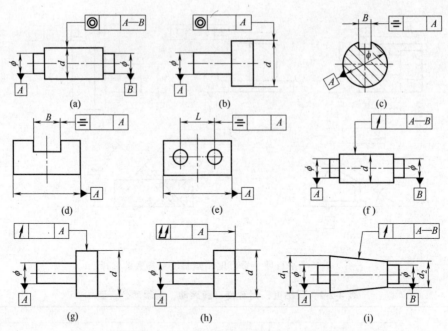

图 4-2-74 同轴度、对称度、圆跳动、全跳动主参数的选择

表 4-2-8 直线度和平面度的未注公差值　　　　　　　　　　　　单位：mm

公差等级	基本长度范围					
	≤10	>10~30	>30~100	>100~300	>300~1000	>1000~3000
H	0.02	0.05	0.1	0.2	0.3	0.4
K	0.05	0.1	0.2	0.4	0.6	0.8
L	0.1	0.2	0.4	0.8	1.2	1.6

表 4-2-9 垂直度的未注公差值　　　　　　　　　　　　单位：mm

公差等级	基本长度范围			
	≤100	>100~300	>300~1000	>1000~3000
H	0.2	0.3	0.4	0.5
K	0.4	0.6	0.8	1
L	0.6	1	1.5	2

表 4-2-10 对称度的未注公差值　　　　　　　　　　　　单位：mm

公差等级	基本长度范围			
	≤100	>100~300	>300~1000	>1000~3000
H	0.5			
K	0.6		0.8	1
L	0.6	1	1.5	2

表 4-2-11 圆跳动的未注公差值　　　　　　　　　　　　单位：mm

公差等级	圆跳动公差值	公差等级	圆跳动公差值
H	0.1	L	0.5
K	0.2		

若采用 GB/T 1184—1996 所规定的未注公差值，应在标题栏附近或在技术要求、技术文件中注出标准号及公差等级代号。例如，采用中等公差等级，应标注"GB/T 1184-K"。在同一张图样中，未注公差值应该采用同一个等级。

三、几何公差标注

1. 几何公差标注要求

（1）几何公差的代号　在技术图样中，几何公差一般应采用代号标注。当无法采用代号标注时，允许在技术要求中用文字说明，被测要素的标注具体如下。

几何公差代号用矩形框格表示，并用带箭头的指引线指向被测要素。几何公差框格应水平绘制，由两格或多格组成。几何公差框格分为形状公差框格（两格）和方向、位置、跳动公差框格（三格、四格、五格）两种，如图 4-2-75 所示。

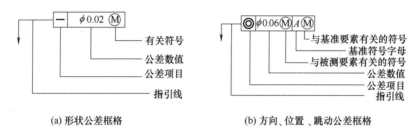

(a) 形状公差框格　　　(b) 方向、位置、跳动公差框格

图 4-2-75　几何公差代号

（2）公差框格的格式　公差框格的格式分为无基准格式、单一基准格式、公共基准格式、多基准格式（第三格填写的为第一基准，第四格填写的为第二基准，第五格填写的为第三基准），如图 4-2-76 所示。

(a) 无基准格式　(b) 单一基准格式　(c) 公共基准格式　(d) 多基准格式

图 4-2-76　公差框格的格式

（3）几何公差框格的填写内容　第一格：填写几何公差特征项目符号。

第二格：填写公差数值和有关符号，如果公差带为圆形、圆柱形，公差数值前应加注直径符号"ϕ"，如图 4-2-76（b）所示；如果公差带为球形，公差数值前应加注符号"$S\phi$"，如图 4-2-76（d）所示。根据设计要求，还可填写其他有关符号。

第三、四、五格：填写基准的字母和有关符号。

（4）被测要素的标注方法

① 标注时指引线一般可由公差框格的任意一侧引出（原则上由公差框格的左端或右端的中间位置引出），指引线前端的箭头应指向被测要素，指引线箭头所指的方向是公差带宽度方向或直径方向。

② 被测要素为组成要素时，指引线的箭头应指在该要素的轮廓线或其延长线上，并应与尺寸线明显错开，如图 4-2-77（a）所示；箭头也可指向带点的引出线的水平线，引出线引自被测面，图 4-2-77（b）所示为被测圆表面的标注方法。

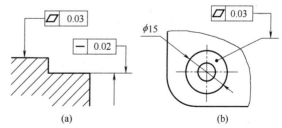

图 4-2-77　被测要素为组成要素时的标注方法

③ 被测要素为导出要素时，指引线的箭头应与该要素的尺寸线对齐，被测要素的标注方法如图 4-2-78 所示。

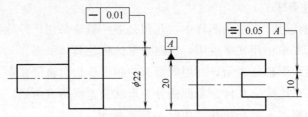

图 4-2-78　被测要素为导出要素时的标注方法

2. 基准要素选择

（1）基准　用来确定实际关联要素几何位置关系的要素称为基准。该要素应具有理想形状以及理想方向。基准有基准点、基准直线（基准轴线）、基准平面（基准中心平面）三种要素形式，其中基准点用得极少。按照需要，关联要素的方位可以根据单一基准、公共基准或三基面体系来确定。

① 单一基准。由一个基准要素建立的基准称为单一基准。如图 4-2-79 所示，由一个平面要素建立的基准平面 B 作为被测表面平行度的基准。

② 公共基准。由两个或两个以上同类 6 基准要素建立的一个独立基准称为公共基准，又称组合基准。如图 4-2-80 所示，由两个直径皆为 ϕd_1 的圆柱面的轴线 A、B 建立一条公共轴线 $A\text{-}B$ 作为 ϕd_2 圆柱面同轴度的基准。

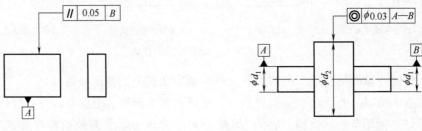

图 4-2-79　单一基准的标注　　　　图 4-2-80　公共基准的标注

③ 三基面体系。确定被测关联要素在空间的理想位置所采用的基准一般由三个互相垂直的基准平面组成，称为三基面体系（或三面基准体系），如图 4-2-81 所示。

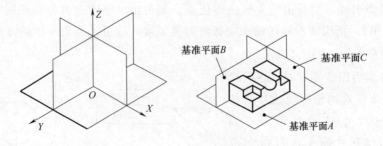

图 4-2-81　三基面体系

三基面体系的三个互相垂直的基准平面分别称为第一、第二和第三基准平面，其分别与零件上三个实际的基准表面相对应。一般以零件上面积大、定位功能稳定的平面作为第一基准平面（A），以面积次之的平面（B）作为第二基准平面，以面积最小的平面（C）作为第三基准平面。

三基面体系中每两个基准平面的交线构成一条基准轴线，三条基准轴线的交点构成基准点。确定关联要素的方位时，可以使用其中的三个基准平面，也可以使用其中的两个基准平面或一个基准平面（单一基准平面），或者使用一个基准平面和一条轴线。

标注时，对于采用三基面体系的基准，应在公差框格中自第三格开始从左至右依次填写相应的基准字母。如图 4-2-82 所示，用基准平面 A、B 及基准中心平面 C 作为 $S\phi d$ 圆球中心点位置度的基准。

（2）基准要素的标注

① 基准符号。基准符号由方格、连线、涂黑或空白的三角形和基准的字母构成。与被测要素相关的基准用一个大写拉丁字母（不用 E、F、I、J、L、M、O、P、Q）表示，字母标注在方格内，与一个涂黑或空白的三角形相连以表示基准，涂黑或空白的三角形含义相同，如图 4-2-83 所示。基准符号的绘制形式如图 4-2-84 所示。

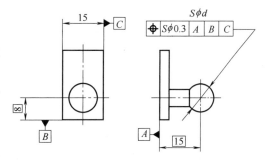

图 4-2-82 三基面体系的标注

图 4-2-83 基准符号　　　　图 4-2-84 基准符号的绘制形式

② 基准要素的标注方法。

a. 基准要素采用基准符号标注，从几何公差框格中的第三格起，填写相应的基准字母。基准符号中的连线应垂直于基准要素。无论基准符号在图样中放置的方向如何，方格内的字母都应水平书写。

b. 基准要素为组成要素时，基准符号放置在要素的轮廓线或其延长线上，并与尺寸线明显地错开，如图 4-2-85（a）所示；基准符号也可放置在轮廓面的引出线的水平线上，如图 4-2-85（b）所示。

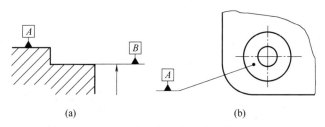

图 4-2-85 基准要素为组成要素时的标注方法

c. 基准要素为导出要素时，基准符号的连线应与该要素的尺寸线对齐，如图 4-2-86 所示。

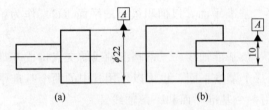

图 4-2-86 基准要素为导出要素时的标注方法

d. 基准要素为圆锥轴线时,基准符号的连线应位于圆锥直径尺寸线的延长线上,如图 4-2-87(a)所示。当圆锥采用角度标注时,基准符号的连线应正对该圆锥角度的尺寸界线,如图 4-2-87(b)所示。

3. 几何公差的简化标注

在不影响读图及不引起误解的前提下,可以简化几何公差的标注,具体方法如下。

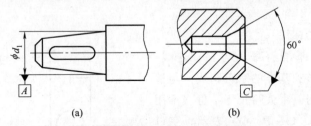

图 4-2-87 基准要素为圆锥轴线时的标注方法

① 当多个被测要素有相同几何公差要求时,可只标注出其中一个要素,并在公差框格的上方、被测要素的尺寸之前注明要素的个数,在两者之间加上"×"号,如图 4-2-88 所示。

② 当被测要素有多项几何公差要求,且测量方向相同时,可将这些框格叠加在一起,并共用一条指引线,如图 4-2-89 所示。

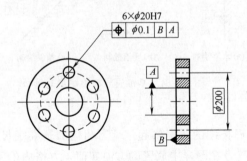

图 4-2-88 多个被测要素有相同
几何公差要求的标注

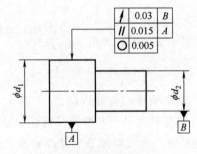

图 4-2-89 被测要素有多项几何
公差要求的标注

③ 一个公差框格可以用于具有相同几何特征和公差值的若干分离被测要素,如图 4-2-90 所示。

④ 若干分离被测要素仅给出单一公差带时,可在公差框格内公差值的后面加注公共公差带符号"CZ",如图 4-2-91 所示。

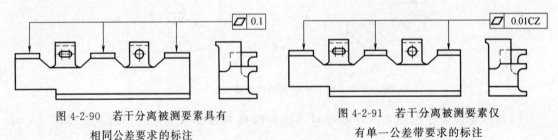

图 4-2-90 若干分离被测要素具有
相同公差要求的标注

图 4-2-91 若干分离被测要素仅
有单一公差带要求的标注

活动 1　几何公差识读与标注

1. 明确工作任务

某化工离心泵轴泵图纸如下图所示，请找出图纸上的几何公差，并解释其含义。

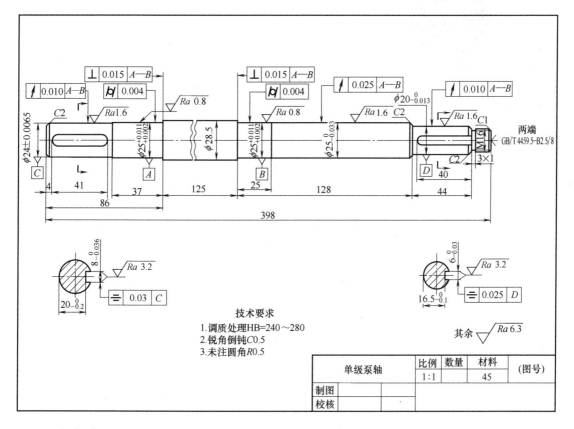

2. 组织分工

学生 2~3 人为一组，分工协作，完成工作任务。

序号	人员	职责
1		
2		
3		

活动 2　清洁教学现场

1. 物品、绘图工具分类摆放整齐，无没用的物件。

2. 清扫教学区域，保持工作场所干净、整洁。
3. 产生的废弃物品，统一回收到垃圾桶，不可随意丢弃。
4. 关闭水电气和门窗，最后离开教室的学生锁好门锁。

活动 3　撰写总结报告

回顾几何公差识读与标注过程，每人写一份总结报告，内容包括心得体会、团队完成情况、个人参与情况、做得好的地方、尚需改进的地方等。

1. 学生以小组为单位，按照任务要求，进行自查、互评与总结。
2. 教师参照评分标准进行考核评价。
3. 师生总结评价，改进不足，将来在学习或工作中做得更好。

序号	考核项目	考核内容	配分	得分
1	技能训练	几何公差项目查找齐全、无遗漏	20	
		几何公差释义解释合理	30	
		实训报告诚恳、体会深刻	15	
2	求知态度	求真求是、主动探索	5	
		执着专注、追求卓越	5	
3	安全意识	着装和个人防护用品穿戴正确	5	
		爱护工器具、机械设备，文明操作	5	
		如发生人为的操作安全事故、设备人为损坏、伤人等情况，安全意识不得分		
4	团结协作	分工明确、团队合作能力	3	
		沟通交流恰当、文明礼貌、尊重他人	2	
		自主参与程度、主动性	2	
5	现场整理	劳动主动性、积极性	3	
		保持现场环境整齐、清洁、有序	5	

任务三
识读与标注表面粗糙度

学习目标

1. 知识目标

（1）掌握表面粗糙度的评定参数。
（2）掌握表面粗糙度的数值选择及标注方法。

2. 能力目标

（1）能识读图纸上的表面粗糙度。
（2）能在图纸上标注表面粗糙度。

3. 素质目标

（1）通过信息收集、小组讨论、练习、考核等教学活动，培养学生追求卓越的工匠精神、主动探索的科学精神和团结协作的职业精神。
（2）通过对教学场地的整理、整顿、清扫、清洁，培养学生的劳动精神。

任务描述

表面粗糙度反映的是零件加工表面上的微观几何形状误差，是由于加工过程中刀具和零件表面的摩擦、切屑分离时表面金属层的塑性变形以及工艺系统的高频振动等原因形成的。

为了研究零件的表面结构，通常用表面轮廓作为评估对象。表面轮廓是指垂直于零件实际表面的理想平面与该零件实际表面相交所得到的轮廓曲线，如图 4-3-1 所示。表面轮廓又分为纵向轮廓和横向轮廓两种情况，平行于加工痕迹方向的表面轮廓称为纵向轮廓，垂直于加工痕迹方向的表

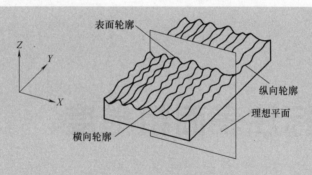

图 4-3-1　表面轮廓

面轮廓称为横向轮廓。

表面粗糙度轮廓对零件工作性能有着极大影响。

（1）对配合性质的影响　相互配合的孔、轴表面上的微小峰顶被去掉后，它们的配合性质会发生变化。对于过盈配合，压入装配时孔、轴表面上的微小峰顶被挤平，会减小有效过盈并降低零件的连接强度；对于间隙配合，在零件的工作过程中孔、轴表面上的微小峰顶被磨去，会导致间隙增大并改变原计划的配合性质。因此，提高零件的表面质量，就可以提高间隙配合的稳定性或过盈配合的连接强度。

（2）对耐磨性的影响　相互运动的两个零件表面越粗糙，摩擦阻力就越大，它们的磨损也就越快。这是因为两个零件表面只能在轮廓的峰顶接触，而峰顶的接触对运动将产生摩擦阻力。因此，提高零件的表面质量，可以减少摩擦损失，提高机械的传动效率，延长使用寿命。

（3）对耐疲劳性的影响　对于承受交变应力作用的零件表面，疲劳裂纹容易在其表面轮廓的微小谷底出现，这是因为在微小谷底处容易产生应力集中，使材料的疲劳强度降低，导致零件表面产生裂纹而损坏。因此，在加工中要特别注意零件沟槽和台阶圆角处的表面质量，以增强零件的抗疲劳强度。

（4）对耐腐蚀性的影响　零件表面越粗糙，其峰谷处就越容易聚集腐蚀性物质，然后逐渐渗透到金属材料的表层，形成表面锈蚀。因此，降低零件表面粗糙度值可提高其抗腐蚀性能。

此外，表面粗糙度轮廓对零件其他使用性能如结合的密封性、接触刚度、对液体流动的阻力以及对机器、仪器的外观质量都有很大的影响。因此，在零件精度设计中，对零件表面粗糙度轮廓提出合理的技术要求十分重要。

作为检修车间的技术人员，要求小王掌握表面粗糙度的相关知识。

一、表面粗糙度轮廓的评定

评定参数是用来定量描述零件表面粗糙度轮廓特征的参数及数值。由于表面轮廓上微小峰、谷的幅度和间距是构成表面粗糙度轮廓的两个基本特征,因此在评定表面粗糙度轮廓时,通常采用幅度参数和间距参数以及轮廓支承长度率。

(1) 轮廓算术平均偏差 Ra(幅度参数) 如图 4-3-2 所示,轮廓算术平均偏差是指在一个取样长度 l_r 范围内,被评定轮廓上各点至中线的距离 $Z(x)$ 的绝对值的算术平均值,用符号 "Ra" 表示,公式如下:

$$Ra = \frac{1}{l_r} \int_0^{l_r} |Z(x)| \mathrm{d}(x)$$

或近似表示为

$$Ra = \frac{1}{n} \sum_{i=1}^n |Z(x_i)| = \frac{1}{n} \sum_{i=1}^n |Z_i|$$

式中 n——取样长度内所测点的数目;

　　　Z——轮廓偏距(轮廓上各点至中线的距离);

　　　Z_i——第 i 点的轮廓偏距($i=1, 2, \cdots n$)。

说明:Ra 能够客观反映表面微观几何形状的特征,Ra 值越大,轮廓越粗糙。

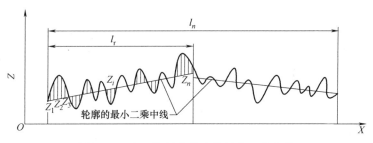

图 4-3-2　表面粗糙度轮廓的最小二乘中线

(2) 轮廓最大高度 Rz(幅度参数) 如图 4-3-3 所示,轮廓的最大高度是指在一个取样长度 l_r 的范围内,被评定轮廓的最大轮廓峰高 Rp 与最大轮廓谷深 Rv 之和,用符号 Rz 表示,公式如下:

$$Rz = Rp + Rv$$

注意:在零件图上,对于同一表面的表面粗糙度轮廓要求,根据需要只标注 Ra 或 Rz 中的一个,切勿同时把两者都标注出来。

(3) 轮廓单元的平均宽度 Rsm(间距参数) 如图 4-3-4 所示,轮廓单元的平均宽度是指在一个取样长度 l_r 的范围内,所有轮廓单元的宽度 X_{si} 的平均值,用符号 "Rsm" 表示,公式如下:

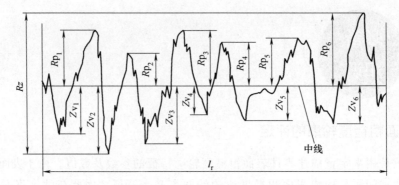

图 4-3-3 表面粗糙度轮廓的最大高度

$$Rsm = \frac{1}{m} \sum_{i=1}^{n} X_{si}$$

式中　m——取样长度内轮廓单元的个数；

　　　X_{si}——第 i 个轮廓单元的宽度。

注意：Rsm 属于附加评定参数，与 Ra 或 Rz 同时选用，不能独立采用。

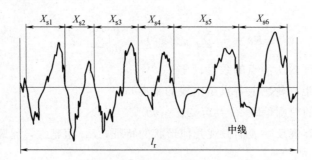

图 4-3-4　轮廓单元的宽度与轮廓单元的平均宽度

（4）轮廓支承长度率 $R_{mr}(c)$　如图 4-3-5 所示，轮廓支承长度率是指在给定水平截面上轮廓的实体材料长度 $Ml(c)$ 与取样长度 l_r 的比率，用符号 $R_{mr}(c)$ 表示，公式如下：

$$R_{mr}(c) = \frac{Ml(c)}{l_r}$$

式中　$Ml(c)$——在给定水平截面上轮廓的实体材料长度；

　　　c——轮廓水平截距，即轮廓峰顶线和平行于它并与轮廓相交的截线之间的距离。

轮廓支承长度率 $R_{mr}(c)$ 与零件的实际轮廓形状有关，是反映零件表面耐磨性能的指标。对于不同的实际轮廓形状，在相同的取样长度内和相同的水平截距下，$R_{mr}(c)$ 的值越大，表示零件表面凸起的实体部分越大，承载面积也就越大，因而接触刚度就越高，耐磨性能就越好。

（5）评定参数的数值　设计评定参数的数值时按照 GB/T 1031—2009《产

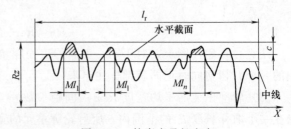

图 4-3-5　轮廓支承长度率

品几何技术规范（GPS）表面结构 轮廓法 粗糙度参数及其数值》规定的数值进行选择。轮廓的幅度参数如表 4-3-1～表 4-3-3 所示（摘自 GB/T 1031—2009）。当表 4-3-1 的数值不能满足要求时，可选取其补充数值（见表 4-3-2）。轮廓的间距参数如表 4-3-4 所示（摘自 GB/T 1031—2009）。轮廓的支承长度率如表 4-3-5 所示（摘自 GB/T 1031—2009）。

表 4-3-1 轮廓算术平均偏差 Ra 的数值　　　　　　　　　单位：μm

Ra	0.012	0.2	3.2	50
	0.025	0.4	6.3	100
	0.05	0.8	12.5	
	0.1	1.6	25	

表 4-3-2 轮廓算术平均偏差 Ra 的补充数值　　　　　　　单位：μm

Ra	0.008	0.125	2.0	32
	0.010	0.160	2.5	40
	0.016	0.25	4.0	63
	0.020	0.32	5.0	80
	0.032	0.50	8.0	
	0.040	0.63	10.0	
	0.063	1.00	16.0	
	0.080	1.25	20	

表 4-3-3 轮廓最大高度 Rz 的数值　　　　　　　　　　单位：μm

Rz	0.025	0.4	6.3	100	1600
	0.05	0.8	12.5	200	
	0.1	1.6	25	400	
	0.2	3.2	50	800	

表 4-3-4 轮廓单元平均宽度 Rsm 的数值　　　　　　　　单位：μm

Rsm	0.006	0.1	1.6
	0.0125	0.2	3.2
	0.025	0.4	6.3
	0.05	0.8	12.5

表 4-3-5 轮廓的支承长度率 $R_{mr}(c)$ 的数值　　　　　　　单位：%

$R_{mr}(c)$	10	30	70
	15	40	80
	20	50	90
	25	60	

二、表面粗糙度符号、代号及其标注

GB/T 131—2006《产品几何技术规范（GPS）技术产品文件中表面结构的表示法》对表面粗糙度符号、代号及其标注作了规定。

1. 表面粗糙度符号

为了标注表面粗糙度各种不同的技术要求，GB/T 131—2006 规定了一个基本图形符号、三个完整图形符号和三个特殊图形符号。表面粗糙度的图形符号及其意义如表 4-3-6 所示。基本图形符号的比例和尺寸如图 4-3-6 所示。

表 4-3-6　表面粗糙度的图形符号及其意义

符号	意义及其说明
∨ 基本图形符号	仅用于简化代号标注,不能单独使用
∨̅ 完整图形符号	在基本图形符号的长边端部上加一短横,表示指定表面允许用任何工艺方法获得
∨̵̅ 完整图形符号	在基本图形符号的短边端部和长边端部上分别加一短横,表示指定表面是用去除材料的方法获得的,如车、铣、刨、钻、镗、磨、抛光、电火花加工、气割等
⌀∨̅ 完整图形符号	在基本图形符号的短边与长边内加一圆圈,并在长边端部上加一短横,表示指定表面不用去除材料的方法获得,如铸、锻、冲压、热轧、冷轧、粉末冶金等
⌀∨̅ ⌀∨̵̅ ⌀∨̅ 特殊图形符号	在三个完整图形符号的长边与短横线的交接处加一圆圈,表示某个视图上构成封闭轮廓的各个表面具有相同的表面粗糙度技术要求

2. 表面粗糙度代号

在标注位置注写了技术要求的完整图形符号称为表面粗糙度代号,如图 4-3-7 所示。为了明确表面结构的要求,除了标注表面结构参数及数值外,必要时应标注补充要求,包括传输带(传输带是两个定义的滤波器之间的波长范围)、取样长度、加工工艺、表面纹理方向及加工余量等。表面粗糙度代号及意义如下。

① 位置 a：标注幅度参数符号（Ra 或 Rz）及极限值（单位为 μm）和有关技术要求。
② 位置 b：标注附加评定参数的符号及相关数值（如 Rsm，单位为 mm）。
③ 位置 c：标注加工方法、表面处理、涂层或其他工艺要求（如车、铣、磨、涂镀等）。
④ 位置 d：标注表面加工纹理。表面加工纹理符号及标注如表 4-3-7 所示。
⑤ 位置 e：标注加工余量（单位为 mm）。

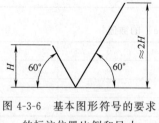

图 4-3-6　基本图形符号的要求
的标注位置比例和尺寸

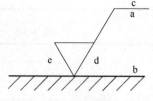

图 4-3-7　表面粗糙度代号
及各项技术

3. 表面加工纹理符号及标注

各种典型的表面加工纹理及其方向用表 4-3-7 中规定的符号标注。

表 4-3-7　表面加工纹理符号及标注

符号	说明	图例
=	纹理平行于视图所在的投影面	（图示：纹理方向）

续表

符号	说明	图例
⊥	纹理垂直于视图所在的投影面	
×	纹理呈斜向交叉且与视图所在的投影面相交	
M	纹理呈多方向	
C	纹理呈近似同心圆且圆心与表面中心相关	
R	纹理呈近似放射状且与表面中心相关	
P	纹理呈微粒、凸起，无方向	

4. 表面粗糙度代号的标注

（1）表面粗糙度轮廓极限值的标注

① 单向标注一个数值。当只单向标注一个数值时，则默认它为幅度参数的上限值，如图 4-3-8 所示。

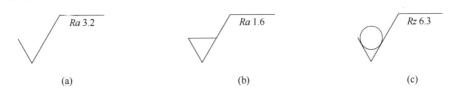

图 4-3-8 幅度参数默认为上限值的标注

② 同时标注上、下限值。同时标注上、下限值时，应分成两行标注幅度参数符号和上、下限值。上限值标注在上方，并在传输带的前面加注符号"U"；下限值标注在下方，并在传输带的前面加注符号"L"，如图 4-3-9（a）、图 4-3-9（b）所示。同时标注上、下限值时，

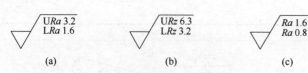

图 4-3-9　幅度参数为上、下限值的标注

在不引起歧义的情况下，可以不加注符号"U""L"，如图 4-3-9（c）所示。

③ 最大规则。在幅度参数符号的后面、极限值的前面加注一个"max"标记，表示幅度参数所有的实测值皆不大于上限值，则认为是合格，如图 4-3-10 所示。

（2）表面粗糙度代号在图样上标注的规定和方法

① 常规标注。

a. 表面粗糙度代号对零件的任何一个表面一般只标注一次，应尽可能标注在相应的尺寸及其极限偏差的同一视图。表面粗糙度代号上的符号和数字的注写和读取方向应与尺寸的

图 4-3-10　最大规则的标注

注写和读取方向一致，符号的尖端必须从材料外指向并接触零件表面，如图 4-3-11（a）所示。

b. 表面粗糙度代号可标注在轮廓线或其延长线、尺寸界线上，如图 4-3-11（a）和图 4-3-11（b）所示；也可用带箭头或黑点的指引线引出标注，如图 4-3-11（a）和图 4-3-11（c）所示。

c. 在不引起误解的情况下，表面粗糙度代号可标注在给定的尺寸线上，如图 4-3-11（d）所示。

d. 表面粗糙度代号可标注在几何公差框格的上方，如图 4-3-11（e）和图 4-3-11（f）所示。

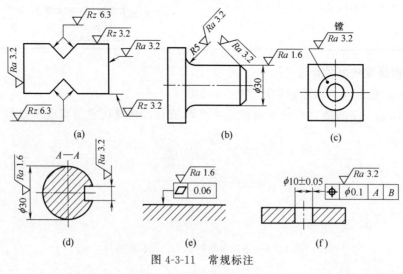

图 4-3-11　常规标注

② 简化标注。为了提高绘图效率或在标注位置受到限制时，可采用简化标注。

a. 当零件的几个表面具有相同的表面粗糙度技术要求时，可以用基本图形符号或只带一个字母的完整图形符号标注在这些表面上，而在图形或标题栏附近，以等式的形式标注相

应的粗糙度代号，如图 4-3-12（a）和图 4-3-12（b）所示。

b. 当零件的某些表面具有相同的表面粗糙度技术要求时，对于这些表面的技术要求可以统一标注在标题栏附近。此时，应在标注了相关表面粗糙度代号的右侧画一个圆括号，并在圆括号内给出一个基本图形符号，如图 4-3-12（c）所示。该图形符号表示除了两个已标注粗糙度代号的表面以外的其余表面的粗糙度要求。

c. 当构成封闭的各个表面具有共同的表面粗糙度技术要求时，可采用特殊图形符号进行标注，如图 4-3-12（d）所示。该图表示构成封闭轮廓周边的上、下、左、右四个表面具有共同的表面粗糙度技术要求，不包括前表面和后表面。

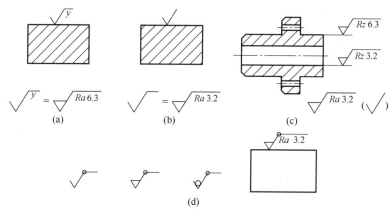

图 4-3-12　简化标注

三、表面粗糙度的选用

1. 表面粗糙度轮廓参数的选择

在机械零件精度设计中，通常只给出幅度参数 Ra 或 Rz 及允许值。根据功能需要，可附加选用间距参数或其他的评定参数及相应的允许值。

表面粗糙度轮廓有幅度参数、间距参数和轮廓支承长度率等评定参数，其中最常用的是幅度参数。由于 Ra 值能充分、合理地反映零件表面的粗糙度轮廓特征，且 Ra 值可方便地用触针式轮廓仪进行测量，测量效率高，所以对于光滑表面和半光滑表面，在常用值范围内（Ra 值为 $0.025\sim6.3\mu m$）；普遍采用 Ra 值作为评定参数。Rz 值通常用双管显微镜和干涉显微镜测量，其测量范围为 $0.1\sim25\mu m$。对于测量部位小、峰谷少或有疲劳强度要求的零件表面，选用 Rz 值作为评定参数更方便、可靠。

在幅度参数不能满足表面功能要求时，可将轮廓单元平均宽度 Rsm 值、轮廓支承长度率 $R_{mr}(c)$ 值作为附加参数。例如对密封性能要求较高的表面，可规定轮廓单元平均宽度 Rsm 值；对耐磨性要求较高的表面，可规定轮廓的支承长度率 $R_{mr}(c)$ 值。

2. 表面粗糙度参数值的选择

（1）表面粗糙度轮廓参数值选择的原则　表面粗糙度参数值的选择应遵循既要满足零件表面功能要求，又要考虑加工的工艺性和经济性的原则。表面粗糙度参数值过小，则加工困难，成本高；过大，则难以满足设计要求，影响产品质量。在实际应用中，由于表面粗糙度与零件表面功能的关系十分复杂，因而很难准确地确定参数值。选用的基本原则如下。

① 同一零件上，工作表面的粗糙度参数值一般小于非工作表面的粗糙度参数值。

② 摩擦表面的粗糙度参数值要小于非摩擦表面，滚动摩擦表面的粗糙度参数值要小于滑动摩擦表面。

③ 运动速度高、单位面积压力大的表面的粗糙度参数值要小于运动速度低、单位面积压力小的表面。

④ 受循环载荷的表面和易引起应力集中的部位（如圆角、沟槽等）的粗糙度参数值要小。

⑤ 配合精度要求高的结合表面、配合间隙小的配合表面及要求连接可靠且承受重载荷的过盈配合表面，均应取较小的粗糙度参数值。

⑥ 配合性质相同时，在一般情况下，零件尺寸越小，则粗糙度参数值越小；在同一精度等级时，小尺寸比大尺寸、轴比孔的粗糙度参数值要小。

⑦ 防腐性、密封性的要求越高，粗糙度参数值应越小。

(2) 表面粗糙度轮廓幅度参数值与尺寸公差值、几何公差值的一般关系　通常情况下，尺寸公差值及几何公差值小，则粗糙度参数值也要小，同一尺寸公差的轴比孔的粗糙度参数值要小。表面粗糙度参数值与尺寸公差值、几何公差值的一般关系如表 4-3-8 所示。

表 4-3-8　表面粗糙度参数值与尺寸公差值、几何公差值的一般关系

几何公差 t 对尺寸公差 T 的百分比 $(t/T)/\%$	表面粗糙度参数值占尺寸公差的百分比/%	
	Ra/T	Rz/T
≈60	≤5	≤20
≈40	≤2.5	≤10
≈25	≤1.2	≤7

(3) 表面粗糙度轮廓的表面特征及应用举例　具体选择表面粗糙度轮廓的参数值时可参照表 4-3-9 所示的应用举例。轴和孔的表面粗糙度参数推荐值供类比时参考表 4-3-10。

表 4-3-9　表面粗糙度轮廓的表面特征及应用举例

	表面特征	$Ra/\mu m$	$Rz/\mu m$	应用举例
粗糙表面	明显可见刀痕	>20	>125	未标注公差（采用一般公差）的表面
	可见刀痕	>10~20	>63~125	半成品粗加工的表面，非配合的加工表面，如轴端面、倒角、钻孔、齿轮和带轮侧面、垫圈接触面等
半光表面	可见加工痕迹	>5~10	>32~63	轴上不安装轴承或齿轮的非配合表面，键槽底面，紧固件的自由装配表面，轴和孔的退刀槽等
	微见加工痕迹	>2.5~5	>16~32	半精加工表面，箱体、支架、盖面、套筒等与其他零件结合而无配合要求的表面等
	看不见加工痕迹	>1.25~2.5	>8.0~16	接近于精加工表面，箱体上安装轴承的镗孔表面，齿轮齿面
光表面	可辨加工痕迹方向	>0.63~1.25	>4.0~8.0	圆柱销、圆锥销，与滚动轴承配合的表面，普通车床导轨表面，内、外花键定心表面，齿轮齿面等
	微辨加工痕迹方向	>0.32~0.63	>2.0~4.0	要求配合性质稳定的配合表面，工作时承受交变应力的重要表面，较高精度车床导轨表面，高精度齿轮齿面等
	不可辨加工痕迹方向	>0.16~0.32	>1.0~2.0	精密机床主轴圆锥孔、顶尖圆锥面，发动机曲轴轴颈表面和凸轮轴的凸轮工作表面等

续表

表面特征		$Ra/\mu m$	$Rz/\mu m$	应用举例
极光表面	暗光泽面	>0.08~0.16	>0.5~1.0	精密机床主轴轴颈表面,量规工作表面,汽缸套内表面,活塞销表面等
	亮光泽面	>0.04~0.08	>0.25~0.5	精密机床主轴轴颈表面,滚动轴承滚动体的表面,高压油泵中柱塞和柱塞孔的配合表面等
	镜光泽面	>0.01~0.04		
	镜面	≤0.01		高精度量仪、量块的测量面,光学仪器中的金属镜面等

表 4-3-10 轴和孔的表面粗糙度参数推荐值

表面特征	公差等级	表面	$Rz/\mu m$ 基本尺寸/mm	
			≤50	>50~500
经常拆装零件的配合表面（如交换齿轮、滚刀等）	IT5	轴	≤0.2	≤0.4
		孔	≤0.4	≤0.8
	IT6	轴	≤0.4	≤0.8
		孔	≤0.8	≤1.6
	IT7	轴	≤0.8	≤1.6
		孔	≤0.8	≤1.6
	IT8	轴	≤0.8	≤1.6
		孔	≤1.6	≤3.2

表面特征	公差等级	表面	基本尺寸/mm		
			≤50	>50~120	>120~500
过盈配合的表面 (1)用压力机装配 (2)用热孔法装配	IT5	轴	≤0.2	≤0.4	≤0.4
		孔	≤0.4	≤0.8	≤0.8
	IT6	轴	≤0.4	≤0.8	≤1.6
	IT7	孔	≤0.8	≤1.6	≤1.6
	IT8	轴	≤0.8	≤1.6	≤3.2
		孔	≤1.6	≤3.2	≤3.2
	IT9	轴	≤1.6	≤1.6	≤1.6
		孔	≤3.2	≤3.2	≤3.2

表面特征	公差等级	表面		
滑动轴承的配合表面	IT6~IT9	轴	≤0.8	
		孔	≤1.6	
	IT10~IT12	轴	≤3.2	
		孔	≤3.2	

表面特征	公差等级	表面	径向跳动公差/μm					
			2.5	4	6	10	16	25
精密定心用配合的零件表面	IT5~IT8	轴	≤0.05	≤0.1	≤0.1	≤0.2	≤0.4	≤0.8
		孔	≤0.1	≤0.2	≤0.2	≤0.4	≤0.8	≤1.0

活动 1 表面粗糙度识读

1. 明确工作任务

某化工离心泵轴泵图纸如下图所示,请找出图纸上的表面粗糙度,并解释其含义。

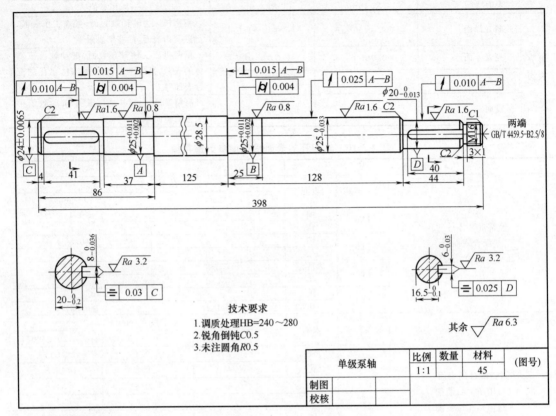

2. 组织分工

学生 2~3 人为一组，分工协作，完成工作任务。

序号	人员	职责
1		
2		
3		

活动 2 清洁教学现场

1. 清扫教学区域，保持工作场所干净、整洁。
2. 产生的废弃物品，统一回收到垃圾桶，不可随意丢弃。
3. 关闭水电气和门窗，最后离开教室的学生锁好门锁。

活动 3 撰写总结报告

回顾表面粗糙度识读过程，每人写一份总结报告，内容包括心得体会、团队完成情况、个人参与情况、做得好的地方、尚需改进的地方等。

1. 学生以小组为单位，按照任务要求，进行自查、互评与总结。
2. 教师参照评分标准进行考核评价。
3. 师生总结评价，改进不足，将来在学习或工作中做得更好。

序号	考核项目	考核内容	配分	得分
1	技能训练	表面粗糙度项目查找齐全、无遗漏	20	
		表面粗糙度释义合理	30	
		实训报告诚恳、体会深刻	15	
2	求知态度	求真求是、主动探索	5	
		执着专注、追求卓越	5	
3	安全意识	着装和个人防护用品穿戴正确	5	
		爱护工器具、机械设备，文明操作	5	
		如发生人为的操作安全事故、设备人为损坏、伤人等情况，安全意识不得分		
4	团结协作	分工明确、团队合作能力	3	
		沟通交流恰当，文明礼貌、尊重他人	2	
		自主参与程度、主动性	2	
5	现场整理	劳动主动性、积极性	3	
		保持现场环境整齐、清洁、有序	5	

参 考 文 献

[1] 明哲,于东林,赵丽萍.工程材料及机械制造基础.北京:清华大学出版社,2012.
[2] 陶亦亦,汪浩.工程材料与机械制造基础.2版.北京:化学工业出版社,2012.
[3] 杨瑞成,郭铁明,陈奎,等.工程材料.北京:科学出版社,2012.
[4] 戈晓岚,赵占西.工程材料及其成形基础.北京:高等教育出版社,2012.
[5] 吕广庶,张远明.工程材料及成形技术基础.2版.北京:高等教育出版社,2011.
[6] 陶春达,黄云.工程力学.北京:科学出版社,2011.
[7] 柴鹏飞.工程力学与机械设计基础.北京:机械工业出版社,2013.
[8] 李卓球,朱四荣,侯作富,等.工程力学.2版.武汉:武汉理工大学出版社,2014.
[9] 郭光林,何玉梅,张慧玲,等.工程力学.北京:机械工业出版社,2014.
[10] 闫康平,王贵欣.过程装备腐蚀与防护.3版.北京:化学工业出版社,2016.
[11] 王保成.材料腐蚀与防护.北京:北京大学出版社,2012.
[12] 张志宇,邱小云.化工腐蚀与防护.北京:化学工业出版社,2013.
[13] 林玉珍,杨德钧.腐蚀和腐蚀控制原理.2版.北京:中国石化出版社,2014.
[14] 胡瑢华.公差配合与测量.2版.北京:清华大学出版社,2010.
[15] 黄云清.公差配合与测量技术.4版.北京:机械工业出版社,2021.
[16] 耿南平.公差配合与技术测量.北京:北京航空航天大学出版社,2010.
[17] 吴清.公差配合与检测.北京:清华大学出版社,2013.